工业和信息化普通高等教育
"十二五"规划教材立项项目

高等院校通识教育『十二五』规划教材

大学物理（下）

刘礼书 刘德生 主编
胡国进 谭欣珍 谢润根 副主编

College Physics

人民邮电出版社
北京

图书在版编目（CIP）数据

大学物理. 下 / 刘礼书，刘德生主编. -- 北京 ：人民邮电出版社，2014.9（2018.12重印）
ISBN 978-7-115-35627-7

Ⅰ. ①大… Ⅱ. ①刘… ②刘… Ⅲ. ①物理学－高等学校－教材 Ⅳ. ①O4

中国版本图书馆CIP数据核字(2014)第195590号

内 容 提 要

本套书根据高等院校非物理类理工学科大学物理课程教学的基本要求，结合作者历年来的教学经验编写而成。

本套书分为上下两册，本书为下册。本书有 3 个模块，内容包括机械振动和机械波、波动光学及近代物理，共 7 章。作为非物理专业的大学物理教材，本书一方面注重了基础性，同时又在此基础上联系实际，针对不同学生强化了内容的层次性。

本书可作为普通高校非物理专业本科学习大学物理的教材，也可作为物理学爱好者阅读的参考资料。

◆ 主　　编　刘礼书　刘德生
副 主 编　胡国进　谭欣珍　谢润根
责任编辑　马小霞
执行编辑　喻智文
责任印制　张佳莹　杨林杰

◆ 人民邮电出版社出版发行　　北京市丰台区成寿寺路 11 号
邮编　100164　　电子邮件　315@ptpress.com.cn
网址　http://www.ptpress.com.cn
北京捷迅佳彩印刷有限公司印刷

◆ 开本：787×1092　1/16
印张：11.75　　　　2014 年 9 月第 1 版
字数：291 千字　　　　2018 年12月北京第 5 次印刷

定价：27.00 元

读者服务热线：(010) 81055256　印装质量热线：(010) 81055316
反盗版热线：(010) 81055315

前言

物理学是研究物质的基本结构、基本运动形式、相互作用的自然科学。它的基本理论渗透在自然科学的各个领域，应用于生产技术的许多部门，是其他自然科学和工程技术的基础。

物理学在人类发展史上的扮演着极其重要的角色，其每一次重大发现和突破都会伴随着人类文明的跨越式进步。从古代的“四大发明”到近代的工业革命，再到现在的信息时代，无一不闪烁着物理学的璀璨光芒。在过去的一百年中，物理学不断蓬勃发展，并从其中分化出来一系列新的独立学科，如力学、热学、电磁学、光学、原子物理学、量子物理学等，其大家族不断壮大。联合国命名 2005 年为“国际物理年”，这也是联合国历史上第一次以单一学科命名的国际年。

在人类追求真理、探索未知世界的过程中，物理学展现了一系列科学的世界观和方法论，深刻影响着人类对物质世界的基本认识、人类的思维方式和社会生活，是人类文明发展的基石，在人才的科学素质培养中具有重要的地位。

以物理学基础为内容的大学物理课程，是高等学校理工科各专业学生一门重要的通识性必修基础课。该课程所教授的基本概念、基本理论和基本方法是构成学生科学素养的重要组成部分，是一个科学工作者和工程技术人员所必备的。大学物理课程在为学生系统地打好必要的物理基础，培养学生树立科学的世界观，增强学生分析问题和解决问题的能力，培养学生的探索精神和创新意识等方面，具有其他课程不能替代的重要作用。

本套书是编者结合自己对大学物理的讲授经验，根据教育部《理工科类大学物理课程教学基本要求（2010 年版）》，并充分考虑了现代大学非物理专业学生的实际情况编写而成，可作为普通高校非物理专业大学物理的教材，也可作为物理学爱好者自学的指导用书。本套书特点如下。

（1）注重基础性。针对大学非物理专业学生在物理学习中“内容多而课时量少”的特点，对物理概念进行了重新审视和提炼，并精选了内容。对基本现象、基本概念和基本原理的阐述，做到了深入浅出，增加了典型例题，力争使学生对所学内容一目了然。

（2）注重结合实际。编者针对以往大学物理只注重讲授理论而忽视和生活相结合而导致学生学习积极性不高的缺点，在本套书中加入了一系列实例，并配以插图，力争生动形象、理论结合实际，体现理论的基础作用，并提高学生学习物理的积极性。

（3）注意层次性。为贯彻“因材施教”的原则，针对不同学生学习物理的基础及水平，本套书收集了不同难度的内容和习题，其中难度较大的标以“*”号，作为选讲和自学内容。

本套书分为上下两册，内容共分为力学、热学、电磁学、机械振动和机械波、波动光学和近代物理 6 个模块。建议整书讲授 128 学时，其中，力学模块约为 24 学时，热学模块约为 16 学时，电磁学模块约为 40 学时，机械振动和机械波模块约为 16 学时，波动光学模块约为 18 学时，近代物理模块约为 14 学时。学时数较少的学校可以挑选部分内容讲授。

本书为下册，内容包括机械振动和机械波、波动光学和近代物理 3 个模块。

本套教材的整体架构和编写思想由刘礼书和刘德生制定，力学和近代物理模块由刘礼书编写，热学模块由胡国进编写，电磁学模块由刘德生编写，机械振动和机械波模块由谭欣珍编写，波动光学模块由谢润根编写。本书编写期间，参阅了许多兄弟院校的教材，吸取了宝贵经验，甚至引用了部分内容，在此深表感谢。

由于作者水平有限，书中难免存在疏漏之处，敬请读者批评指正。

编　者

2014 年 7 月

目　录

模块 4　机械振动和机械波

模块5 波动光学

模块6 近代物理

模块 4　机械振动和机械波

在自然界中，到处都有振动存在。例如，一切发声体都在振动，机器的运转总伴随着振动，海浪的起伏以及地震也都是振动，就是晶体中的原子也都在不停地振动着。从广义上说，任何一个物理量随时间的周期性变化都可以叫做振动。振动的运动形式可以是机械运动、热运动、电磁运动等运动形式。对于不同的运动形式，振动的表现是不同的，但从振动的角度来看，这些运动的本质都是某一振动量随时间做周期性变化。本模块中，主要研究的是机械振动。

波是振动的传播。机械振动在弹性介质中进行传播的过程称为机械波，如水波、绳波、声波和地震波等。交变的电场与磁场在空间传播的过程称为电磁波，如光波、无线电波和 X 射线等。在微观领域中，对于原子、电子等一切的微观粒子也都具有波动的性质，相应的波称为物质波。波动是很常见的物理现象。各种波都有其独有的特性，但它们又有着相似的波动方程，都能产生反射、折射、干涉和衍射等现象。

第 11 章 机械振动

【学习目标】

- 掌握简谐振动的概念，及描述简谐振动的各物理量的物理意义及其之间的关系。
- 掌握描述简谐振动的旋转矢量表示法，并能用于讨论和分析简谐运动的规律。
- 了解单摆和复摆的概念。
- 熟练掌握简谐振动的基本特征，能建立一维简谐振动的微分方程，能根据给定条件写出一维简谐振动的运动方程，并理解其物理意义。
- 掌握同方向、同频率简谐振动的合成规律，了解拍和相互垂直简谐振动合成的特点。
- 了解阻尼振动、受迫振动和共振的发生条件及规律。
- 了解电磁振荡的相关知识。

机械振动是常见的最直观的一种振动。物体或物体的某一部分在一定位置附近来回往复的运动，称为**机械振动**。机械振动在生产和生活实际中普遍存在。如钟摆的运动、气缸中活塞的运动、心脏的跳动、行车时的颠簸以及发声物体的运动等。电路中的电流、电压，电磁场中的电场强度和磁场强度也都可能随时间做周期性变化。这种变化也是振动——电磁振动或电磁振荡。这种振动虽然和机械振动有本质的不同，但它们随时间变化的情况以及许多其他性质在形式上都遵从相同的规律。

振动已广泛应用于建筑学、机械学、地震学、造船学、声学等领域，所以研究机械振动也是学习其他形式的振动的基础。

本章将从最简单的振动——简谐振动入手，由简到繁地介绍旋转矢量法、阻尼振动、受迫振动、共振、电磁振荡等内容。

11.1 简谐振动

在振动中，物体相对于平衡位置的位移随时间按正弦函数或余弦函数的规律变化，这种运动称为**简谐振动**，简称**谐振动**。简谐振动是最基本、最简单的振动。其他复杂的振动都可以看做是由若干个简谐振动合成的结果。下面将对简谐振动的运动规律进行研究分析。

如图 11-1 所示，一个劲度系数为 k 的轻弹簧的一端固定；另一端系一质量为 m 的物体，将其置于光滑的水平面上，弹簧的质量和物体所受到的阻力可忽略不计。当弹簧是原长 l_0 时，物体所受到的合力为零，此时物体处于平衡状态，所处的位置 O 为平衡位置。若让物体向右略微移动后释放，由于弹簧被拉长，物体将受到一指向平衡位置的弹性力的作用，迫使物体向左做一变加速运动：当到达平衡位置 O 时，弹簧处于自然长度，物体所受的弹性力为零，速度达到最大；此后，由于惯性它将继续向左运动，弹簧随之被压缩，但由于弹性力的方向还是指向平衡位置，物体将向左做变减速运动，一直到其速度为零为止；然后物体由于仍受到弹性力，因此将反向向右运动……物体将在平衡位置附近做往返运动。这一包含弹簧和物体的振动系统叫做**弹簧振子**。

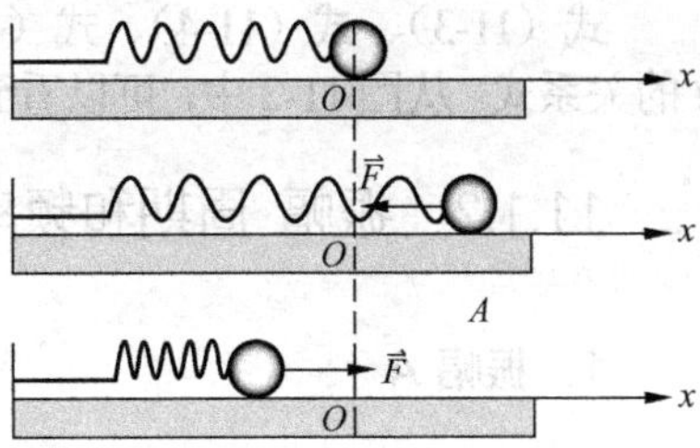

图 11-1　弹簧振子的简谐振动

11.1.1　简谐振动的特征及其表达式

在图 11-1 中，取平衡位置 O 为坐标原点，水平向右为 Ox 轴正向。根据胡克定律可知，物体所受到的弹性力 F 与物体偏离平衡位置的位移 x 成正比，即

$$F=-kx \tag{11-1}$$

式中，负号表示弹性力与位移的方向相反，劲度系数 k 的大小取决于弹簧的固有性质（材料、形状、大小等）。由牛顿第二定律，得

$$a=\frac{F}{m}=-\frac{k}{m}x$$

对于给定的弹簧振子，k 和 m 都是正值常量，令 $\omega^2=\dfrac{k}{m}$，得

$$\frac{\mathrm{d}^2x}{\mathrm{d}t^2}=-\omega^2x \tag{11-2}$$

求解式（11-2），得

$$x=A\cos(\omega t+\varphi) \tag{11-3}$$

可知，弹簧振子做简谐振动。

式（11-2）为弹簧振子做简谐振动的动力学特征：物体加速度 a 与位移的大小成正比，而方向与其相反。

式（11-3）为弹簧振子做简谐振动的运动学特征：物体离开平衡位置的位移 x 按余弦（或正弦）函数的规律随时间变化。这里 A 和 φ 由初始条件来决定。只要某运动能整理出形如式（11-2）或式（11-3）的方程，都可认为该运动为简谐振动。

将式（11-3）对时间求导，可得到简谐振动的速度

$$v=\frac{\mathrm{d}x}{\mathrm{d}t}=-A\omega\sin(\omega t+\varphi) \tag{11-4}$$

将式（11-4）对时间求导，则可得简谐振动的加速度

$$a=\frac{\mathrm{d}^2x}{\mathrm{d}t^2}=-A\omega^2\cos(\omega t+\varphi) \tag{11-5}$$

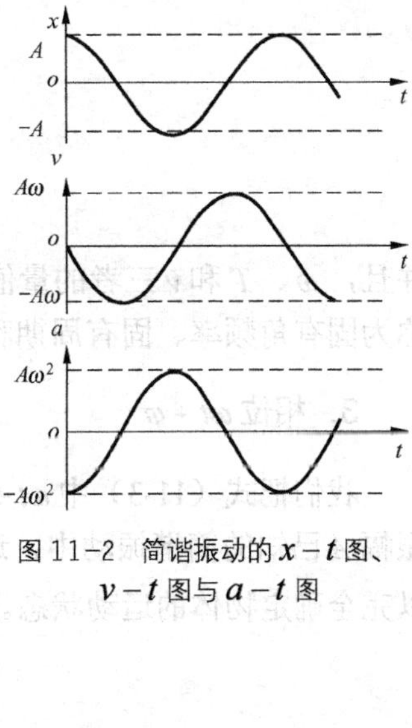

图 11-2　简谐振动的 $x-t$ 图、$v-t$ 图与 $a-t$ 图

式（11-3）、式（11-4）、式（11-5）分别为做简谐振动的质点的位移、速度和加速度与时间 t 的关系式。从图 11-2 中，可以看到位移、速度和加速度都随时间做周期性变化（图中取 $\varphi=0$ ）。

11.1.2 振幅 周期和频率 相位

1．振幅 A

式（11-3）中，A 表示质点离开平衡位置的最大距离的绝对值，或者质点运动范围的最大幅度，我们将其称为**振幅**。同理，$A\omega$ 称为速度振幅，$A\omega^2$ 称为加速度振幅。国际单位制中，振幅的单位是米（m）。其量值由初始条件决定。

2．周期 T

物体做一次完全振动所需要的时间称为**振动周期**，常用 T 表示，单位是秒（s）。根据此定义，则对于任意时刻 t 的运动状态和在时刻 $t+T$ 的运动状态完全相同，即

$$x=A\cos(\omega t+\varphi)=A\cos[\omega(t+T)+\varphi]$$

我们知道余弦函数的周期为 2π，故

$$T=\frac{2\pi}{\omega}$$

和周期密切相关的另一个物理量是**频率**，它是物体在单位时间内做完全振动的次数，用 ν 表示，单位是赫兹（Hz）。显然有

$$\nu=\frac{1}{T}$$

于是可得到 ω、T、ν 三者的关系为

$$\omega=2\pi\nu=\frac{2\pi}{T} \tag{11-6}$$

从式（11-6）可以看出，ω 表示的是物体在 2π 时间内所做的完全振动的次数，称为振动的**角频率**，又称**圆频率**，单位为弧度每秒（rad/s）。

对于弹簧振子的频率，有 $\omega=\sqrt{\dfrac{k}{m}}$，故其振动周期和频率分别为

$$T=2\pi\sqrt{\frac{m}{k}}$$

$$\nu=\frac{1}{2\pi}\sqrt{\frac{k}{m}}$$

并且，ω、T 和 ν 三者的量值均由振动系统本身的固有属性所决定，与其他因素无关，故又称为固有角频率、固有周期和固有频率。

3．相位 $\omega t+\varphi$

我们把式（11-3）中 $\omega t+\varphi$ 称为**相位**。φ 是 $t=0$ 时的相位，称为初相位。在角频率 ω 和振幅 A 已知的简谐振动中，通过相位 $\omega t+\varphi$ 可确定物体的位移 x 和速度 v，即相位 $\omega t+\varphi$ 可以完全确定物体的运动状态。表 11-1 列出了不同的相位和运动状态的关系。可见，相位可以

确切地描绘物体的运动状态，当相位变化为 2π 时，物体的运动状态完全相同，所以相位的变化也反应了振动过程中物体运动的周期性。

表 11-1　　不同的相位和运动状态的关系

$\omega t+\varphi$	0	π/2	π	3π/2	2π
$x(t)$	A	0	$-A$	0	A
$v(t)$	0	$-\omega A$	0	ωA	0
$a(t)$	$-\omega^2 A$	0	$\omega^2 A$	0	$-\omega^2 A$

在实际中，经常用到的是两个具有相同频率的简谐振动的相位差，用来反映两简谐振动的步调差异。顾名思义，相位差就是指两个相位之差。设两个同频率的简谐振动的振动方程分别为

$$x_1 = A_1\cos(\omega t+\varphi_1)$$
$$x_2 = A_2\cos(\omega t+\varphi_2)$$

它们的相位差为

$$\Delta\varphi = (\omega t+\varphi_2)-(\omega t+\varphi_1) = \varphi_2-\varphi_1$$

可见，任意时刻它们的相位差都等于它们的初相之差，所以，对于同频率的两个简谐振动有确定的相位差。

若 $\Delta\varphi = 2k\pi$，则表示两振动的步调完全相同，称为两个振动**同相**。它们将同时通过平衡位置向同方向运动，同时到达同方向各自的最大位移处。如图 11-3（a）所示。

若 $\Delta\varphi = (2k+1)\pi$，则表示两振动的步调完全相反，称为两个振动**反相**。它们将同时通过平衡位置，但向相反方向运动，同时到达相反方向各自的最大位移处。如图 11-3（b）所示。

$\Delta\varphi$ 为其他值时，则表示两个振动不同相或反相。常用相位超前或相位落后来描述，如图 11-3（c）所示。相位差 $\Delta\varphi<0$，表示 x_1 的振动要超前于 x_2 的振动 $\Delta\varphi$ 的相位，或 x_2 的振动要落后于 x_1 的振动 $\Delta\varphi$ 的相位。

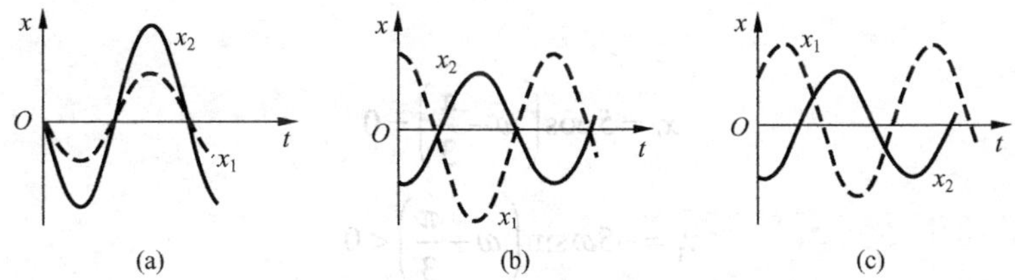

图 11-3　相位差的图示法

4．常量 A 和 φ 的确定

在简谐振动方程 $x = A\cos(\omega t+\varphi)$ 中，角频率 ω 是由系统本身的固有性质决定的，那么在解微分方程时所引入的两个常量 A 和 φ 的量值又是由什么决定的呢？设振动的初始时刻（即 t=0 时），物体相对于平衡位置的位移和速度分别为 x_0 和 v_0，带入式（11-3）和式（11-4），可得

$$x_0 = A\cos\varphi$$
$$v_0 = -A\omega\sin\varphi$$

联立两式，可得

$$A=\sqrt{x_0^2+\frac{v_0^2}{\omega^2}} \tag{11-7}$$

$$\tan\varphi=-\frac{v_0}{\omega x_0} \tag{11-8}$$

上述结果表明，简谐振动方程中的 A 和 φ 是由初始条件决定的，且初相位 φ 的取值范围一般为 $0\sim 2\pi$。

【例 11-1】 已知一个简谐振子的振动曲线如图 11-4 所示。

（1）求和 a、b、c、d、e 状态相应的相位。

（2）写出振动表达式。

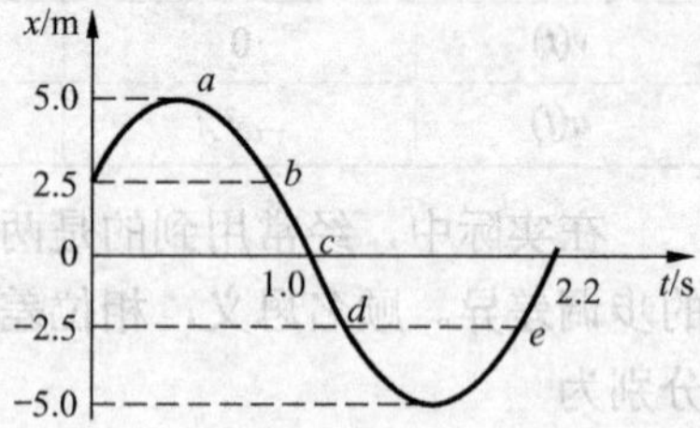

图 11-4 例 11-1

解：（1）由图可知，$A=5\text{m}$。设质点的振动方程为

$$x=5\cos(\omega t+\varphi)$$

则

$$v=-5\omega\sin(\omega t+\varphi)$$

a 点时，$x=5, v=0$，带入表达式可得相位为 0；同理可得 b、c、d 和 e 点所对应的相位分别为 $\pi/3$、$\pi/2$、$2\pi/3$ 和 $-\pi/3$。

（2）当 $t=0$ 时，有

$$x_0=5\cos\varphi=2.5 \quad ①$$

$$v_0=-5\omega\sin\varphi>0 \quad ②$$

由式①得 $\varphi=\pm\frac{\pi}{3}$，由式②得，$\sin\varphi<0$，故

$$\varphi=-\frac{\pi}{3}$$

当 t=1s 时，有

$$x_1=5\cos\left(\omega-\frac{\pi}{3}\right)=0 \quad ③$$

$$v_1=-5\omega\sin\left(\omega-\frac{\pi}{3}\right)<0 \quad ④$$

联立式③和式④，解得 $\omega=\frac{5}{6}\pi$，则质点的简谐振动的表达式为

$$x=5\cos\left(\frac{5}{6}\pi-\frac{\pi}{3}\right)$$

【例 11-2】 在倔强系数为 k 的竖直轻弹簧下端，悬挂一质量为 m_0 的盘子，一质量为 m 的重物自高为 h 的地方自由下落，掉在盘上，没有反弹。以物体掉在盘上的瞬时作为计时起点，如图 11-5 所示。

（1）试证明该系统做简谐振动。

（2）求该系统的角频率、振幅和初相。

解：（1）设在空盘静止时，弹簧的伸长量为l_1，即$m_0g = kl_1$；物体和盘整个系统达到平衡时，弹簧的伸长量为l_2，即$(m_0 + m)g = kl_2$，同时取该位置为坐标原点O，竖直向下为y轴正向。

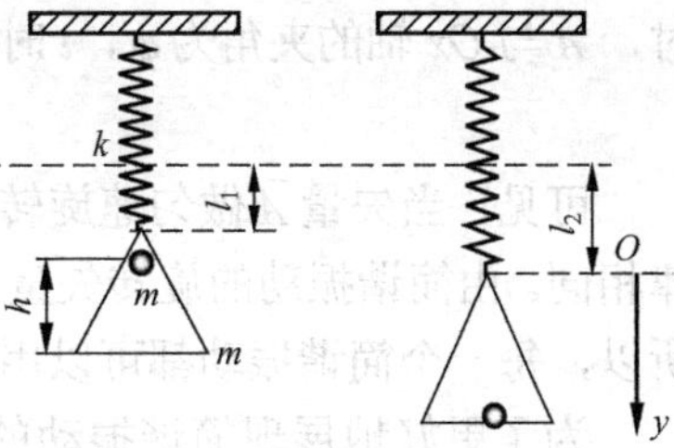

图 11-5 例 11-2

某一时刻，振动系统的位移为y时，所受的力为

$$F = (m_0 + m)g - k(y + l_2) = -ky$$

显然，符合简谐振动的动力学特征，故系统的振动为简谐振动。

（2）振动系统的角频率为

$$\omega = \sqrt{\frac{k}{m + m_0}}$$

对于振幅和初相则由初始条件来决定。

$t = 0$时刻时，$y_0 = -(l_2 - l_1)$，又$m_0g = kl_1$，$(m_0 + m)g = kl_2$，故初始位置为

$$y_0 = -mg / k$$

物体从h高度自由下落到盘上，速度$v_0 = \sqrt{2gh}$，物体与盘子发生非弹性碰撞，竖直方向动量守恒，即

$$mv_0 = (m + m_0)u_0$$

则初始速度为

$$u_0 = \frac{m}{m + m_0}v_0 = \frac{m}{m + m_0}\sqrt{2gh}$$

代入公式得

$$A = \sqrt{y_0^2 + (\frac{u_0}{\omega})^2} = \frac{mg}{k}\sqrt{1 + \frac{2kh}{(m + m_0)g}}$$

$$\varphi = \arctan(\frac{-u_0}{\omega y_0}) + \pi = \arctan\sqrt{\frac{2kh}{(m + m_0)g}} + \pi$$

所以

$$y = A\cos(\omega t + \varphi) = \frac{mg}{k}\sqrt{1 + \frac{2kh}{(m + m_0)g}}\cos(\sqrt{\frac{k}{m + m_0}}t + \arctan\sqrt{\frac{2kh}{(m + m_0)g}} + \pi)$$

注意：初始时刻小球速度方向竖直向下，位移为负值，则初相为第三象限的角度。

11.2 简谐振动的旋转矢量表示法

前面我们分别用数学表达式法和振动图像来描述简谐振动，下面介绍一种更直观更为方便的描述方法——旋转矢量法。

如图 11-6 所示，在平面内作一坐标轴Ox，由原点O作矢量$\vec{A}$，其大小等于简谐振动的振

幅 A，$\vec{A}$ 在平面内以角速度 ω 绕 O 点逆时针匀速转动，那么矢量 $\vec{A}$ 就称为旋转矢量。设 $t=0$ 时，$\vec{A}$ 与 Ox 轴的夹角为 φ，t 时刻，矢量 $\vec{A}$ 的端点在 x 轴上的投影点 P 的坐标为

$$x = A\cos(\omega t + \varphi)$$

可见，当矢量 $\vec{A}$ 做匀速旋转时，其端点在 x 轴上的投影点 P 的运动与简谐振动的运动规律相同。由简谐振动的旋转矢量图可以看出，$\vec{A}$ 转动一周，相当于简谐振动的一个振动周期。所以，每一个简谐振动都可以用相应的旋转矢量来表示。

为了更好地展现简谐振动的规律，我们将旋转矢量图和位移—时间图像对应起来分析，如图 11-7 所示，取 $\varphi_0 = 0$，$t = 0$ 时矢量 $\vec{A}$ 的矢端为 M_0 点，相位为 0，在 $x-t$ 图中对应正的最大位移处；经过 $T/4$ 后，矢量 $\vec{A}$ 的矢端为 M_1 点，相位为 $\pi/2$，$x-t$ 图中对应平衡位置，且速度方向为负向；经过 $3T/4$ 后，矢量 $\vec{A}$ 的矢端为 M_3 点，相位为 $3\pi/2$，$x-t$ 图中对应平衡位置，且速度方向为正向；经过 T 后，矢量 $\vec{A}$ 的矢端为 M_4 点，相位为 2π，$x-t$ 图中对应正的最大位移处。可见矢量 $\vec{A}$ 转动一圈后，相位变化了 2π，对简谐振动来说为一个周期的时间。

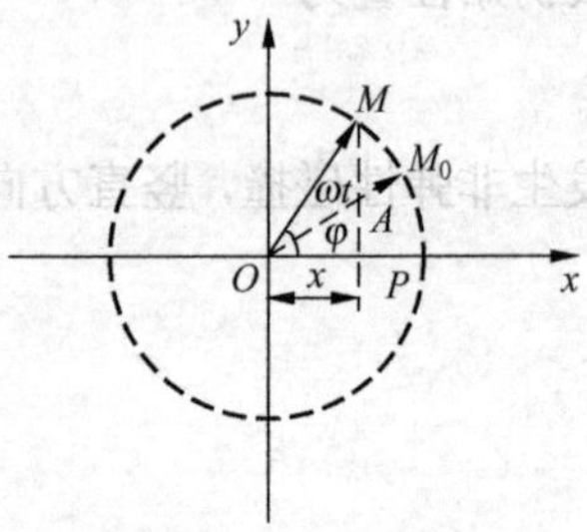

图 11-6　旋转矢量图

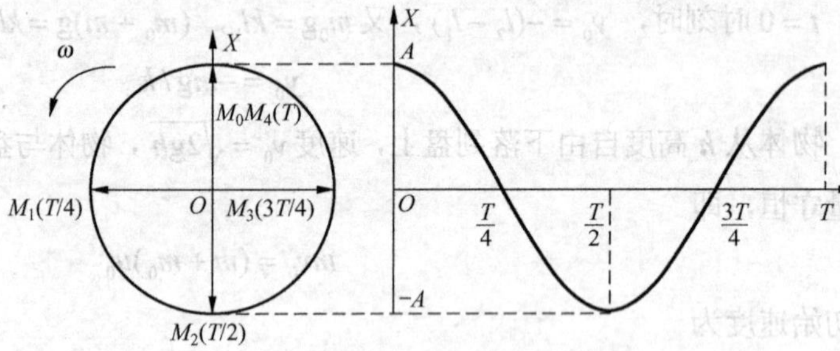

图 11-7　旋转矢量图和简谐振动的 $x-t$ 图

借助于旋转矢量法，我们还可获得简谐振动的速度矢量和加速度矢量。如图 11-8 所示，M 点的速率为 ωA，在任一时刻 t，速度矢量在 Ox 轴上的投影为

$$v = A\omega\cos\left(\omega t + \varphi + \frac{\pi}{2}\right) = -A\omega\sin(\omega t + \varphi)$$

这正是物体做简谐振动的速度表达式。M 点的加速率为 $\omega^2 A$，方向指向原点，在任一时刻 t，加速度矢量在 Ox 轴上的投影为

$$a = A\omega^2\cos(\omega t + \varphi + \pi) = -A\omega^2\cos(\omega t + \varphi)$$

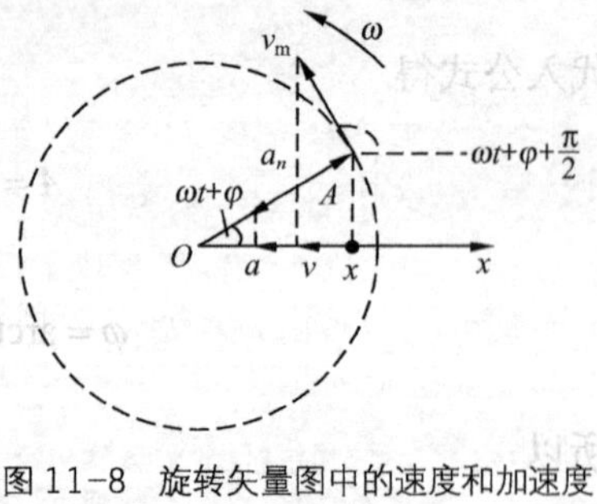

图 11-8　旋转矢量图中的速度和加速度

这正是物体做简谐振动的加速度表达式。

可见，旋转矢量法可以很直观地描述简谐振动。但是应注意的是：引进旋转矢量 $\vec{A}$ 来描述简谐振动，并不意味着做简谐振动的物体本身在旋转。

前面我们通过相位差来比较两简谐振动的步调的差异。用旋转矢量图进行比较则更为直观。图 11-9 所示不同相位的两个简谐振动，$\vec{A}_1$ 和 $\vec{A}_2$ 的夹角是相位差 $\Delta\varphi$，且 x_2 的振动相位比 x_1 的振动相位超前 $\Delta\varphi$。当 $\Delta\varphi = 0$ 时，两振动同向如图 11-10（a）所示；当 $\Delta\varphi = \pi$ 时，两振动反向，如图 11-10（b）所示。

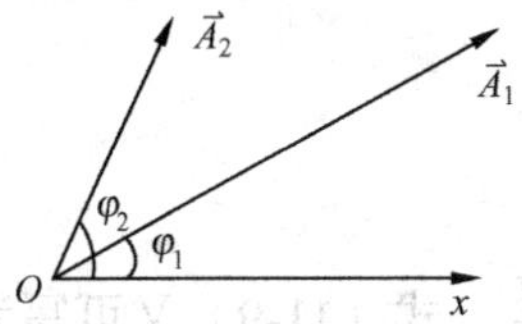

图 11-9 两个简谐振动的相位差

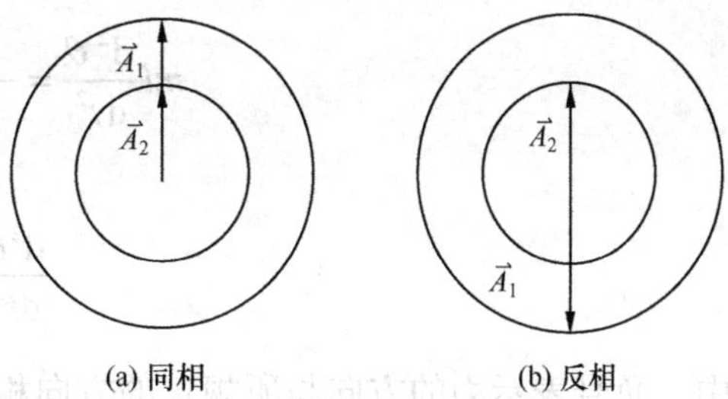

(a) 同相 (b) 反相

图 11-10 两个简谐振动的旋转矢量图

【例 11-3】 一水平弹簧振子做简谐振动，振幅 A，周期为 T，（1）t=0 时，$x_0 = A/2$，且向 x 轴正方向运动；（2）t=0 时，$x_0 = -A/\sqrt{2}$，且向 x 轴负方向运动。分别写出这两种情况下的初相位。

解： 设振动方程为

$$x = A\cos(\omega t + \varphi_0)$$

（1）运用旋转矢量法，如图 11-11 所示，由 $x_0 = A/2$，可得到

$$\varphi_0 = -\pi/3 \text{ 或 } \varphi_0 = \pi/3$$

又振子向正方向运动，故 $\varphi_0 = -\pi/3$。

（2）同理，运用旋转矢量法，如图 11-12 所示，可得 $\varphi_0 = 3\pi/4$。

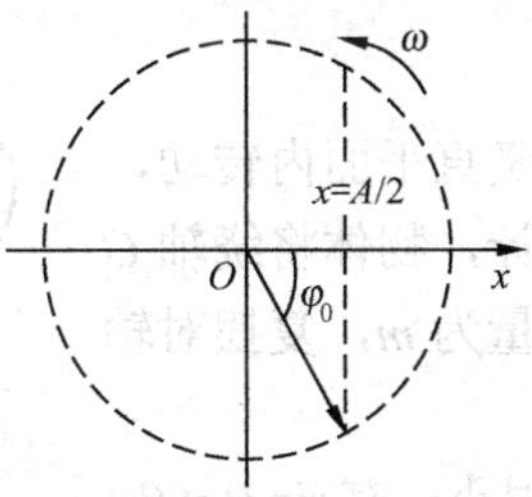

图 11-11 例 11-3（a）

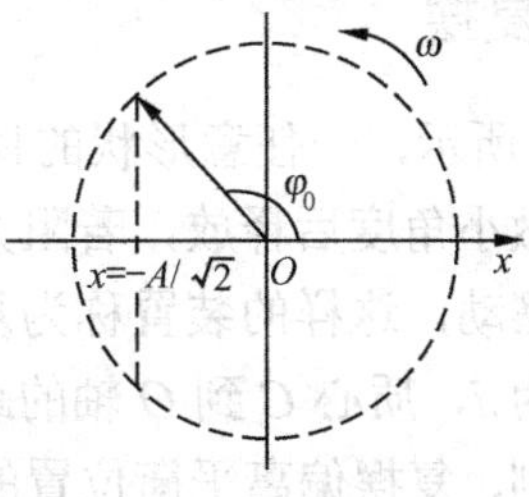

图 11-12 例 11-3（b）

11.3 几种常见的简谐振动

弹簧振子是一种理想运动模型。实际的振动大多比较复杂，振子受到的回复力可能是重力、拉力或浮力等性质的力。下面讨论两个实际振动问题—单摆和复摆。

11.3.1 单摆

一根质量可忽略且长度为 l 的细线上端固定，下端系一小球，细线的长度不会发生变化，小球可看作是质点，且忽略空气阻力，即形成单摆的结构，如图 11-13 所示。

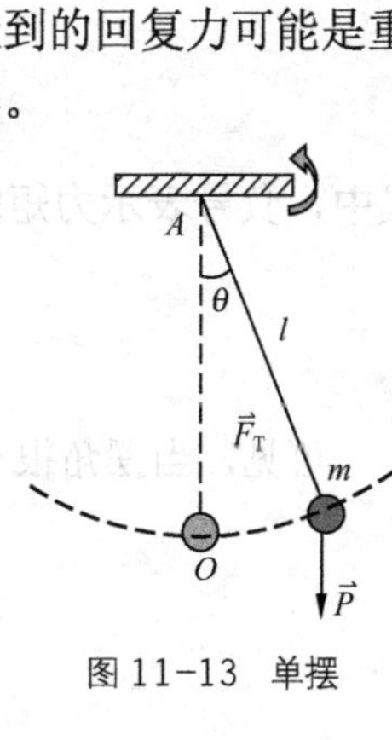

图 11-13 单摆

设小球的平衡位置为 O，当细线与竖直方向成 θ 角时，小球受到重力和拉力的作用。小球只能沿着圆弧运动，沿其切线方向

$F = mg\sin\theta$，因$\theta(<5^\circ)$很小，故$\sin\theta \approx \theta$，根据牛顿第二定律有

$$ml\frac{\mathrm{d}^2\theta}{\mathrm{d}t^2} = -mg\sin\theta \approx -mg\theta$$

即

$$\frac{\mathrm{d}^2\theta}{\mathrm{d}t^2} = -\frac{g}{l}\theta \tag{11-9}$$

式中，负号表示力的方向与所规定的方向相反。令$\omega^2 = \frac{g}{l}$，式（11-9）又可写为

$$\frac{\mathrm{d}^2\theta}{\mathrm{d}t^2} = -\omega^2\theta$$

解得

$$\theta = \theta_{\mathrm{m}}\cos(\omega t + \varphi)$$

即单摆在摆角很小时，其运动过程中的动力学和运动学特征满足简谐振动，因此可以看作是简谐振动，振动的周期为

$$T = 2\pi\sqrt{\frac{l}{g}} \tag{11-10}$$

式（11-10）表明单摆的振动周期和振幅无关，它决定于系统本身的属性，即决定于摆线的长度和重力加速度。故可用式（11-10），利用单摆长度和周期测量某地点的重力加速度。

11.3.2 复摆

如图 11-14 所示，一任意形状的物体可绕转轴 O 在竖直平面内转动，将其拉开一个微小角度后释放，若阻力和摩擦力忽略不计，物体将绕轴 O 做微小的自由摆动，这样的装置称为复摆。设物体的质量为 m，复摆对轴 O 的转动惯量为 J，质心 C 到 O 轴的距离为 l。

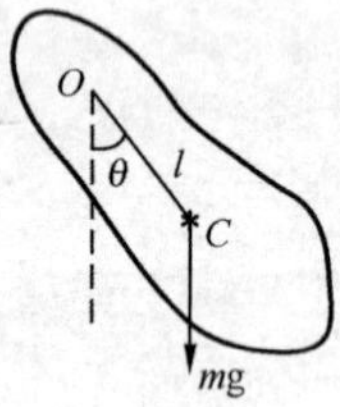

图 11-14 复摆

设某一时刻，复摆偏离平衡位置的角度为θ，且θ很小，有$\sin\theta \approx \theta$，由转动定律，得

$$M = -mgl\sin\theta = J\alpha = J\frac{\mathrm{d}^2\theta}{\mathrm{d}t^2}$$

即

$$-mgl\theta = J\frac{\mathrm{d}^2\theta}{\mathrm{d}t^2} \tag{11-11}$$

式中，负号表示力矩的方向与角位移的方向相反；J 和 mgl 为常量，若令$\omega^2 = \frac{mgl}{J}$，则有

$$\frac{\mathrm{d}^2\theta}{\mathrm{d}t^2} = -\omega^2\theta$$

可见，当摆角很小时，复摆的运动可以看作是简谐振动，其周期为

$$T = \frac{2\pi}{\omega} = 2\pi\sqrt{\frac{J}{mgl}} \tag{11-12}$$

式（11-12）为我们提供了测量物体对转轴的转动惯量的一种方法。

【例 11-4】 一质量为 m，直径为 D 的塑料圆柱体一部分进入密度为 ρ 的液体中；另一部分浮在液面上，如果用手轻轻向下按动圆柱体，放手后圆柱体将上下振动，圆柱体表面与液体的摩擦力忽略不计。试证明该系统为简谐振动，并求振动周期。

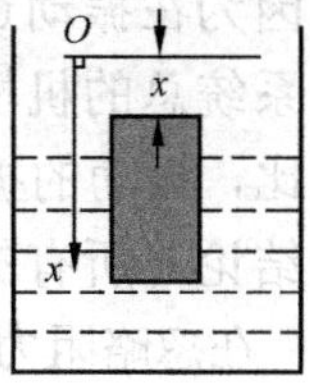

图 11-15 例 11-4

解：以圆柱体平衡时的顶端为坐标原点，向下为正方向，建立坐标轴 Ox 轴。如图 11-15 所示。假设平衡时圆柱体排开液体的体积为 V，则 $\rho Vg = mg$，若圆柱体向下移动一微小距离 x，其所受合力为

$$F = mg - [V + \pi(\frac{D}{2})^2 x]\rho g = -\pi\rho g(\frac{D}{2})^2 x$$

根据牛顿第二定律

$$F = ma = -\pi\rho g(\frac{D}{2})^2 x$$

整理，得

$$a = -\pi\rho g(\frac{D}{2})^2 x / m = -\omega^2 x$$

式中，$\omega = \frac{D}{2}\sqrt{\pi\rho g/m}$，即圆柱体所受合外力与位移成正比，而方向相反，因此，圆柱体做的是简谐振动。其振动周期为

$$T = \frac{2\pi}{\omega} = \frac{4}{D}\sqrt{\frac{\pi m}{\rho g}}$$

11.4 简谐振动的能量

物体做简谐振动时其能量既有动能，也有势能。以弹簧振子为例，振动过程中振子的位移 x 和速度 v 的方程分别为

$$x = A\cos(\omega t + \varphi)$$
$$v = -A\omega\sin(\omega t + \varphi)$$

若以弹簧原长为势能零点，t 时刻，系统的动能 E_k 和势能 E_P 分别为

$$E_k = \frac{1}{2}mv^2 = \frac{1}{2}m\omega^2 A^2 \sin^2(\omega t + \varphi) \tag{11-13}$$

$$E_P = \frac{1}{2}kx^2 = \frac{1}{2}kA^2 \cos^2(\omega t + \varphi) \tag{11-14}$$

式（11-13）和式（11-14）说明，系统的动能和势能随时间 t 做周期性的变化。变化频率是弹簧振子的两倍。当弹簧振子通过平衡位置时，动能达到最大，势能为零；通过最大位移时，势能达到最大，动能为零。从图 11-16 中（这里取 $\varphi = 0$）可以看到，在运动过程中，动能和势能相互转化，系统的总能量为

$$E = E_k + E_P = \frac{1}{2}m\omega^2 A^2 = \frac{1}{2}kA^2 \tag{11-15}$$

式（11-15）说明系统的总能量是一恒定值。这是因为在振动过程中，系统受到的回复力为保守力，故系统总的机械能守恒。总的机械能E与振幅平方成正比，振动的振幅越大，系统的总机械能也越大。这一结论对所有的简谐振动都具有普遍意义。

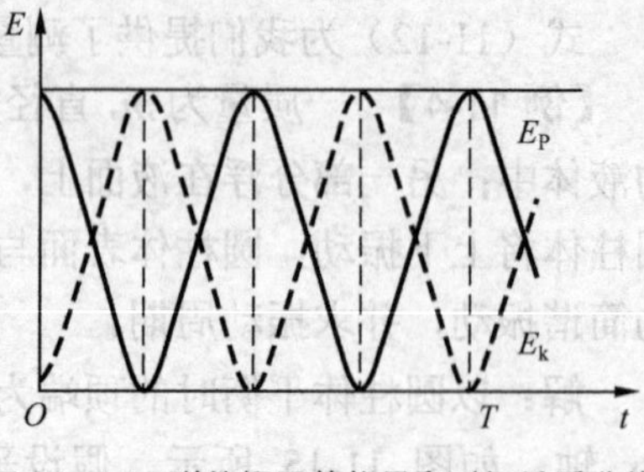

图 11-16　弹簧振子的能量和时间关系曲线

在忽略阻力时，系统的总能量是常量，则有

$$\frac{d(E_k+E_P)}{dt}=\frac{d}{dt}(\frac{1}{2}mv^2+\frac{1}{2}kx^2)=0$$

即

$$mv\frac{dv}{dt}+kx\frac{dx}{dt}=0$$

又$v=\frac{dx}{dt}$，$\frac{dv}{dt}=\frac{d^2x}{dt^2}$，故

$$\frac{d^2x}{dt^2}+\frac{k}{m}x=0$$

上面分析表明，在具体问题中，可以通过能量守恒推导简谐振动的运动学方程以及振动周期和频率等。

【例 11-5】　一弹簧振子做简谐振动，当其偏离平衡位置的位移大小是振幅的$\frac{1}{4}$时，其动能占总能量的多少？在什么位置，其动能和势能相等？

解：（1）

$$E_P=\frac{1}{2}kx^2$$

将$x=\frac{1}{4}A$代入上式，得

$$E_P=\frac{1}{2}k(\frac{1}{4}A)^2=\frac{1}{16}(\frac{1}{2}kA^2)$$

$$E_k=\frac{1}{2}kA^2-E_P=\frac{15}{16}(\frac{1}{2}kA^2)$$

即动能占总能量的$\frac{15}{16}$。

（2）

$$E_P=\frac{1}{2}kx^2=\frac{1}{2}(\frac{1}{2}kA^2)$$

当$x=\pm\frac{\sqrt{2}}{2}A$时，振子的动能和势能相等。

【例 11-6】　如图 11-17 所示，一密度均匀的“T”字形细尺，由两根金属米尺组成，若它可绕通过O点且垂直纸面的水平轴转动，不计阻力，求其微小振动的周期。

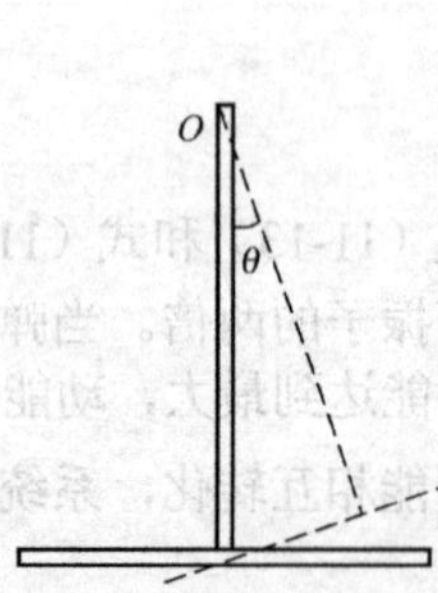

图 11-17　“T”字形细尺

解：设米尺长为l，质量为m，以地球和“T”字形尺为研究系统，因不计阻力，转动过程中，只有重力做功，系统机械能守恒。取“T”字形尺处于平衡位置时系统的势能为零，当“T”字形尺偏离平衡位置θ时，系统的动能和势能分别为

$$E_k=\frac{1}{2}J\left(\frac{d\theta}{dt}\right)^2$$

$$E_P=mg\frac{l}{2}(1-\cos\theta)+mgl(1-\cos\theta)=\frac{3}{2}mgl(1-\cos\theta)$$

由平行轴定理，得

$$J=\frac{1}{3}ml^2+(\frac{1}{12}ml^2+ml^2)=\frac{17}{12}ml^2$$

则

$$E=E_k+E_P=\frac{1}{2}\frac{17}{12}ml^2\left(\frac{d\theta}{dt}\right)^2+\frac{3}{2}mgl(1-\cos\theta)=\text{常量}$$

将上式对时间求导，有

$$\frac{17}{12}ml^2\frac{d\theta}{dt}\frac{d^2\theta}{dt^2}+\frac{3}{2}mgl\sin\theta\frac{d\theta}{dt}=0$$

“T”字形细尺做的是微小振动，$\sin\theta\approx\theta$，代入上式得

$$\frac{d^2\theta}{dt^2}+\frac{18}{17}\frac{g}{l}\theta=0$$

故系统做的是角频率为$\omega=\sqrt{\frac{18}{17}\frac{g}{l}}$的简谐振动，其振动周期为

$$T=2\pi\sqrt{\frac{17}{18}\frac{l}{g}}=2\times3.14\times\sqrt{\frac{17\times1}{18\times9.8}}=1.95\text{s}$$

11.5 简谐振动的合成

在实际问题的具体过程中，振动往往是由好几个振动合成的。例如，在凹凸不平的路面上行驶的小汽车，车轮相对地面在振动，车身相对车轮也在振动，而车身相对地面的振动就是这两个振动的合振动。在车厢中的人坐在垫子上，当车身振动时，人便参与两个振动，一个为人对车身的振动；另一个为车身对地的振动。现在的汽车通过巧妙设计减振系统，可以使车身相对地面的振动不至于太剧烈。下面对几种简单的振动合成进行分析。

11.5.1 两个同方向同频率简谐振动的合成

设某质点同时参与两独立的同方向、同频率的简谐振动，任一时刻 t，质点在两简谐振动中的位移分别为

$$x_1=A_1\cos(\omega t+\varphi_1)$$

$$x_2=A_2\cos(\omega t+\varphi_2)$$

其中，A_1、A_2与φ_1、φ_2分别表示两个简谐振动的振幅与初相位，角频率均为ω。质点的合振动的位移x就是这两个位移的代数和，即

$$x=x_1+x_2=A_1\cos(\omega t+\varphi_1)+A_2\cos(\omega t+\varphi_2) \tag{11-16}$$

我们可利用三角形公式得到合成结果，其合振动仍是频率为ω的简谐振动

$$x = A\cos(\omega t + \varphi)$$

其中，$A = \sqrt{A_1^2 + A_2^2 + 2A_1A_2\cos(\varphi_2 - \varphi_1)}$，$\tan\varphi = \dfrac{A_1\sin\varphi_1 + A_2\sin\varphi_2}{A_1\cos\varphi_1 + A_2\cos\varphi_2}$

即同方向同频率的简谐振动的合成振动仍为简谐振动，其频率与分振动频率相同，合振动的振幅、相位则由两分振动的振幅及初相决定。

另外，我们也可以利用旋转矢量法来获得合成结果，如图 11-18（a）所示，取坐标轴 Ox，$t=0$ 时刻，两个振动的旋转矢量 $\vec{A}_1$ 和 $\vec{A}_2$ 与坐标轴的夹角分别为 φ_1 和 φ_2，两个矢量以相同的角速度转动，故它们之间的角度保持恒定，则合矢量的大小也保持恒定，且以同样的角速度转动。任意 t 时刻，合矢量 $\vec{A}$ 在 x 轴上的投影为 $x = x_1 + x_2$。如图 11-18（b）所示，在 $\triangle OMM_1$ 中，合振动的振幅 A 用余弦定理即可求得，在 $\triangle OMP$ 中，也可求得初相的正切。

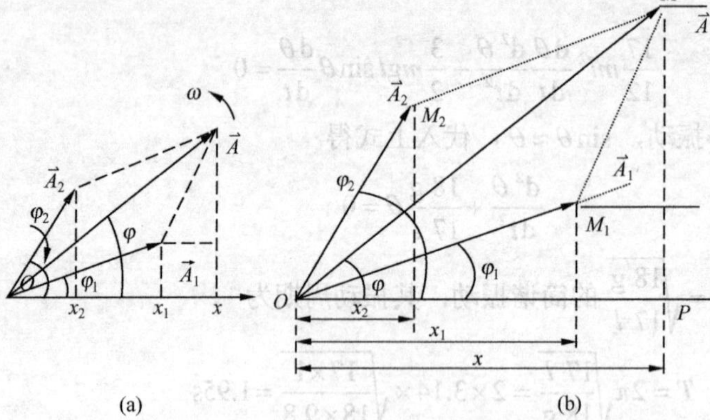

图 11-18　用旋转矢量法求振动的合成

下面我们讨论合振动的振幅与两分振动相位差之间的关系。

（1）相位差 $\Delta\varphi = \varphi_2 - \varphi_1 = 2k\pi$ $(k = 0, \pm1, \pm2, \cdots)$，表明这两个振动在任意时刻，运动状态都相同，步调是一致的。

此时 $\cos(\varphi_2 - \varphi_1) = 1$，则振幅 A 达到最大，即 $A_{\max} = A_1 + A_2$。

（2）相位差 $\Delta\varphi = \varphi_2 - \varphi_1 = (2k+1)\pi$ $(k = 0, \pm1, \pm2, \cdots)$，表明这两个振动在任意时刻，运动状态都是相反的，即步调是相反的。

此时 $\cos(\varphi_2 - \varphi_1) = -1$，则振幅 A 达到最小，即 $A_{\min} = |A_1 - A_2|$。

（3）其他情况，振幅 A 介于 $A_1 + A_2$ 和 $|A_1 - A_2|$。

若 $\Delta\varphi = \varphi_2 - \varphi_1 > 0$，则表明振动 2 的相位比振动 1 的相位超前 $\Delta\varphi$；若 $\Delta\varphi = \varphi_2 - \varphi_1 < 0$，则表明振动 2 的相位比振动 1 的相位落后 $\Delta\varphi$。

【例 11-7】 两质点做同方向、同频率的简谐振动，它们的振幅相等，当质点 1 在 $x_1 = A/2$ 处向左运动时，质点 2 在 $x_2 = A/2$ 处向右运动，试用矢量图示法求两质点的相位差。

图 11-19　例 11-7

解：设两质点的运动方程为

$$x_1 = A\cos(\omega t + \varphi_1)$$
$$x_2 = A\cos(\omega t + \varphi_2)$$

设旋转矢量 $\vec{A}_1$ 描述质点 1，旋转矢量 $\vec{A}_2$ 描述质点 2，如图 11-19 所

示，可得

$$\omega t+\varphi_1=2k\pi+\pi/3$$

$$\omega t+\varphi_2=2k\pi+4\pi/3$$

则两质点的相位差为$(\omega t+\varphi_2)-(\omega t+\varphi_1)=\pi$，两者反相。

11.5.2　两个同方向不同频率简谐振动的合成 拍

当质点同时参与两个同方向不同频率的简谐振动时，设两简谐振动的振动表达式为

$$x_1=A_1\cos(2\pi\nu_1 t+\varphi_1)$$

$$x_2=A_2\cos(2\pi\nu_2 t+\varphi_2)$$

它们的相位差为

$$\Delta\varphi=2\pi(\nu_2-\nu_1)t+(\varphi_2-\varphi_1)$$

即相位差$\Delta\varphi$随时间而改变，合振动不再是简谐振动，而是比较复杂的周期运动。在旋转矢量图上表现为合矢量$\vec{A}_1$和$\vec{A}_2$之间的夹角随时间在改变，即合矢量$\vec{A}$的大小和转动角速度都在不断地变化。现在，我们讨论两个简谐振动的频率较大又极为接近的情况。为简化计算，这里取$A_1=A_2=A$，$\varphi_1=\varphi_2=\varphi$，且$|\nu_2-\nu_1|<<\nu_1+\nu_2$。

合振动的位移为

$$x=x_1+x_2=(2A\cos2\pi\frac{\nu_2-\nu_1}{2}t)\cos(2\pi\frac{\nu_2+\nu_1}{2}t+\varphi)\tag{11-17}$$

因$|\nu_2-\nu_1|<<\nu_1+\nu_2$，则第一项因子的周期要比第二项因子的周期大，因此，我们可以把合振动看成是振幅为$\left|2A\cos2\pi\frac{\nu_2-\nu_1}{2}t\right|$，频率为$\frac{\nu_2+\nu_1}{2}\approx\nu_1\approx\nu_2$的简谐振动。这里合振动振幅随时间按照余弦函数缓慢地由2A变化到0，再变化到2A，做周期性变化。如图11-20所示为两个分振动和合振动的图形。当两个分振动的相位相同时，合振幅最大；当两个分振动的相位相反时，合振幅最小。这种频率较大而频率之差很小的两个同方向简谐振动合成时，所产生的合振幅时而加强时而减弱的现象称为“拍”。

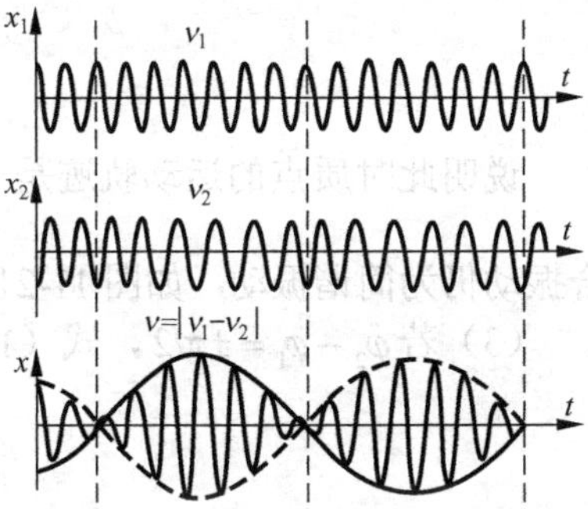

图11-20 拍

我们把合振幅从一次极大到相邻的极大所需的时间称为拍的周期，合振幅变化的频率称为拍频。根据余弦函数的周期性，得

$$\left|2A\cos2\pi\frac{\nu_2-\nu_1}{2}t\right|=\left|2A\cos(2\pi\frac{\nu_2-\nu_1}{2}t+\pi)\right|=\left|2A\cos2\pi\frac{\nu_2-\nu_1}{2}(t+\frac{1}{\nu_2-\nu_1})\right|$$

则拍的周期为$T=\dfrac{1}{\nu_2-\nu_1}$，拍频为$\nu=\nu_2-\nu_1$。

拍现象有着许多重要的应用。例如，双簧管的悠扬的颤音，就是利用同一音的两个簧片的振动频率有微小差别而产生的；通过与标准音叉比较，可对钢琴进行调音。拍现象在无线电技术和卫星跟踪等也有着重要的应用。

11.5.3 两个相互垂直的同频率的简谐振动的合成

设两个同频率的简谐振动分别在 x 轴和 y 轴，其振动方程为

$$x = A_1\cos(\omega t+\varphi_1)$$
$$y = A_2\cos(\omega t+\varphi_2)$$

消掉时间参量 t，可得到质点的运动轨迹

$$\frac{x^2}{A_1^2}+\frac{y^2}{A_2^2}-\frac{2xy}{A_1A_2}\cos(\varphi_2-\varphi_1)=\sin^2(\varphi_2-\varphi_1) \tag{11-18}$$

（1）若 $\varphi_2-\varphi_1=0$，式（11-18）为

$$y=\frac{A_2}{A_1}x$$

说明此时质点的运动轨迹是一条通过坐标原点直线，斜率为 $\frac{A_2}{A_1}$，如图 11-21（a）所示，在任一时刻 t，质点离开原点的位移为

$$S=\sqrt{x^2+y^2}=\sqrt{A_1^2+A_2^2}\cos(\omega t+\varphi) \tag{11-19}$$

式（11-19）说明合振动仍为简谐振动，且圆频率为 ω，振幅为 $\sqrt{A_1^2+A_2^2}$。

（2）若 $\varphi_2-\varphi_1=\pi$，式（11-18）为

$$y=-\frac{A_2}{A_1}x$$

说明此时质点的运动轨迹是一条通过坐标原点直线，斜率为 $-\frac{A_2}{A_1}$，与情况（1）相同，合振动仍为简谐振动，如图 11-21（b）所示。

（3）若 $\varphi_2-\varphi_1=\pm\pi/2$，式（11-18）为

$$\frac{x^2}{A_1^2}+\frac{y^2}{A_2^2}=1$$

此时质点的运动轨迹是一个以坐标轴为长短轴的正椭圆，合振动不再是简谐振动。如图 11-21（c）、（d）所示。可以认为图 11-21（c）是右旋椭圆运动，图 11-21（d）是左旋椭圆运动。

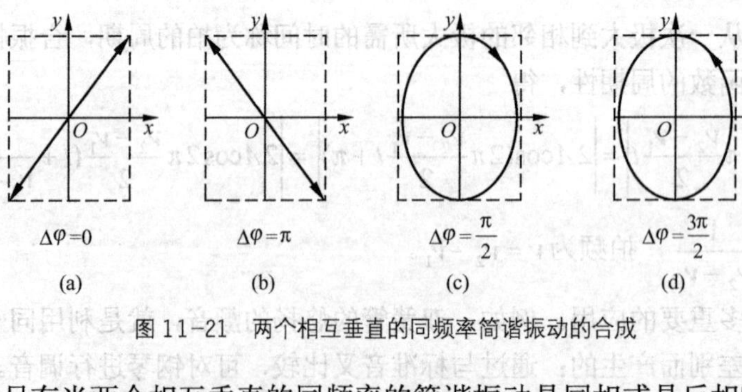

图 11-21 两个相互垂直的同频率简谐振动的合成

综上所述，只有当两个相互垂直的同频率的简谐振动是同相或是反相时，其合振动才是简谐振动。其他的情况，合振动的运动不再是简谐振动，其轨迹将是不同方位的椭圆。图 11-22

所示为两个相互垂直的同频率而不同相位差的简谐振动的合成运动轨迹。

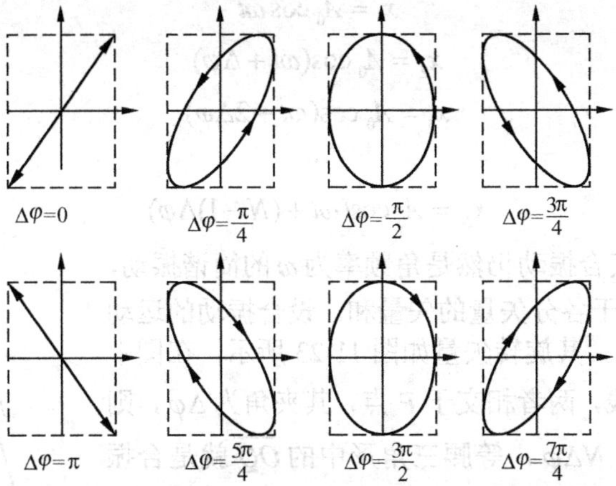

图 11-22　两个相互垂直的同频率而不同相位差的简谐振动的合成运动轨迹

当一个质点同时参与了两个振动方向相互垂直频率不同的简谐振动时，合成的振动一般是较复杂的。其运动轨迹不能形成稳定的曲线。如果两个互相垂直的振动频率成整数比，合振动的轨迹是稳定的曲线，运动也具有周期性，曲线的形状和分振动的频率比、初相位有关，得到的图形称为李萨如图形。表 11-2 和表 11-3 分别给出了频率比为 1∶1、1∶2、1∶3 和 2∶3 的简谐振动的合成。

在示波器上，垂直方向与水平方向同时输入两个振动，已知其中一个频率，则可根据所成图形与已知标准的李萨如图形比较，就可得知另一个未知的频率。在无线电技术中，可用李萨如图形来测量未知频率。

表 11-2　　**简谐振动的合成（a）**

	$\varphi_2-\varphi_1=0$	$\varphi_2-\varphi_1=\pi/4$	$\varphi_2-\varphi_1=\pi/2$	$\varphi_2-\varphi_1=3\pi/4$	$\varphi_2-\varphi_1=\pi$
1:1	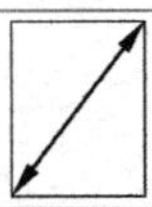				
1:2	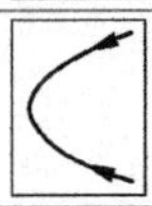				
1:3			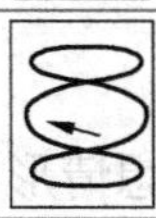		

表 11-3　　**简谐振动的合成（b）**

	$\varphi_2-\varphi_1=0$	$\varphi_2-\varphi_1=\pi/8$	$\varphi_2-\varphi_1=\pi/4$	$\varphi_2-\varphi_1=3\pi/8$	$\varphi_2-\varphi_1=\pi/2$
2:3	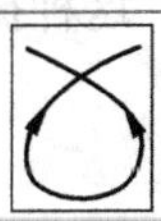		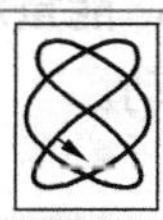		

11.5.4　多个同方向、同频率简谐振动的合成

现在我们讨论沿 x 轴多个同频率简谐振动的合成。此时 N 个振动具有相同方向、相同频

率、相同振幅，且依次间相位差恒为$\Delta\varphi$，即

$$x_1 = A_0 \cos\omega t$$
$$x_2 = A_0 \cos(\omega t + \Delta\varphi)$$
$$x_3 = A_0 \cos(\omega t + 2\Delta\varphi)$$
$$\cdots$$
$$x_N = A_0 \cos(\omega t + (N-1)\Delta\varphi)$$

由旋转矢量法知，其合振动仍然是角频率为ω的简谐振动，合振动的振幅矢量$\vec{A}$等于各分矢量的矢量和。设合振动的运动方程为$x = A\cos(\omega t + \varphi)$，其旋转矢量如图 11-23 所示，在图中作$\vec{A}_1$和$\vec{A}_2$的垂直平分线，两者相交于$P$点，其夹角为$\Delta\varphi$，则$\angle OPB = \Delta\varphi$，$\angle OPQ = N\Delta\varphi$，等腰三角形中的$\overline{OQ}$就是合振幅的$\vec{A}$的大小

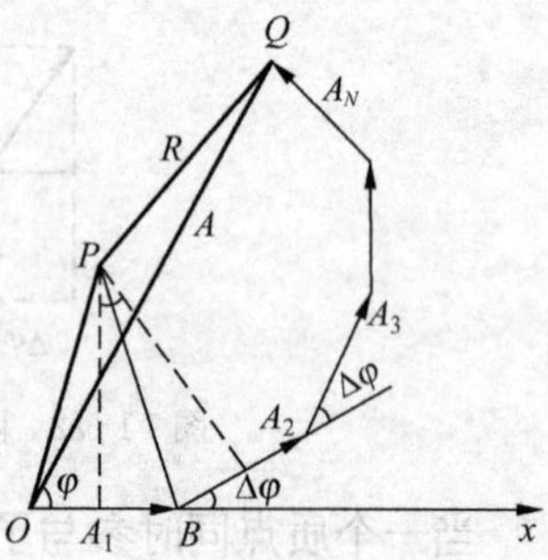

图 11-23 N个同方向同频率的等幅简谐振动的合成

$$A = 2\overline{OP}\sin\frac{N\Delta\varphi}{2} \qquad (11\text{-}20)$$

将$\overline{OP} = (\frac{1}{2}A_0)/\sin\frac{\Delta\varphi}{2}$带入式（11-20），得合振动的振幅大小为

$$A = A_0 \sin\frac{N\Delta\varphi}{2} / \sin\frac{\Delta\varphi}{2}$$

合振动的初相位

$$\varphi = \angle POB - \angle QOB = \frac{1}{2}(\pi - \Delta\varphi) - \frac{1}{2}(\pi - N\Delta\varphi) = \frac{N-1}{2}\Delta\varphi$$

故合振动的表达式为

$$x = A_0 \frac{\sin\frac{N\Delta\varphi}{2}}{\sin\frac{\Delta\varphi}{2}} \cos(\omega t + \frac{N-1}{2}\Delta\varphi)$$

11.6 阻尼振动 受迫振动 共振

前面所讨论的简谐振动是一种理想情形，运动中只有回复力的作用，不考虑任何阻力，也不对外做功，系统没有能量输出和输入，总的能量守恒，振幅保持不变，我们称之为**无阻尼自由振动**。实际的振动系统总会受到外界的阻力作用或是系统向外辐射能量，若是振动系统受到阻力作用，系统将克服阻力做功，能量逐渐减少，振幅逐渐减小，这种振幅随时间而减小的振动称为**阻尼振动**，如单摆的摆动。

11.6.1 阻尼振动

阻尼振动的能量逐渐减少，一种是由于摩擦阻力的作用使振动系统的能量逐渐转化为热运动的能量，这种振动称为摩擦阻尼。如实际的单摆摆动，系统的阻力作用使得摆的机械能

转化为空气的内能，能量逐渐减少，振幅也会逐渐减小；另一种是由于振动系统引起周围物质的振动，使能量以波的形式向外辐射，这种振动称为辐射阻尼。如琴弦发出声音，是由于受到空气的阻力要消耗能量，同时也以波的形式向外辐射。

本小节只讨论振动系统受摩擦阻力的情形。一般来说，振动时所受的摩擦阻力，往往是考虑介质的黏滞阻力。实验指出，在物体运动速度较小的情况下，物体受到的阻力与速度大小成正比，若用 f_r 表示阻力，则

$$f_r=-\gamma v=-\gamma\frac{dx}{dt} \tag{11-21}$$

式中，负号表示力的方向与速度方向相反，比例系数 γ 为阻力系数，它与物体的形状、大小和周围介质的性质有关。

以弹簧振子为例，将其放在油中或较黏稠液体中缓慢运动时，弹簧振子将受到阻力作用。如图 11-24 所示，根据牛顿第二定律，有

$$m\frac{d^2x}{dt^2}=-kx-\gamma\frac{dx}{dt} \tag{11-22}$$

令 $\omega_0{}^2=k/m$，$\beta=\gamma/2m$，则式（11-22）为

$$\frac{d^2x}{dt^2}+2\beta\frac{dx}{dt}+\omega_0^2x=0 \tag{11-23}$$

式中，β 称为阻尼因子，表征阻尼的强弱，它与系统本身的质量和介质的阻力系数有关；ω_0 是振动系统的固有角频率，由系统本身的性质决定。

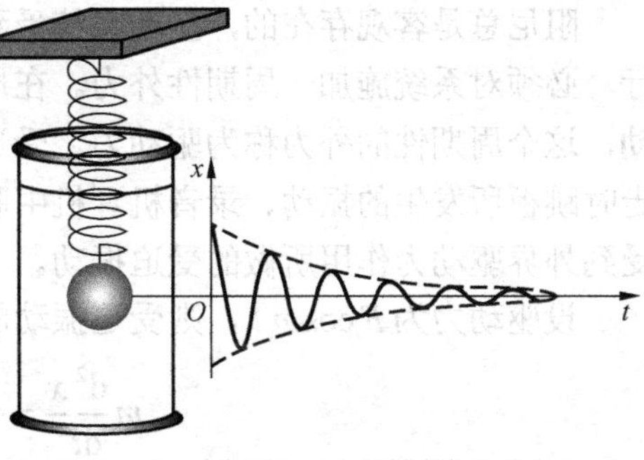

图 11–24　弹簧振子在黏稠液体中的振动

当阻尼较小时，即 $\beta<\omega_0$ 时，叫做**欠阻尼**。式（11-23）的解为

$$x=A_0e^{-\beta t}\cos(\omega t+\varphi) \tag{11-24}$$

式中，A_0 和 φ 为积分常数，可由初始条件决定。$\omega=\sqrt{\omega_0^2-\beta^2}$，称为阻尼振动的角频率。图 11-25 所示为阻尼振动的位移随时间变化的曲线，此时的振动不是严格意义上的周期运动，它的振幅 $A_0e^{-\beta t}$ 随时间做指数衰减，阻尼越大，衰减的越快，通常称之为准周期振动。振幅衰减的周期为

$$T=\frac{2\pi}{\omega}=\frac{2\pi}{\sqrt{\omega_0^2-\beta^2}}$$

若阻力很大，即 $\beta>\omega_0$，可解得

$$x=C_1e^{-(\beta-\sqrt{\beta^2-\omega_0^2})t}+C_2e^{-(\beta+\sqrt{\beta^2-\omega_0^2})t}$$

式中，C_1 和 C_2 是常数，由初始条件决定。随着时间的变化，弹簧振子的位移单调地减小，且该运动不是周期的，也不是往复的。若将物体偏离平衡位置而后释放，物体慢慢地回到平衡位置停下来，这种情形称为**过阻尼**。

若阻尼介于前二者之间，即 $\beta=\omega_0$，微分方程的解为

$$x = (C_1 + C_2 t)e^{-\beta t}$$

式中，C_1 和 C_2 是常数，由初始条件决定。若将物体偏离平衡位置而后释放，物体受到的阻尼较过阻尼时小，则物体将很快回到平衡位置并停下来，这时振子恰好从准周期振动变为非周期振动，这种状态称为**临界阻尼**。图 11-26 所示为上面几种阻尼的位移—时间曲线。

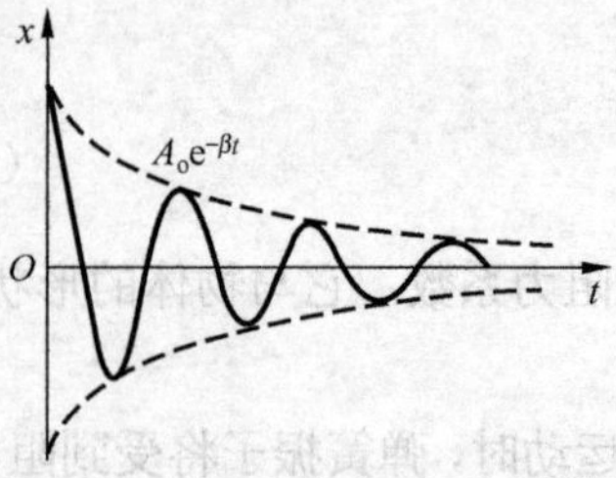

图 11-25　阻尼振动的 $x-t$ 曲线

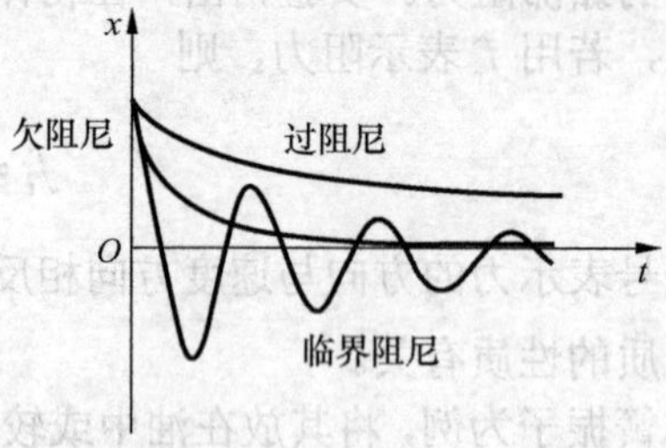

图 11-26　3 种阻尼的比较

在工程技术设备中，经常通过阻尼来控制系统的振动。例如精密天平、灵敏电流计和心电图机等，在使用过程中往往希望其指针尽快到达平衡位置，设计时就会让系统处在临界阻尼状态下工作，以节约时间、便于测量。

11.6.2　受迫振动

阻尼总是客观存在的，振动系统受到阻尼作用最终会停止振动。为使振动持续不断地进行，必须对系统施加一周期性外力。在周期性的外力作用下，系统所发生的振动称为**受迫振动**，这个周期性的外力称为驱动力。受迫振动也称强迫振动。例如，跳水运动员在跳板上行走时跳板所发生的振动、录音机耳机中膜片的振动、机器运转时引起的基座的振动等，都是受到外界驱动力作用所做的受迫振动。

设驱动力为 $F\cos\omega_P t$，则受迫振动的方程可写为

$$m\frac{d^2x}{dt^2} = -kx - C\frac{dx}{dt} + F\cos\omega_P t \tag{11-25}$$

令 $\omega_0 = \sqrt{\frac{k}{m}}$，$2\beta = C/m$，$f = F/m$，则式（11-25）又可写为

$$\frac{d^2x}{dt^2} + 2\beta\frac{dx}{dt} + \omega_0^2 x = f\cos\omega_P t \tag{11-26}$$

在阻尼较小的情况下，式（11-26）的解为

$$x = A_0 e^{-\beta t}\cos(\omega t + \varphi) + A\cos(\omega_P t + \psi)$$

式中，等号右边的第 1 部分是阻尼振动，第 2 部分为等幅振动。一段时间后，阻尼振动的振幅衰减到可以近似为零，此时系统将达到稳定状态，系统将以角频率 ω_P 做等幅振动，其振动表达式为

$$x = A\cos(\omega_P t + \psi) \tag{11-27}$$

整个受迫振动过程中，系统一方面因为阻尼振动而损失能量；另一方面外界通过驱动力对系统做功，不断对系统补充能量，如果补充的能量正好弥补了由于阻尼所引起的振动能量的损失，振动就得以维持并会达到稳定状态。系统所做等幅振动的振幅和初相与系统的初始

条件无关，而是依赖于系统的性质、阻尼的大小和驱动力的特征。将式(11-27)代入式(11-26)，计算得系统达到稳定时的振幅和相位分别为

$$A=\frac{f}{\sqrt{(\omega_0^2-\omega_P^2)^2+4\beta^2\omega_P^2}} \tag{11-28}$$

$$\tan\psi=-\frac{2\beta\omega_P}{\omega_0^2-\omega_P^2} \tag{11-29}$$

11.6.3 共振

图 11-27 所示为不同阻尼时，振幅 A 和驱动力的角频率 ω_P 之间的关系曲线。可以看出：阻尼越小，振幅 A 越大；驱动力的角频率 ω_P 越接近固有角频率 ω_0，受迫振动的振幅 A 越大，当 ω_P 为某一特定值时，振幅 A 出现极大值。我们把 ω_P 为某一定值时，受迫振动的振幅达到最大值的现象称为**共振**。共振时的驱动力的角频率称为共振角频率，用 ω_r 来表示。将式对 ω_P 求导，令其一阶导数为零，即

$$\frac{\mathrm{d}A}{\mathrm{d}\omega_P}=\frac{\mathrm{d}}{\mathrm{d}\omega_P}\left(\frac{f}{\sqrt{(\omega_0^2-\omega_P^2)^2+4\beta^2\omega_P^2}}\right)=0$$

$$\frac{1}{2}\frac{f}{[(\omega_0^2-\omega_P^2)^2+4\beta^2\omega_P^2]^{\frac{3}{2}}}(-4\omega_0^2\omega_P+4\omega_P^3+8\beta^2\omega_P)=0$$

可得共振角频率为

$$\omega_r=\sqrt{\omega_0^2-2\beta^2} \tag{11-30}$$

将 ω_r 值代入式（11-28）中，可得共振时的振幅为

$$A=\frac{f}{2\beta\sqrt{\omega_0^2-\beta^2}}$$

共振现象普遍存在于机械、化学、力学、电磁学、光学及分子、原子物理学、工程技术等几乎所有的科技领域。如一些乐器利用共振来发出响亮、悦耳动听的乐曲；收音机则是通过电磁共振来进行选台；核磁共振可应用于医学诊断，原子核无反冲的共振 γ 吸收。在某些情况下，共振也可能造成危害。当军队或火车过轿时，整齐的步伐或车轮对铁轨接头处的撞击会可对桥梁产生周期性的驱动力，如果驱动力的频率接近桥梁的固有频率，就可能使桥梁的振幅显著增大，以致桥梁发生断裂。又如机器运转时，零部件的运动会产生周期性的驱动力，如果驱动力的频率接近机器本身或支持物的固有频率，就会发生共振，使机器受到损坏。

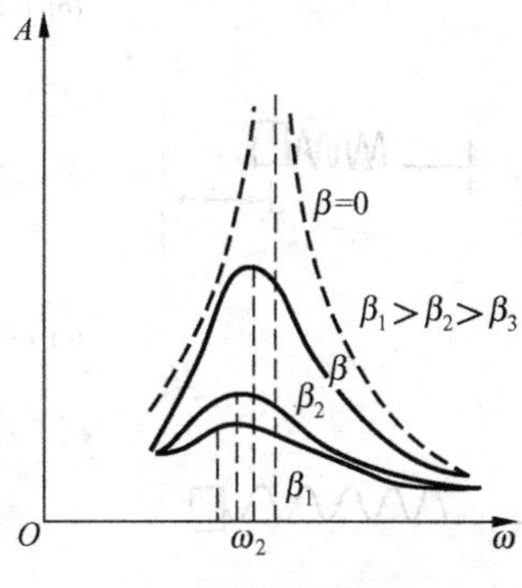

图 11-27 共振

因此，在需要利用共振时，应使驱动力的频率接近或等于振动物体的固有频率。而在需要防止共振时，应尽量使驱动力的频率与物体的固有频率不同。由式（11-30）可知，避免共振的方法，可以是破坏驱动力的周期性，或改变系统的固有频率或改变驱动力的频率，或改变系统的阻尼等。

11.7 电磁振荡

在电路中，电荷和电流以及与之相联系的电场和磁场周期性地发生变化，同时，其电场能和磁场能在储能元件中不断转换，这个现象称为**电磁振荡**。例如，在由电容和电感组成的电路中，电流的大小和方向周期性地变化，电容器极板上的电荷也周期性地变化；相应地，电容内储存的电场能和电感内储存的磁场能不断相互转换。由于开始时储存的电场能或磁场能既无损耗又无电源补充能量，电流和电荷的振幅都不会衰减。这种往复的电磁振荡称为无阻尼自由电磁振荡，相应的振荡频率称为电路的固有频率。

11.7.1 振荡电路 无阻尼自由电磁振荡

在图 11-28 所示的电路中，将电键 S 向右合上，使电容器充电到 Q_0 后，再立即将电键 S 向左合上，使电容器和自感线圈接通，这时，电路中就会形成电磁振荡。这种由电容器和自感线圈串联而成的振荡电路，又称为 *LC* 电路。我们可将该振荡过程与弹簧振子的振动过程作一比较，来说明电磁振荡是如何产生的。

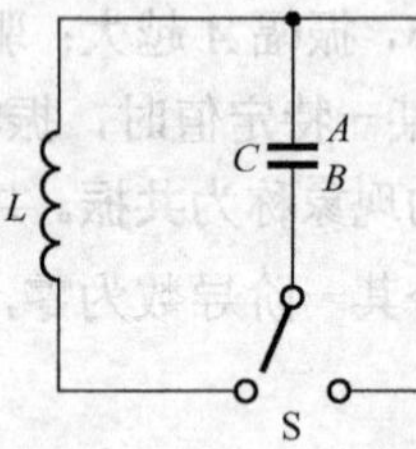

图 11-28 *LC* 电磁振荡电路

如图 11-29（a）所示，在电容器放电之前瞬间，电路中没有电流，电场的能量全部集中于电容器两极板间。当电容器放电时，电流在自感线圈中激起磁场，根据电磁感应，又在自感线圈中激起感应电动势，以反抗电流的增大。于是，电路中的电流将逐渐增大到最大值，两极板上的电荷也相应地逐渐减少为零。放电结束时，两极板间的电场能量全部转换为线圈中的磁场能量，电路中的电流达到最大值，如图 11-29（b）所示。由于线圈的自感作用，又要对电容器做反方向的充电，使得下极板带正电、上板带负电。电流逐渐减弱为零，两极板上的电荷逐渐增加到最大值。这时，磁场能量又全部转换为电场能量，如图 11-29（c）所示。然后，电容器又通过线圈放电，使电路中的电流逐渐增大，此时电流方向与原来相反，电场能量又转换成为磁场能量，如图 11-29（d）所示。此后，电容器又被充电，回复到原状态，如图 11-29（e）所示，完成了一个完全的振荡过程。

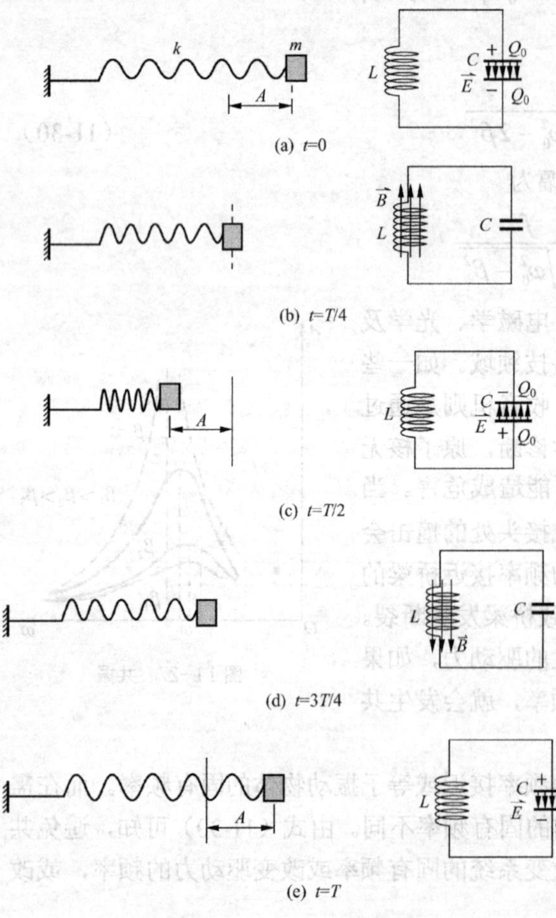

图 11-29 无阻尼自由电磁振荡

在整个过程中，电磁振荡中的电荷与

电流对应弹簧振子的位移和速度，电容器带电后所产生的电势差，对应于弹簧振子在振动时弹簧伸长或缩短所产生的弹性力，线圈的自感作用对应于弹簧振子的惯性作用。从能量方面考虑，电场能量与弹性势能相对应，而磁场能量与动能相对应。因此，弹簧振子振动达到最大位移处，对应着电容器中的电场能量达到最大值，而线圈中的磁场能量为零；当弹簧振子振动到平衡位置时，对应着线圈中的磁场能量达到最大值，而电容器中的电场能量为零。

11.7.2 无阻尼电磁振荡的振荡方程

电磁振荡电路中的电荷和电流随时间做周期性的变化，为了获得其变化规律，下面对无阻尼自由电磁振荡电路进行定量分析。在图 11-30 中，设某一时刻，电容器极板上的电荷量为q，电路中的电流为i，由欧姆定律得

$$-L\frac{\mathrm{d}i}{\mathrm{d}t}=V_{\mathrm{A}}-V_{\mathrm{B}}=\frac{q}{C} \tag{11-31}$$

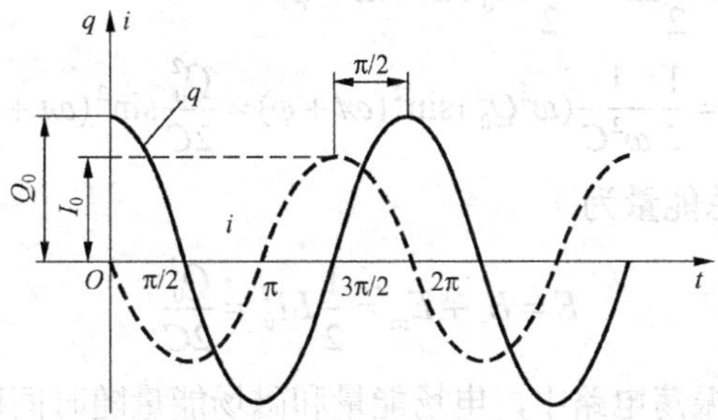

图 11-30 无阻尼自由振荡中的电荷和电流随时间的变化

由于$i=\mathrm{d}q/\mathrm{d}t$，代入得

$$\frac{\mathrm{d}^2q}{\mathrm{d}t^2}=-\frac{1}{LC}q \tag{11-32}$$

令$\omega^2=1/LC$，式（11-32）又可写为

$$\frac{\mathrm{d}^2q}{\mathrm{d}t^2}=-\omega^2q$$

解此微分方程，可得

$$q=Q_0\cos(\omega t+\varphi) \tag{11-33}$$

式中，Q_0为极板上电荷的最大值，称为电荷振幅，φ为振荡的初相位，ω为振荡的角频率，所以，振荡的周期和频率分别为

$$T=2\,\pi\sqrt{LC}\,,\quad \nu=\frac{1}{2\,\pi\sqrt{LC}}$$

将式（11-33）对时间求导，可得

$$i=\frac{\mathrm{d}q}{\mathrm{d}t}=-\omega Q_0\sin(\omega t+\varphi)=I_0\cos(\omega t+\varphi+\frac{\pi}{2}) \tag{11-34}$$

式中，i 为电路中任一时刻的电流，$I_0 = \omega Q_0$ 为电流的最大值，称为电流振幅。

上述分析可知：振荡电路中，电荷和电流都在做等幅的简谐振动，振动的频率由线圈的自感 L 和电容器的电容 C 来决定，且 $\omega = \sqrt{1/LC}$，从图 11-30 还可看出，电流的相位比电荷相位超前 $\frac{\pi}{2}$。

11.7.3 无阻尼自由电磁振荡的能量

设任一时刻 t，电容器极板上的电荷量为 q，相应的电场能量为

$$E_e = \frac{q^2}{2C} = \frac{Q_0^2}{2C}\cos^2(\omega t + \varphi) \tag{11-35}$$

该时刻的电流为 i，线圈内的磁场能量为

$$\begin{aligned} E_m &= \frac{1}{2}Li^2 = \frac{1}{2}LI_0^2\sin^2(\omega t + \varphi) \\ &= \frac{1}{2}\frac{1}{\omega^2 C}(\omega^2 Q_0^2)\sin^2(\omega t + \varphi) = \frac{Q_0^2}{2C}\sin^2(\omega t + \varphi) \end{aligned} \tag{11-36}$$

则 LC 振荡电路中的总能量为

$$E = E_e + E_m = \frac{1}{2}LI_0^2 = \frac{Q_0^2}{2C} \tag{11-37}$$

显然，在无阻尼 LC 振荡电路中，电场能量和磁场能量随时间做周期性变化，但是总的电磁能量却保持不变。无阻尼 LC 振荡电路只是一种理想化模型。我们知道，实际的电路都会有电阻，电容是储能元件，其中的能量转换是可逆的，但是电阻是耗散性元件，电能只能单向地转换为热能，电路中的电磁能会有一定的耗散；另外，振荡过程中电磁能也会以电磁波的形式向外辐射出去。此时，振荡过程中的电荷和电流随时间做减幅振荡。这里不作详细介绍，读者可参阅相关书籍。

【例 11-8】 一振荡电路，已知 C=0.025 μF，L=1.015H，电路中电阻可忽略不计，电容器上电荷最大值为 $Q_0 = 2.5\times10^{-6}$ C。（1）写出电路接通后，电容器两极板间的电势差随时间变化的方程和电路中电流随时间变化的方程；（2）写出电场能量、磁场能量及总能量随时间变化的方程；（3）求 $t = T/8$ 时，电容器两极板间的电势差、电路中的电流、电场能、磁场能。

解：（1）由题知，振荡电路的角频率为 $\omega = \sqrt{\frac{1}{LC}} = 2\,000\pi$，$Q_0 = 2.5\times10^{-6}$ C，$\varphi = 0$，则电路中任一时刻两极板上的电荷为

$$q = Q_0\cos(\omega t + \varphi) = 2.5\times10^{-6}\cos(2\,000\pi t)\ \text{C}$$

则两极板间的电势差为

$$U = \frac{q}{C} = 100\cos(2\,000\pi t)\ \text{V}$$

电路中的电流为

$$i = \frac{\mathrm{d}q}{\mathrm{d}t} = -5\times10^{-3}\,\pi\sin(2\,000\pi t)\ \text{A}$$

（2）电容器中两极板间的电场能量为

$$E_e=\frac{q^2}{2C}=\frac{Q_0^2}{2C}\cos^2(\omega t)=1.25\times10^{-4}\cos^2(2\,000\pi t)\ \text{J}$$

线圈中的磁场能量为

$$E_m=\frac{Q_0^2}{2C}\sin^2(\omega t+\varphi)=1.25\times10^{-4}\sin^2(2\,000\pi t)\ \text{J}$$

电路中的总能量为

$$E=E_e+E_m=\frac{Q_0^2}{2C}=1.25\times10^{-4}\ \text{J}$$

（3）将$t=T/8$代入上面各式，可得电容器两极板间的电势差、电路中的电流、电场能、磁场能分别为$U=70.7\ \text{V}$，$i=-1.11\times10^{-2}\ \text{A}$，$E_e=6.25\times10^{-5}\ \text{J}$，$E_m=0\ \text{J}$。

11.8 *非线性系统的振动和混沌

由前面知识可知，当单摆小角度摆动时，可近似看作是做简谐振动，单摆可看作是一个线性系统。当单摆以大角度摆动时，其运动又会有什么特点呢？

11.8.1 非线性系统的振动

设单摆的摆长为l，小球质量为m，小球受到重力和摆线的拉力，如图 11-31 所示，根据牛顿第二定律，有

$$ml\frac{d^2\theta}{dt^2}=-mg\sin\theta$$

令$\omega^2=\dfrac{g}{l}$，则有

$$\frac{d^2\theta}{dt^2}+\omega^2\sin\theta=0 \qquad (11\text{-}38)$$

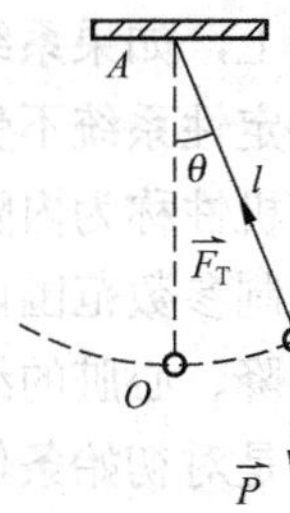

图 11-31 大角度摆动的单摆

由于$\sin\theta=\theta-\dfrac{\theta^3}{3!}+\dfrac{\theta^5}{5!}-\cdots$，故式（11-38）可近似为

$$\frac{d^2\theta}{dt^2}+\omega^2\theta-\omega^2\frac{\theta^3}{6}=0 \qquad (11\text{-}39)$$

显然，现在单摆是一个非线性系统，其振动不再是简谐振动，而是一种更为复杂的振动。

下面我们换个角度来分析单摆的运动，引入相图的概念。所谓相图就是位移和速度所构成的二维平面。相图上每一点（即相点）描述的是系统在任一时刻的运动状态，系统的所有运动状态就是整个相图。其运动路径曲线称为相轨道。

图 11-32（a）所示为无阻尼单摆振动的相图，由于振动过程中能量是守恒的，所以其相轨道是一个特定的椭圆。图 11-32（b）所示为弱阻尼单摆的相图，相轨道是一个螺旋线，最终静止在原点，这是由于受到阻尼的作用。图 11-32（c）所示为某一驱动力存在时，阻尼受迫振动单摆在$(-\pi,\pi)$区间的相图，系统进入随机运动状态，整个过程变得完全混乱了，即系统的运动已经无法预料，改变系统的初始条件，可能会出现更复杂的运动。我们把这种现象称为混沌。混沌现象是非线性系统的特有的。

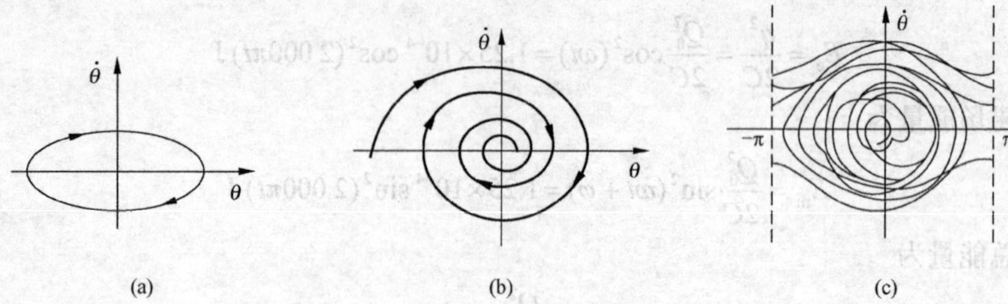

图 11-32　单摆的相图

11.8.2　混沌

“混沌”译自英文“Chaos”，原意是絮乱、无序和无规律。它是确定性的非线性动力学系统本身产生的不规则的宏观时空行为。科学家将其定义为：混沌是指发生在确定性系统中的貌似随机的不规则运动。一个确定性理论描述的系统，其行为却表现为不确定性—不可重复、不可预测，这就是混沌现象。进一步研究表明，混沌是非线性动力系统的固有特性，是非线性系统普遍存在的现象。牛顿确定性理论能够完美处理的多为线性系统，而线性系统大多是由非线性系统简化来的。因此，在现实生活和实际工程技术问题中，混沌是无处不在的！

一般来讲，混沌系统具有如下所述 3 个关键要素。

（1）内在随机性。

习惯上，如果系统的某个状态可能出现，也可能不出现，我们认为该系统具有随机性。若这个确定性系统不受外来干扰，它自身不会出现随机性，这称为外随机性。而由系统自身产生的随机性称为内随机性。混沌理论表明，当确定性系统具有稍微复杂的非线性时，就会在一定控制参数范围内产生内在随机性。如湍流中的旋涡，闪电的分支路径、流行病的消胀、股市的升降、心脏的纤颤、精神病行为、城镇空间分布及规模与数量等级等。

（2）是对初始条件的敏感依赖性。

1972 年 12 月 29 日，美国麻省理工学院教授、混沌学开创人之一的 E.N.洛伦兹在美国科学发展学会第 139 次会议上发表了题为《蝴蝶效应》的论文，提出一个貌似荒谬的论断：一只蝴蝶翅膀在巴西的拍打能使美国德克萨斯州产生一个龙卷风，并由此提出了天气的不可准确预报性。这一论断称为“蝴蝶效应”。蝴蝶效应是混沌学理论中的一个概念。它反映了系统的长期行为对初始条件的敏感性依赖，即输入端微小的差别会迅速放大到输出端。蝴蝶效应在经济生活中比比皆是：人行道上摆满自行车，导致行人走上车行道，又导致一次车祸，又导致交通中断几小时，又导致一连串的误事……对初始条件的敏感依赖性是混沌系统的典型特征。

（3）非规则的有序。

混沌是有序和无序的统一。确定性的非线性系统的控制参量按一定方向变换，当达到某一临界状态时，就会出现混沌这种非周期性运动体制。其行为体现出混沌内部的不同层次上的结构具有相似性。美国科学家费根鲍姆（M.J.Feigenbaun）通过两种完全不同的反馈函数 $x_{n+1}=\mu x_n(1-x_n)$ 和 $x_{n+1}=\mu\sin x_n$ 的迭代计算，即取一个数作为输入，产生另一个数作为输出，再将前次的输出作为输入，如此反复迭代计算。当 μ 值较小时，结果趋向一个定数，当 μ 超过某值时，其轨迹出现分岔。通过对其内在规则的研究，他得出了两个反映自然及本质的新的普适常量

费根鲍勃 δ 常量=4.669 201 609 102 990 9…

费根鲍勃 α 常量=2.502 907 875 095 892 8…

其中，第 1 个常量表示的是相邻两个分岔间距之间的倍数关系。第 2 个常量表示的是，相邻两个分岔宽度之间的倍数关系。两个普适常量也说明了，混沌中的有序性事存在的，而且可以定量地加以研究。

混沌现象不是偶然的、个别的事件，而是普遍存在于宇宙间各种各样的宏观及微观系统的，万事万物，莫不混沌。混沌理论就是研究混沌的特征、实质、发生机制以及探讨如何描述、控制和利用混沌的新科学。混沌学已经渗透到物理学、化学、生物学、生态学、气象学、经济学、社会学等诸多领域，与其他各门科学互相促进、互相依靠，由此派生出许多交叉学科，如混沌气象学、混沌经济学、混沌数学等。混沌学不仅极具研究价值，而且有现实应用价值，能直接或间接创造财富。曾有科学家预言，混沌将是继相对论、量子力学之后，20 世纪的第三次科学革命。

复 习 题

一、思考题

1．劲度系数为 k_1 和 k_2 的两根弹簧，与质量为 m 的小球按如图 11-33 所示的两种方式连接，试说明它们的振动是否为简谐振动，并分别求出它们的振动周期。

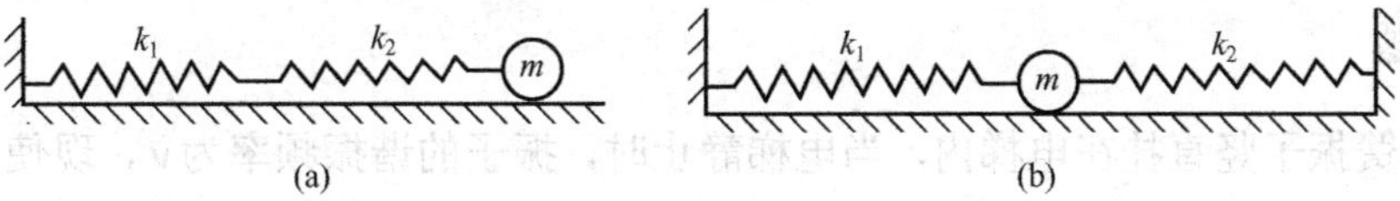

图 11-33　思考题 1

2．说明下列运动是否简谐振动：

（1）拍皮球时球的上下运动；

（2）如图 11-34 所示，一个小球沿着半径很大的光滑凹球面往返滚动，小球所经过的弧线很短，如图所示；

（3）竖直悬挂的轻弹簧的下端系一重物，把重物从静止位置拉下一段距离（在弹簧的弹性限度内），然后放手任其运动（忽略阻力影响）。

3．伽利略曾提出和解决了这样一个问题：一根线挂在又高又暗的城堡中，看不见它的上端而只能看见它的下端。如何测量此线的长度？

4．一物体做简谐振动，振动的频率越高，则物体的运动速度越大，这种说法对吗？

5．周期为 T、最大摆角为 α_0 的单摆在 t=0 时刻分别处于如图 11-35 所示的状态，若以向右方向为正，写出它们的振动表达式。

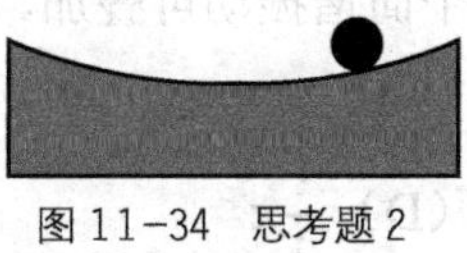

图 11-34　思考题 2

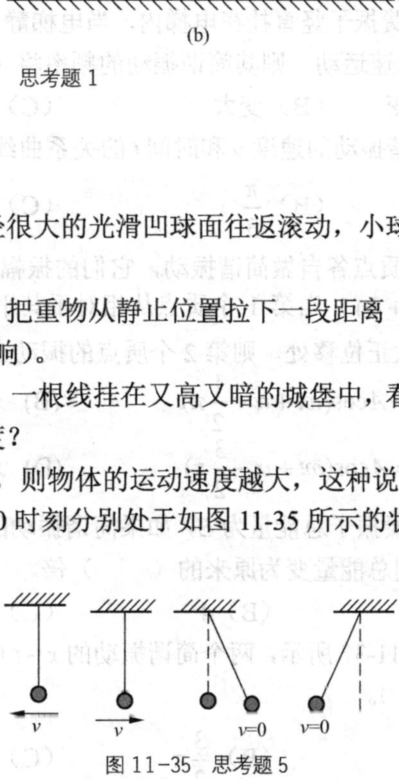

图 11-35　思考题 5

6．3 个完全相等的单摆，在下列各种情况，它们的周期是否相同？如不相同，哪个大，哪个小？

（1）第 1 个在教室里，第 2 个在匀速前进的火车上，第 3 个在匀加速水平前进的火车上。

（2）第 1 个在匀速上升的升降机中，第 2 个在匀加速上升的升降机中，第 3 个在匀减速上升的升降机中。

（3）第 1 个在地球上，第 2 个在绕地球的同步卫星上，第 3 个在月球上。

7. 在理想的情况下，弹簧振子的振动是简谐振动，但实际上（如果观察的时间较长的话）是阻尼振动，问振动的频率是否因为有阻尼而不断改变？

8．小孩荡秋千属于什么运动？

9．什么是拍？什么情况下会产生拍现象？拍频等于什么？

10．受迫振动的频率和振幅与哪些因素有关？

11．“受迫振动达到稳定时，其运动学方程可写为 $x = A\cos(\omega t+\varphi)$，其中 A 和 φ 由初始条件决定，ω 即为驱动力的频率。”这句话是否正确？

12．汽车车厢和下面的弹簧可视为一沿竖直方向运动的弹簧振子。当有乘客时。其固有频率会有怎样的变化？

13．在 LC 电磁振荡中，电场能量和磁场能量是怎样交替转换的？

14．为什么只含有电阻和电容的电路或只含有电阻和自感线圈的电路都不可能产生电磁振荡？试从能量观点说明。

二、习题

1．一弹簧振子竖直挂在电梯内，当电梯静止时，振子的谐振频率为 ν，现使电梯以加速度 a 向上匀加速运动，则其简谐振动的频率将（　　）。

（A）不变　（B）变大　（C）变小　（D）如何变化不能确定

2．一简谐振动的速度 v 和时间 t 的关系曲线如图 11-36 所示，则振动的初相位为（　　）。

（A）$\frac{\pi}{6}$　（B）$\frac{\pi}{3}$　（C）$\frac{2}{3}\pi$　（D）$\frac{5}{6}\pi$

3．两个质点各自做简谐振动，它们的振幅相同、周期相同。第 1 个质点的振动方程为 $x_1 = A\cos(\omega t+\alpha)$。当第 1 个质点从相对于其平衡位置的正位移处回到平衡位置时，第 2 个质点正在最大正位移处。则第 2 个质点的振动方程为（　　）。

(A) $x_2 = A\cos(\omega t+\alpha+\frac{1}{2}\pi)$　(B) $x_2 = A\cos(\omega t+\alpha-\frac{1}{2}\pi)$

(C) $x_2 = A\cos(\omega t+\alpha-\frac{3}{2}\pi)$　(D) $x_2 = A\cos(\omega t+\alpha+\pi)$

4．一弹簧振子总能量为 E，如果简谐振动的振幅增加为原来的 2 倍，重物质量增加为原来的 4 倍，则总能量变为原来的（　　）倍。

（A）2　（B）4　（C）1/2　（D）1/4

5．如图 11-37 所示，两个简谐振动的 $x-t$ 曲线，若这两个简谐振动可叠加，则合振动的初相位（　　）。

（A）0　（B）$\frac{3}{2}\pi$　（C）π　（D）$\frac{1}{2}\pi$

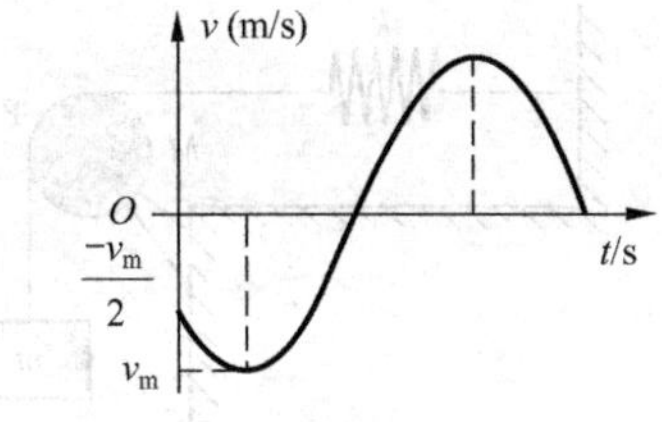

图 11-36 习题 2

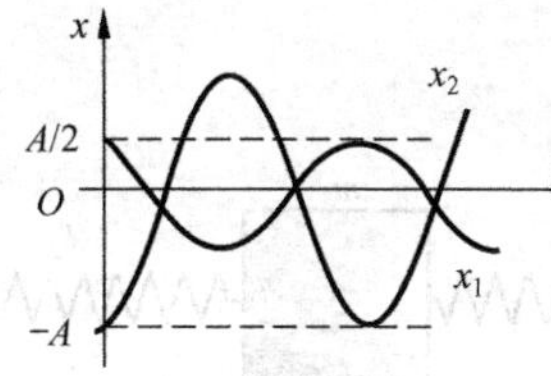

图 11-37 习题 5

6．质量为 10g 的小球与轻弹簧组成的系统，按

$$x = 0.5\cos(8\pi t + \frac{\pi}{3})\ \text{m}$$

的规律而振动，式中 t 以 s 为单位。试求：

（1）振动的角频率、周期、振幅、初相、速度及加速度的最大值；

（2）t=1s、2s、10s 的相位各为多少；

（3）分别画出位移、速度、加速度与时间的关系曲线。

7．一质量为 m 的平底船，其平均水平截面积为 S，吃水深度为 h，如不计水的阻力，求此船在竖直方向的振动周期。

8．一质量为 m，直径为 D 的塑料圆柱体一部分浸入密度为 ρ 的液体中；另一部分浮在液面上，如果用手轻轻向下按动圆柱体，放手后圆柱体将上下振动，试证明该振动为简谐振动，并求出振动周期（圆柱体表面与液体的摩擦力忽略不计）。

9．如图 11-38 所示，在横截面为 S 的 U 形管中有适量的液体，液体总长度为 l，质量为 m，密度为 ρ。问液面上下起伏的自由振动是不是简谐振动？如果是，频率是多少（忽略液体和管壁间的摩擦）？

10．如图 11-39 所示，一块均匀的长木板质量为 m，对称地平放在相距 l=20cm 的两个滚轴上。滚轴的转动方向如图示，滚轴表面与木板间的摩擦系数为 μ=0.5。今使木板沿水平方向移动一段距离后释放。证明此后木板将做简谐振动并求其周期。

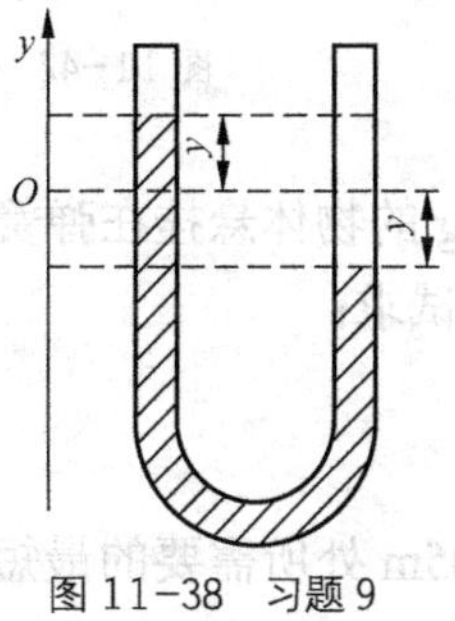

图 11-38 习题 9

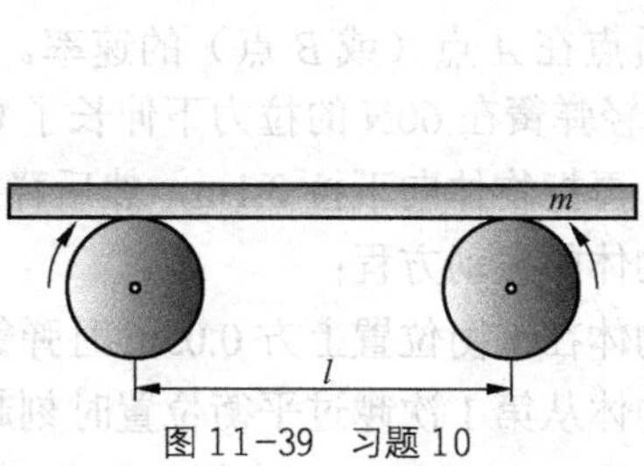

图 11-39 习题 10

11．劲度系数分别为 k_1 和 k_2 的两根弹簧和质量为 m 的物体相连，如图 11-40 所示，试求该振动系统的振动周期。

12．如图 11-41 所示，一劲度系数为 k 的轻弹簧的一端固定，另一端用细绳与质量为 m 的物体 B 连接，细绳跨过固定于桌边的定滑轮 P 上，物体 B 悬于细绳下端，定滑轮 P 为均质圆盘，其半径为 R，质量为 M。求证：物体 B 在运动时做简谐振动；并求其角频率。所有摩擦阻力均不计。

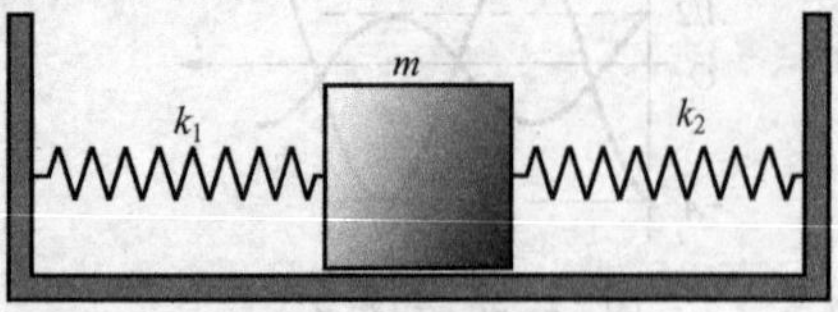

图 11-40　习题 11

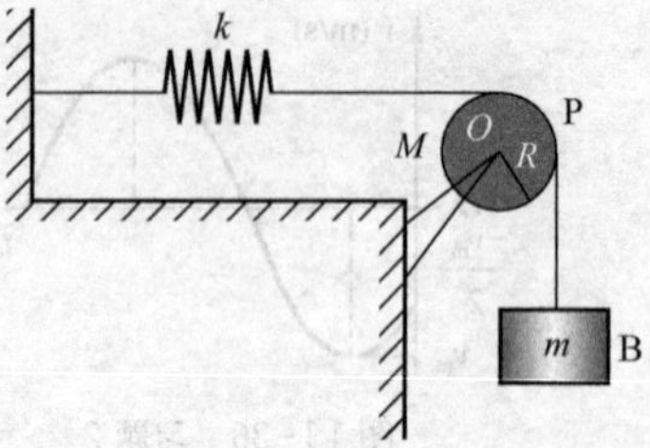

图 11-41　习题 12

13．一单摆摆长为 100cm，摆球质量 m=10.0kg，开始处于平衡位置。

（1）若给摆球一个向右的水平冲量 $10.0\text{g}\cdot\text{cm}\cdot\text{s}^{-1}$，如果以撞击的时刻为计时起点，求单摆的运动方程。

（2）若冲量的方向向左，其他条件不变，求单摆的运动方程。

14．一简谐振动的运动规律为 $x=10\cos(8t+\dfrac{\pi}{4})$ （SI），若计时起点提前 0.5s，其运动学方程如何表示？欲使其初相位零，计时起点应提前或推迟多少？

15．一质量为 10g 的物体沿 x 方向做简谐振动。其振幅 A=20cm，周期 T=4s，t=0 时物体的位移为−10cm，且向负 x 向运动。试求：

（1）t=1s 时物体的位移；

（2）何时物体第 1 次运动到 x=10cm 处；

（3）再经多少时间物体第 2 次运动到 x=10cm 处；

（4）第 1 次运动到 x=10cm 处的速度和加速度。

16．如图 11-42 所示，一质点在一直线上做简谐振动，选取该质点向右运动通过 A 点时作为计时起点（t=0），经过 2 秒后质点第 1 次经过 B 点，再经过 2 秒后质点第 2 次经过 B 点，若已知该质点在 A、B 两点具有相同的速率，且 $\overline{AB}$=10cm，试求：

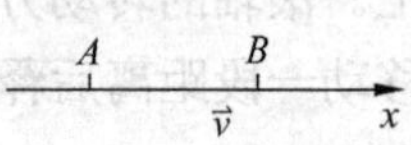

图 11-42　习题 16

（1）质点的振动方程；

（2）质点在 A 点（或 B 点）的速率。

17．一轻弹簧在 60N 的拉力下伸长了 0.3m，现把质量为 4kg 的物体悬挂在弹簧的下端并使之静止，再把物体向下拉 0.1m，然后释放物体并开始计时，试求：

（1）物体的振动方程；

（2）物体在平衡位置上方 0.05m 时弹簧对物体的拉力；

（3）物体从第 1 次越过平衡位置时刻起到它运动到上方 0.05m 处所需要的最短时间。

18．如图 11-43 所示，两个振子Ⅰ、Ⅱ各自沿平行于 x 轴的直导轨上做同频率、同振幅的简谐振动，并且它们的平衡位置都在 x 轴的原点 O 处。当它们每次沿相反方向彼此通过同一位置坐标 x 时，它们的位移大小均为它们振幅的一半。试用旋转矢量图计算它们之间的相位差。

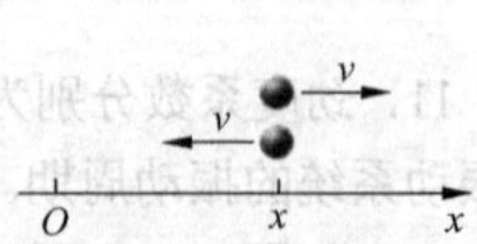

图 11-43　习题 18

19．如图 11-44 所示，劲度系数为 $k=312\,\text{N/m}$ 的轻弹簧，一端固定，另一端连接一质量 $M=0.3\,\text{kg}$ 的物体，放在光滑的水平面上，上面放一质量 $m=0.2\,\text{kg}$ 的物体，两物体间的最大

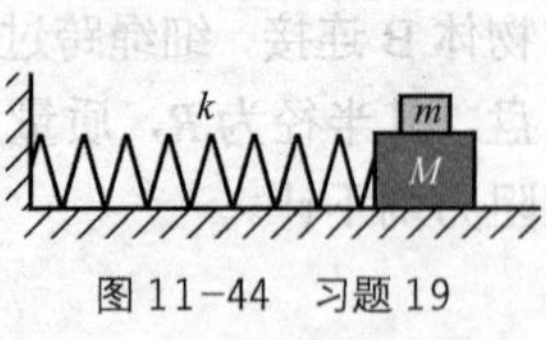

图 11-44　习题 19

静摩擦系数 $\mu = 0.5$，求两物体间无相对滑动时，系统振动的最大能量。

20．质量为 10g 的物体做简谐振动，其振幅为 24cm，周期为 4s。当 t=0 时，位移为 24cm。试求：

（1）t=0.5s 时，物体所在的位置；

（2）t=0.5s 时，物体所受力的大小和方向；

（3）由起始位置运动到 x=12cm 处所需的最短时间；

（4）在 x=12cm 处，物体的速度、动能、势能和总能量。

21．手持一块平板，平板上放一质量为 0.5kg 的砝码，现使平板在竖直方向做简谐振动，其频率为 2Hz，其振幅为 0.04m，试求：

（1）位移为最大时，砝码对平板的压力为多大？

（2）以多大振幅振动时，会使砝码脱离平板？

（3）如果振动频率加大 1 倍，则砝码随板一起振动的振幅上限为多少？

22．如图 11-45 所示，两个谐振动的 $x-t$ 曲线，试分别写出其简谐振动方程。

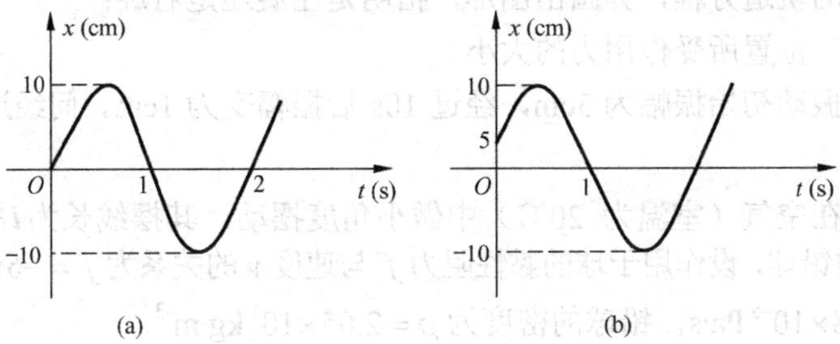

图 11-45　习题 22

23．一弹簧振子由劲度系数为 k 的弹簧和质量为 M 的物体组成，将弹簧一端与顶板相连，如图 11-46 所示，开始时物体静止，一颗质量为 m、速度为 v_0 的子弹由下而上射入物体，并留在物体中，试求：

（1）振子以后的振动振幅与周期；

（2）物体从初始位置运动到最高点所需的时间。

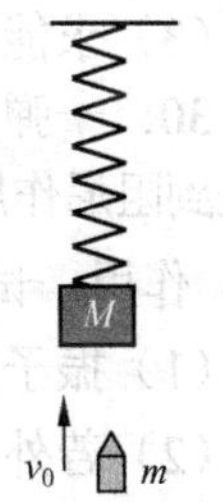

图 11-46　习题 23

24. 有两个同方向、同频率的简谐振动，其合成振动的振幅为 0.20m，位相与第 1 个振动的相位差为 $\frac{\pi}{6}$，已知第 1 振动的振幅为 0.173m，求第 2 个振动的振幅以及第 1 个、第 2 个两振动的相位差。

25．3 个同方向，同频率的简谐振动为

$$x_1 = 0.08\cos\left(314t + \frac{\pi}{6}\right)$$

$$x_2 = 0.08\cos\left(314t + \frac{\pi}{2}\right)$$

$$x_3 = 0.08\cos\left(314t + \frac{5\pi}{6}\right)$$

试求：

（1）合振动的圆频率、振幅、初相及振动表达式；

（2）合振动由初始位置运动到$x=\frac{\sqrt{2}}{2}A$所需最短时间（A为合振动振幅）。

26．有两个同向的简谐振动，它们的表达式分别为

$$x_1=0.05\cos\left(10t+\frac{3\pi}{4}\right)\text{（SI）},\quad x_2=0.06\cos\left(10t+\frac{\pi}{4}\right)\text{（SI）}$$

试求：

（1）它们的合振动的振幅和初相位；

（2）若另有一振动$x_3=0.07\cos(10t+\varphi)$，当$\varphi$为何值时，$x_1+x_3$的振幅达到最大；$\varphi$为何值时，$x_1+x_3$的振幅达到最小。

27．一质量为0.1kg的质点同时参与相互垂直的两个振动，其振动方程分别为

$$x=0.06\cos\left(\frac{\pi}{3}t+\frac{\pi}{3}\right)\text{（SI）},\ y=0.03\cos\left(\frac{\pi}{3}t-\frac{\pi}{3}\right)\text{（SI）}$$

试求：

（1）质点运动的轨道方程，并画出图形，指明是左旋还是右旋；

（2）质点在任一位置所受作用力的大小。

28．某弱阻尼振动初始振幅为3cm，经过10s后振幅变为1cm。问经过多长时间，振幅将变为0.3cm？

29．有一单摆在空气（室温为20℃）中做小角度摆动，其摆线长为$l=1.0\text{ m}$，摆锤是一半径为$r=0.5\text{ cm}$的铅球，设作用于球的黏性阻力f与速度v的关系为$f=-6\pi\eta rv$，已知20℃时空气的黏度$\eta=1.78\times10^{-5}\text{ Pa·s}$，铅球的密度为$\rho=2.65\times10^{3}\text{ kg·m}^{-3}$。

（1）写出此摆的运动微分方程；

（2）求固有角频率、阻尼因子和摆动周期；

（3）求能量减少10%所需的时间。

30．一弹簧振子系统，物体的质量$m=1.0\text{ kg}$，弹簧的劲度系数为$k=900\text{ N/m}$，系统振动时受到阻尼作用，其阻尼系数为$\beta=10.0\text{ s}^{-1}$，为了使振动持续，现加一周期性外力$F=100\cos30t$（SI）作用。试求：

（1）振子达到稳定时的振动角频率；

（2）若外力的角频率可以改变，则当其值为多少时系统会出现共振现象？其共振振幅为多少？

31．由一个电容$C=4.0\ \mu\text{F}$的电容器和一个自感为$L=10\text{ mH}$的线圈组成的LC电路，当电容器上电荷的最大值$Q_0=6.0\times10^{-5}C$时开始做无阻尼自由振荡。试求：

（1）电场能量和磁场能量的最大值；

（2）当电场能量和磁场能量相等时，电容器上的电荷量。

第12章 机械波

【学习目标】

- 掌握描述简谐波的各物理量的意义及各量间的关系。
- 理解机械波产生的条件，掌握由已知质点的简谐振动方程得出平面简谐波波函数的方法；理解波函数的物理意义；理解波的能量传播特征及能流、能流密度概念。
- 了解惠更斯原理和波的叠加原理，理解波的相干条件，能应用相位差和波程差分析确定相干波叠加后振幅加强和减弱的条件。
- 掌握驻波的概念，理解驻波的形成条件，了解驻波和行波的区别。
- 了解多普勒效应及其产生的原因。

波动是很常见的现象。振动的传播过程称为波动。机械振动在弹性介质中进行传播的过程称为机械波，如水波、绳波、声波和地震波等。交变的电场与磁场在空间传播的过程称为电磁波，如光波、无线电波和X射线等。在微观领域中，原子、电子等一切微观粒子也都具有波动的性质。相对应的波称为物质波。对于各种波动，虽然它们的本质不同，但是总具有一些共同特征，如都有类似的波动表达式，而且都伴随能量的传播，可以发生反射、折射、干涉和衍射现象。

本章着重讨论机械波的主要特征和基本规律。从最简单的平面简谐波出发，得到有关波的特征和规律，其他复杂的波形可认为是由这些简谐波所组成的。

12.1 机械波的一般概念

机械波是机械振动在介质中的传播。机械波形成的首要条件是有能做机械振动的物体作为波源，其次还要有能够传播振动的弹性介质。为了具体说明机械波在传播时质点运动的特点，现以绳波为例进行介绍，其他形式的机械波同理。

12.1.1 机械波产生的条件

绳波是一种简单的机械波，在日常生活中，我们拿起一根绳子的一端进行抖动，就可以看见绳子上出现一个波形在传播，如果连续不断地进行周期性上下抖动，就形成了绳波。

把绳分成许多小部分，每一小部分都看成一个质点，相邻两个质点间，存在弹力的相互作用。第一个质点在外力作用下振动后，就会带动第二个质点振动，只是第二个质点的振动比前者要落后。这样，前一个质点的振动带动后一个质点的振动，依次带动下去，振动也就完成了向远处的传播，从而形成绳波，如图 12-1 所示。

由此，我们可以发现，介质中的每个质点，在波传播时，都只做简谐振动（可以是上下，也可以是左右），机械波可以看成是“振动”这种运动形式的传播，但质点本身不会沿着波的传播方向移动，质点“随波逐流”的现象不会发生。

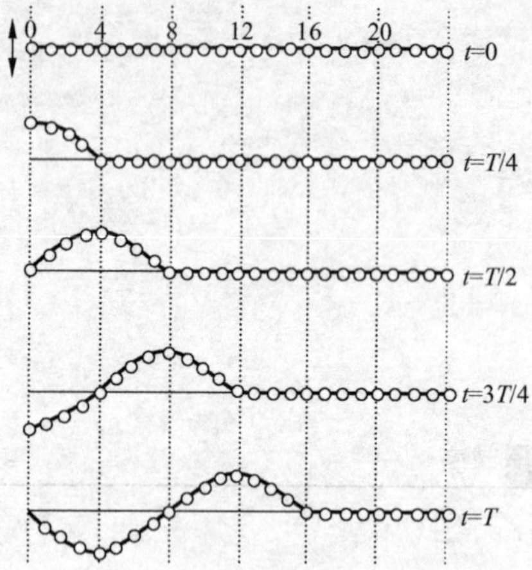

图 12-1　绳波

12.1.2　横波和纵波

随着机械波的传播，介质中的质点只在平衡位置附近做振动，并不随波前进。根据质点的振动方向和波的传播方向之间的关系，可以把机械波分为横波和纵波两类。

在波动中，质点的振动方向与波的传播方向相垂直的波，叫做**横波**。绳波是常见的横波，如图 12-1 所示。在横波中，凸起的最高处称为波峰，凹下的最低处称为波谷。

质点的振动方向与波的传播方向相平行的波，叫做**纵波**。如我们将一根长弹簧水平放置，其一端固定，在另一端用手压缩或拉伸一下，使其端部沿弹簧的长度方向振动。由于弹簧各部分之间弹性力的作用，端部的振动带动了其相邻部分的振动，而相邻部分又带动它附近部分的振动，因而弹簧各部分将相继振动起来。沿着传播方向纵波表现为疏密相间，其中质点分布最密集的地方称为密部，质点分布最稀疏的地方称为疏部，如图 12-2 所示。

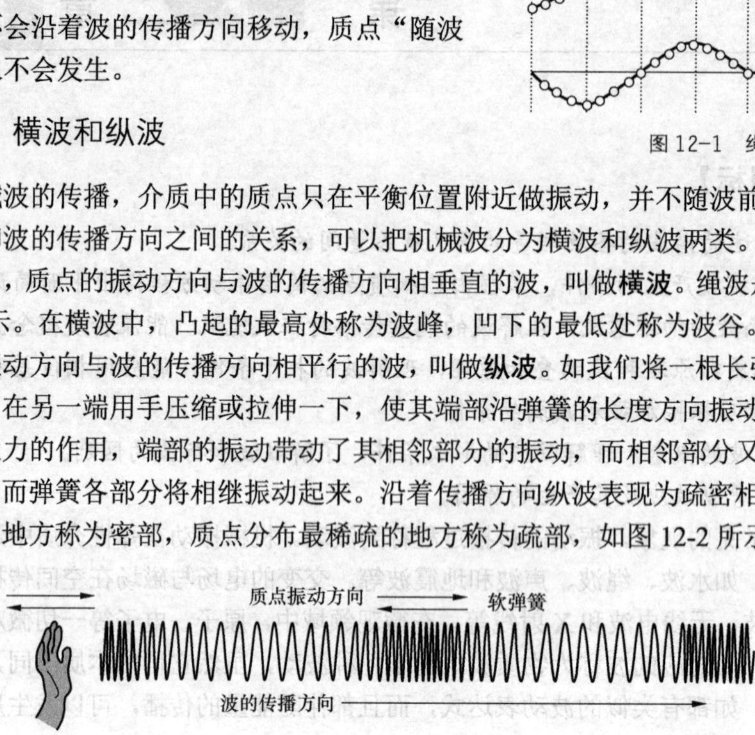

图 12-2　纵波

横波传播时，使得介质产生切向形变。只有固体介质切变时才能产生切向弹性力，故横波只能在固体中传播，而对于纵波则可以在固体、液体和气体中传播。常见的声波是纵波，可以在空气，水中传播，也可以在固体中传播。还有一些波形成原因较复杂，如水面波，由于水面上各质点受到重力和表面张力共同作用，使得它沿着椭圆轨道运行，既有横向运动，也有纵向运动。所以水波不是横波也不是纵波。

12.1.3　波面 波前 波线

为了形象地描述波在空间的传播情况，引入下面几个物理概念。

1．波面

波传播时，介质中各质点都在各自平衡位置附近振动。由振动相位相同的点组成的面，称为波面。某一时刻的波面可以有任意多个，常画几个作为代表。

生活中，我们若将一小石子扔进宁静的水里，将激起以石子落水点为圆心，一个个向外扩展的同心圆环状的水波。沿每一个圆环，各点的振动状态是完全是相同的。同理，声波中空气分子振动相位相同的各点将构成以声源为球心的同心球面，这些面就是波面，如图 12-3（b）所示。

2．波前

某一时刻，最前方的波面，称为波前，如图 12-3 所示。

3．波线

沿波的传播方向画一条带箭头的线，称为波线。

在各向同性的均匀介质中，波线总是与波面垂直。对于平面波，波线是相互平行的，如图 12-3（a）所示。对于球面波，波线为由点波源发出的沿半径方向的直线，如图 12-3（b）所示。

4．波长 波的周期和频率 波速

除了上述概念以外，描述波的传播还需要知道波长、周期（或频率）、波速等概念，这些概念合成波传播的要素，如图 12-4 所示。

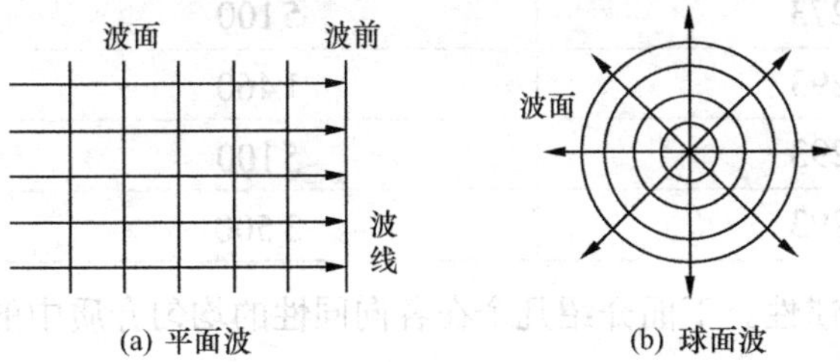

图 12-3 平面波和球面波

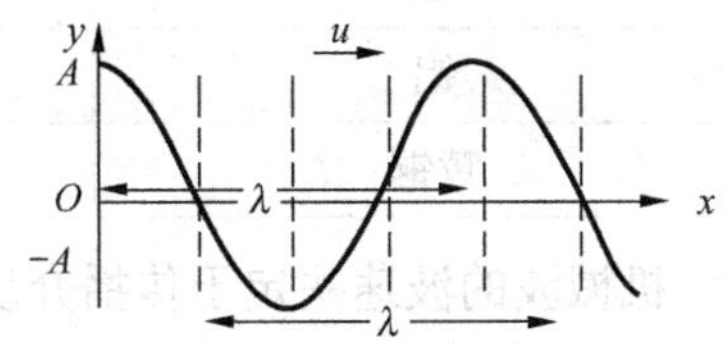

图 12-4 波的要素

（1）波长

同一波线上两个相邻的振动状态相同点之间的距离，称为**波长**，常用λ来表示。单位是米（m）。波长体现了波的空间周期性。例如，在横波中，波长等于相邻“波峰—波峰”的长度或相邻“波谷—波谷”的长度；在纵波中，波长等于相邻“密部—密部”或相邻“疏部—疏部”的长度。

（2）周期和频率

介质中任一质点完成一次全振动所需要的时间称为波的**周期**，常用 T 来表示。周期体现了波的时间周期性。

对于介质中任一质点单位时间里完成全振动的次数称为波的频率，常用 ν 来表示，单位是赫兹（Hz）。频率是周期的倒数，即$\nu=\dfrac{1}{T}$。

在波的传播过程中，波源的振动经过一个周期，沿波线方向传播一个完整的波形，所以波的周期和频率等同于波源的周期和频率，波在不同的介质中传播时，它的周期和频率是不变的。

（3）波速

单位时间里振动状态所传播的距离称为**波速**，常用 u 来表示。单位是米/秒（m/s）。波速体现了振动状态在介质中传播的快慢程度。对于不同的介质，波速是不同的。对于弹性波而言，波速的大小决定于介质的特性。例如，声波在空气中的传播速度为334.8 m/s（22℃），在水中为1 440m/s。表12-1给出了不同介质中的声速。

波长、周期（频率）和波速是描述波动的重要物理量，有如下关系式

$$u = \nu\lambda = \frac{\lambda}{T} \tag{12-1}$$

式中，通过"波速"这一概念将波的空间周期性和时间周期性联系到一起，它表明，质点每完成一次完全振动，波就向前移动一个波长的距离。式（12-1）适用于所有的波。

表12-1　不同介质中的声速

介质	温度（单位：K）	声速（单位：m/s）
空气（1atm）	273	331
空气（1atm）	293	343
氢（1atm）	273	1 270
玻璃	273	5 500
花岗岩	273	3 950
冰	273	5 100
水	293	1 460
铝	293	5 100
黄铜	293	3 500

机械波的波速决定于传播介质的弹性和惯性。下面介绍几个在各向同性的均匀介质中的波速公式。

① 固体中的波速

$$u = \sqrt{G/\rho}\ （横波）$$
$$u = \sqrt{Y/\rho}\ （纵波）$$

式中，G和Y分别为介质的切变模量和杨氏模量，ρ为介质的质量密度。

② 绳或线上横波的波速

$$u = \sqrt{T/\rho}$$

式中，T为绳或弦中的张力，ρ为单位长度的绳或弦的质量。

③ 液体和气体中纵波的波速

$$u = \sqrt{B/\rho}$$

式中，B为介质的体变模量，ρ为介质的密度。

对于理想气体，根据分子动力学和热力学，可得

$$u = \sqrt{\gamma RT/M_{\text{mol}}} = \sqrt{\gamma p/\rho}$$

式中，γ为气体的比热容比，R为普适常量，p为气体的压强，T为热力学温度，M_{mol}为气体的摩尔质量，ρ为气体的密度。

【例 12-1】 一列横波沿直线向右传播，某时刻在介质中形成的波动图像如图 12-5（a）所示。试画出当质点 a 第一次回到负向最大位移时在介质中形成的波动图像。

分析：由于此时质点 a 位于平衡位置，波向右传播，则质点 a 的速度的方向向下，当它第一次到达负向最大位移处时，相当于经过 1/4 周期。原来处于峰、谷的质点正好回到平衡位置，原来处于平衡位置的质点分别到达正向或负向最大位移处。这样依次画出它们在新的时刻的位置，连成光滑曲线即得新的波形图，如图 12-5（b）所示。

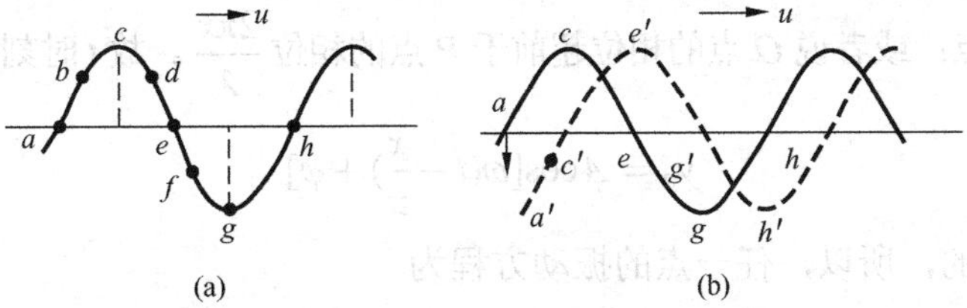

图 12-5 例 12-1

【例 12-2】 频率为 2 000Hz 的机械波，以 1 200m/s 的速度在介质中传播，由 A 点传到 B 点，两点之间的距离为 0.3m，质点振动振幅为 2cm。求：

（1）B 点的振动落后于 A 点的时间及相位；

（2）两点之间相当于多少个波长；

（3）振动速度的最大值是多少。

解：从题知 $T=\dfrac{1}{2\,000}\text{s}$，$\lambda=uT=1\,200/2\,000=0.6\text{m}$。

（1）$\Delta t=\dfrac{x_B-x_A}{u}=\dfrac{0.3}{1\,200}=\dfrac{1}{2}T$，故 $\Delta\varphi=\pi$。

（2）$\Delta x=0.3=\dfrac{1}{2}\lambda$，即两点之间的距离为半个波长。

（3）$v_{\max}=A\omega=0.02\times2\pi\times2\,000=251.2\text{m/s}$。

注意：振动速度和传播速度的不同，即 $v\neq u$。

12.2 平面简谐波的波函数

波动是介质中大量质点参与的一种集体运动。如何定量地描述一个波动过程？沿着传播方向各质点的位移和时间又有什么样的联系？一般情况下的波是很复杂的，本节讨论最简单的情况，即波源做简谐振动所引起的介质各点也做简谐振动而形成的波，这种波称为简谐波。任何一种复杂的波都可以表示为若干简谐波的合成。波面为平面的简谐波称为平面简谐波，如图 12-6 所示。

图 12-6 简谐波

12.2.1 平面简谐波的波函数

设有一平面简谐波，以速度 u 在均匀无吸收的介质中传播。如图 12-7 所示，取任一波线为 x 轴，O 点为原点。t 时刻 O 点处质点的振动表达式为

$$y_O = A\cos(\omega t+\varphi) \quad (12\text{-}2)$$

式中，A 是振幅，ω 是圆频率，φ 是初相位。

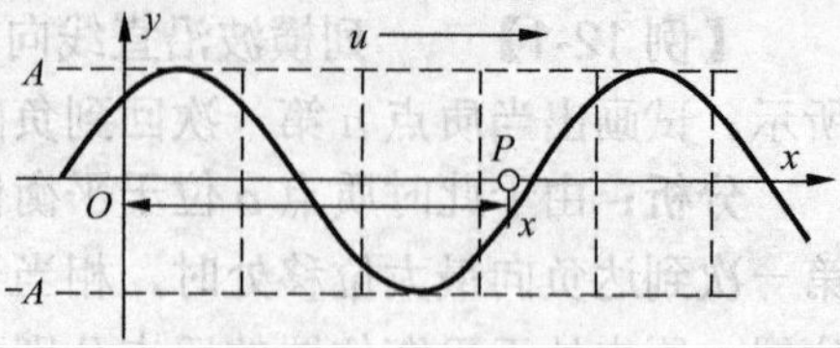

图 12-7　简谐波波形图

现在，我们考虑距 O 点为 x 处一点 P 点的振动，显然，t 时刻 P 点的振动状态等同于 O 点在（$t-\frac{x}{u}$）时刻的状态，即 O 点在 $t-\frac{x}{u}$ 时刻的振动状态经过 $\frac{x_P}{u}$ 时间后，传递给 P 点；或者说 O 点的相位超前于 P 点的相位 $\frac{2\pi x}{\lambda}$。故 t 时刻 P 点的振动方程是

$$y_P = A\cos[\omega(t-\frac{x}{u})+\varphi]$$

因 P 点为任意的，所以，任一点的振动方程为

$$y = A\cos[\omega(t-\frac{x}{u})+\varphi] \quad (12\text{-}3)$$

式（12-3）表示的是任一质点在 t 时刻的位移，也就是描述平面简谐波的波动方程，也称为波函数。

若我们知道的是任一点 M 的振动方程

$$y_M = A\cos(\omega t+\varphi)$$

同理，可得平面简谐波的波函数方程是

$$y = A\cos[\omega(t-\frac{x-x_M}{u})+\varphi] \quad (12\text{-}4)$$

式（12-3）和式（12-4）是以不同的参考点来求解波动方程的，虽然得到的结果形式上有所差异，但是对于每一个质点，振动表达式是完全一致的。

因为 $\omega=\frac{2\pi}{T}=2\pi\nu$，$\lambda=uT$。式（12-3）又可写为

$$y = A\cos(\omega t-\frac{2\pi x}{\lambda}+\varphi)=A\cos[2\pi(\frac{t}{T}-\frac{x}{\lambda})+\varphi]$$

$$=A\cos[2\pi(\nu t-\frac{x}{\lambda})+\varphi]$$

将式（12-3）对时间求导，即得任一质点在 t 时刻的振动速度和加速度

$$v=\frac{\partial y}{\partial t}=-\omega A\sin[\omega(t-\frac{x}{u})+\varphi]$$

$$a=\frac{\partial^2 y}{\partial t^2}=-\omega^2 A\cos[\omega(t-\frac{x}{u})+\varphi]$$

注意：质点的振动速度 v 和波速 u 是两个完全不同的概念，振动速度 v 是对于某一质点而言的，不同质点在同一时刻 v 是不一样的；波速 u 是相对于介质而言的。

若平面简谐波在无吸收的均匀介质中沿 x 轴负向传播，同理可得其波函数表达式为

$$y = A\cos\left[\omega\left(t+\frac{x}{u}\right)+\varphi\right]$$

12.2.2 波函数的物理含义

这里以正向传播为例，取 $\varphi=0$，分析波函数 $y=A\cos\left(\omega t-\dfrac{2\pi x}{\lambda}\right)$ 的物理意义。

（1）若 x 给定。这时对于某一点 $x=x_0$，有振动方程

$$y=A\cos\left(\omega t-\frac{2\pi x_0}{\lambda}\right)$$

位移 y 只是时间 t 的函数，上式描述的是 x_0 处质点在不同时刻偏离平衡位置的位移。如图 12-8 所示，相当于给该质点录像，描述出它在不同时刻的所有振动状态。

（2）若 t 一定。在某一时刻 $t=t_0$ 时，有

$$y=A\cos\left(\omega t_0-\frac{2\pi x}{\lambda}\right)$$

此时，振动位移 y 是位置坐标 x 的函数。波函数所描述的是在 t_0 时刻波线上所有质点偏离各自平衡位置的位移。如图 12-9 所示。相当于 t_0 时刻所有的质点的集体照。

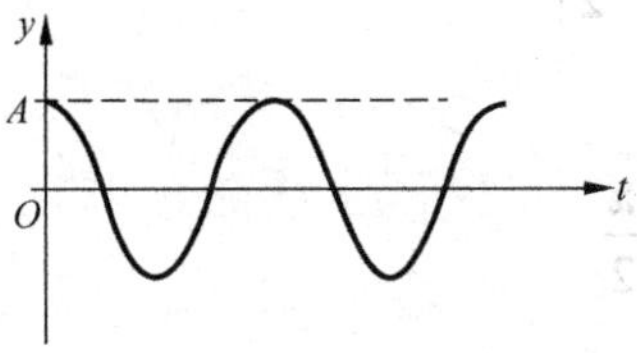

图 12-8 位移一定时波形图

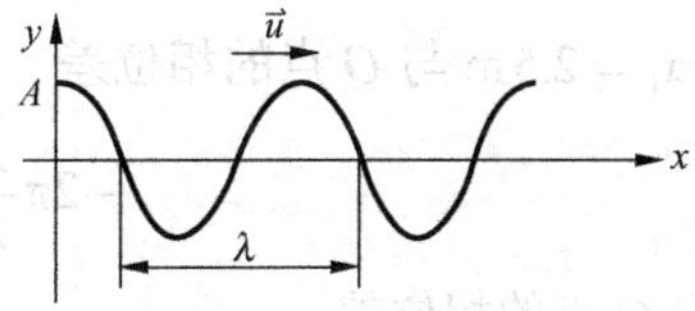

图 12-9 时间一定时位移和平衡位置的关系

（3）若 x 和 t 都在变化。y、x 和 t 有如下关系

$$y=A\cos\left(\omega t-\frac{2\pi x}{\lambda}\right)$$

上式表示的是波线上所有质点在不同时刻的位移变化。如图 12-10 所示，实线表示 t_1 时刻的波形，经过 Δt 时间后（即 t_2 时刻），各个质点的位移和 t_1 时刻的位移不同，如图虚线所示。从图中可以看出，Δt 时间内，沿着传播方向，整个波形向前移动了 $\Delta x=u\Delta t$ 的距离，即波的传播过程可以看作是波形以速度 u 向前传播。

【例 12-3】 一平面简谐波 $t=0$ 时的波形如图 12-11 所示，已知 $u=20\,\text{m/s}$，$\nu=2\,\text{Hz}$，$A=0.1\,\text{m}$。则：

（1）写出波的波函数表达式；

（2）求距 O 点 2.5m 和 5m 处质点的振动方程；

（3）求二者与 O 点的相位差及其二者之间的相位差。

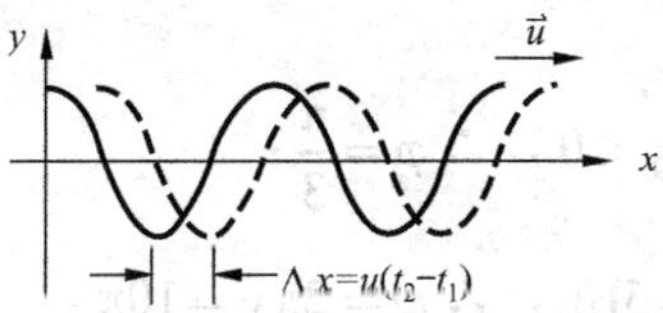

图 12-10 波的传播

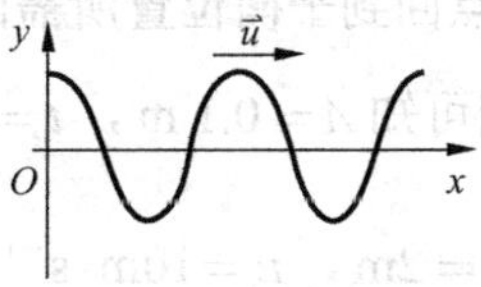

图 12-11 例 12-3

解：（1）以 O 点为研究对象，由图可知，初始时刻有

$$y_O = A\cos\varphi_0 = 0$$

$$v_O = -A\sin\varphi_0 < 0$$

故 $\varphi_0 = \pi/2$，则 O 点的振动方程为

$$y_O = A\cos\left(\omega t + \frac{\pi}{2}\right)$$

波函数表达式为

$$y = A\cos\left[\omega\left(t - \frac{x}{u}\right) + \frac{\pi}{2}\right] = 0.1\cos\left[4\pi\left(t - \frac{x}{20}\right) + \frac{\pi}{2}\right]$$

（2）将 $x_1 = 2.5\,\text{m}$ 和 $x_2 = 5\,\text{m}$ 分别代入上式，得

$$y_{2.5} = 0.1\cos\left[4\pi\left(t - \frac{2.5}{20}\right) + \frac{\pi}{2}\right]$$

$$y_5 = 0.1\cos\left[4\pi\left(t - \frac{5}{20}\right) + \frac{\pi}{2}\right]$$

（3）$x_1 = 2.5\,\text{m}$ 与 O 点的相位差

$$-2\pi\frac{x}{\lambda} = -2\pi\frac{2.5}{10} = -\frac{\pi}{2}$$

$x_2 = 5\,\text{m}$ 与 O 点的相位差

$$-2\pi\frac{x}{\lambda} = -2\pi\frac{5}{10} = -\pi$$

即 x_1 要滞后与 O 点相位 $\frac{\pi}{2}$，x_2 要滞后与 O 点相位 π。

x_1 和 x_2 之间的相位差为

$$-2\pi\frac{x_1 - x_2}{\lambda} = -2\pi\frac{-2.5}{10} = \frac{\pi}{2}$$

即 x_1 比 x_2 的相位超前 $\frac{\pi}{2}$。

【例 12-4】 一列机械波沿 x 轴正向传播，t=0 时刻的波形如图 12-12 所示，已知波速为 $10\text{m}\cdot\text{s}^{-1}$，波长为 2m，求：

（1）波动方程；

（2）P 点的振动方程及振动曲线；

（3）P 点的坐标；

（4）P 点回到平衡位置所需的最短时间。

解：由图可知 $A = 0.1\,\text{m}$，$t = 0$ 时，$y_0 = \frac{A}{2}$，$v_0 < 0$，$\therefore \varphi = \frac{\pi}{3}$；

由题知 $\lambda = 2\text{m}$，$u = 10\text{m}\cdot\text{s}^{-1}$，则 $\nu = \frac{u}{\lambda} = \frac{10}{2} = 5\text{Hz}$，$\therefore \omega = 2\pi\nu = 10\pi$。

（1）波函数方程为 $y = 0.1\times\cos[10\pi(t - \frac{x}{10}) + \frac{\pi}{3}]\ \text{m}$。

（2）由图知，$t=0$ 时，$y_P=-\dfrac{A}{2}, v_P<0$，$\therefore\ \varphi_P=-\dfrac{4\pi}{3}$，

则 P 点振动方程为 $y_P=0.1\cos(10\pi t-\dfrac{4}{3}\pi)$。

（3）因 $10\pi(t-\dfrac{x}{10})+\dfrac{\pi}{3}\Big|_{t=0}=-\dfrac{4}{3}\pi$，解得 $x=\dfrac{5}{3}=1.67\,\text{m}$。

（4）根据（2）的结果可作出旋转矢量图如图 12-13 所示，则由 P 点回到平衡位置应经历的相位差为 $\Delta\varphi=\dfrac{\pi}{3}+\dfrac{\pi}{2}=\dfrac{5}{6}\pi$，$\therefore$ 所需最短时间为 $\Delta t=\dfrac{\Delta\varphi}{\omega}=\dfrac{5\pi/6}{10\pi}=\dfrac{1}{12}\,\text{s}$。

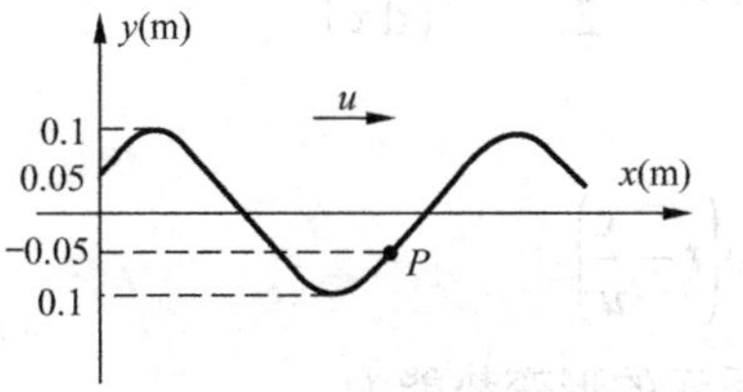

图 12-12　例 12-4

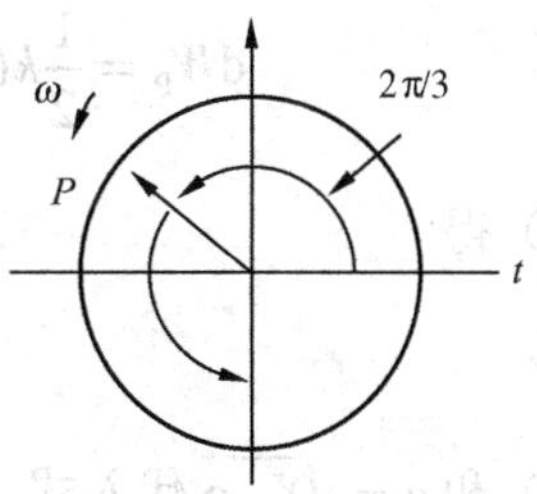

图 12-13　旋转矢量

12.3 波的能量 能流密度

我们知道，机械波在弹性介质中传播时，介质中的每一个质元都在各自的平衡位置附近振动，所以这些质元具有一定的振动动能；同时，各质元之间要发生相对形变，从而又具有一定的弹性势能。现以纵波为例，简单介绍传播过程中波的动能、势能以及总的能量的变化规律。

12.3.1 波的能量

以细棒中的纵波为例，如图 12-14 所示，取细棒的左端为原点 O，向右方向为 x 轴的正向，设平面纵波以波速 u 沿 Ox 轴正向传播，其波函数表达式为

$$y=A\cos\omega\left(t-\frac{x}{u}\right) \tag{12-5}$$

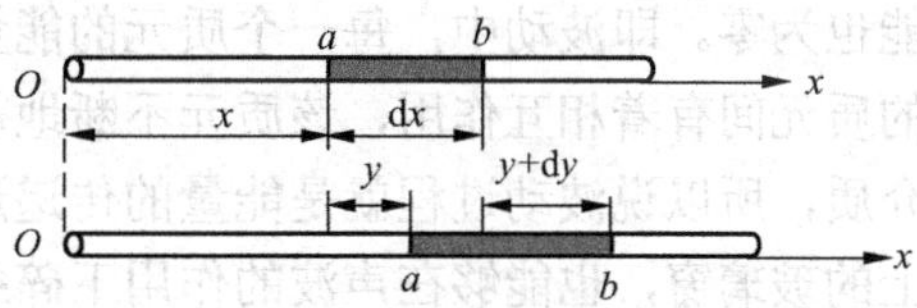

图 12-14　细棒中的纵波

设棒的横截面积为 S，质量密度为 ρ，距原点 O 为 x 处取一长为 $\mathrm{d}x$ 的质元 ab，则质元的体积为 $\mathrm{d}V=S\mathrm{d}x$，质量为 $\mathrm{d}m=\rho S\mathrm{d}x$，当波传播到这个质元时，其振动速度为

$$v=\frac{\mathrm{d}y}{\mathrm{d}t}=-\omega A\sin\omega\left(t-\frac{x}{u}\right)$$

则质元的振动动能为

$$\mathrm{d}W_k=\frac{1}{2}v^2\,\mathrm{d}m=\frac{1}{2}(\rho\mathrm{d}V)A^2\omega^2\sin^2\omega\left(t-\frac{x}{u}\right) \tag{12-6}$$

同时，质元发生形变，两端点 a 和 b 的位移分别为 y 和 $y+\mathrm{d}y$，即质元被拉长了 $\mathrm{d}y$。

根据胡克定律有$F=k(\mathrm{d}y)$，又根据杨氏弹性模量定义，得质元发生形变产生的弹性回复力为

$$F = YS\frac{\mathrm{d}y}{\mathrm{d}x}$$

式中，Y是杨氏弹性模量，其值随材料而异，$\frac{\mathrm{d}y}{\mathrm{d}x}$是质元在回复力$F$作用下的变化率，所以

$$k = SY/\mathrm{d}x$$

则质元的形变势能为

$$\mathrm{d}W_{\mathrm{P}} = \frac{1}{2}k(\mathrm{d}y)^2 = \frac{1}{2}\frac{YS}{\mathrm{d}x}(\mathrm{d}y)^2 = \frac{1}{2}YS\,\mathrm{d}x\left(\frac{\mathrm{d}y}{\mathrm{d}x}\right)^2 \tag{12-7}$$

由式（12-5）得

$$\frac{\mathrm{d}y}{\mathrm{d}x} = \frac{A\omega}{u}\sin\omega\left(t-\frac{x}{u}\right) \tag{12-8}$$

将式（12-8）和$u=\sqrt{Y/\rho}$代入式（12-7），可得质元的形变势能为

$$\begin{aligned}\mathrm{d}W_{\mathrm{P}} &= \frac{1}{2}YS\,\mathrm{d}x\frac{A^2\omega^2}{u^2}\sin^2\omega\left(t-\frac{x}{u}\right)\\ &= \frac{1}{2}(\rho\,\mathrm{d}V)A^2\omega^2\sin^2\omega\left(t-\frac{x}{u}\right)\end{aligned} \tag{12-9}$$

故质元的总能量为

$$\begin{aligned}\mathrm{d}E &= \mathrm{d}E_{\mathrm{k}} + \mathrm{d}E_{\mathrm{P}}\\ &= (\rho\,\mathrm{d}V)A^2\omega^2\sin^2\omega\left(t-\frac{x}{u}\right)\end{aligned} \tag{12-10}$$

从上面的结论可以得知：在波的传播过程中，每一个质元的动能和势能都随时间t做周期性变化，且在任意时刻两者都是相等的，同时达到最大，同时达到最小。在平衡位置时，质元的速度最大，动能达到最大，则势能也达到最大；在最大位移处，质元的动能为零，势能也为零。即波动中，每一个质元的能量是不守恒的，它不是独立地做简谐振动，它与相邻的质元间有着相互作用，该质元不断地从后方介质获得能量，又不断地将能量释放到前方的介质，所以说波动过程就是能量的传递过程。例如，炸弹爆炸时，在弹片射程以外的建筑物上的玻璃窗，也能够在声波的作用下碎裂；又如利用超声波可以加工材料。这些都表明波动过程伴随着能量的传播。

我们把介质中单位体积中波的能量称为波的能量密度，它可以精确地描述介质中的能量分布，常用w来表示，即

$$w = \frac{\mathrm{d}W}{\mathrm{d}V} = \rho A^2\omega^2\sin^2\omega\left(t-\frac{x}{u}\right) \tag{12-11}$$

即对于介质中任一点处，波的能量密度是随时间作周期性的变化。能量密度在一个周期内的平均值称为平均能量密度，常用$\bar{w}$来表示，即

$$\bar{w} = \frac{1}{T}\int_0^T w\,\mathrm{d}t = \frac{1}{T}\int_0^T \rho A^2\omega^2\sin^2\omega\left(t-\frac{x}{u}\right)\mathrm{d}t = \frac{1}{2}\rho A^2\omega^2 \tag{12-12}$$

即对于一定的介质，波的平均能量密度与介质的密度、振幅和角频率有关。

12.3.2 能流 能流密度

波动中的能量的传播，犹如能量在介质中流动一样。我们将 P 定义为能流。设想取一个垂直于波的传播方向（即波速 u 的方向）的面积 S，如图 12-15 所示。在单位时间内通过 S 的能量 P 等于体积 uS 中的能量，即

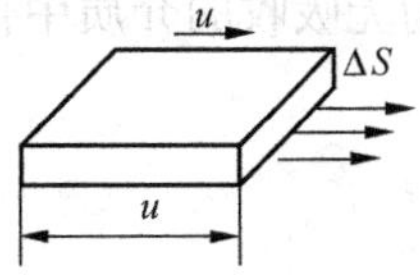

图 12-15 波的能量推导用图

$$P = wu\Delta S$$

因为单位体积内的平均能量（即平均能量密度）为 $\bar{w}$，因此，在单位时间内平均通过面积 S 的能量为

$$\bar{p} = \bar{w}u\Delta S \tag{12-13}$$

在单位时间内通过垂直于波传播方向的单位面积上的平均能量，称为能流密度，常以 I 表示，单位为 $W\cdot m^{-2}$，即

$$I = \frac{\bar{p}}{\Delta S} = \bar{w}u = \frac{1}{2}\rho A^2\omega^2 u \tag{12-14}$$

能流密度是波强弱的一种量度，因而也称为波的强度。能流密度越大，单位时间内通过垂直于波传播方向的单位面积的能量越多，波就越强。例如，声音的强弱决定于声波的能流密度（**声强**）的大小，光的强弱决定于光波的能流密度（称为光强度）的大小。

下面以平面波和球面波为例，讨论不同的波在传播过程中振幅的特点。

1．平面波

设在均匀无吸收的介质中传播平面简谐波的波函数表达式为

$$y = A\cos\omega\left(t - \frac{x}{u}\right)$$

如图 12-16 所示，沿着垂直于传播方向取两个面积相等的平面 S，由定义可知通过两个平面的平均能流分别为

$$\bar{P}_1 = I_1 S = \frac{1}{2}\rho\omega^2 A_1^2 uS$$

$$\bar{P}_2 = I_2 S = \frac{1}{2}\rho\omega^2 A_2^2 uS$$

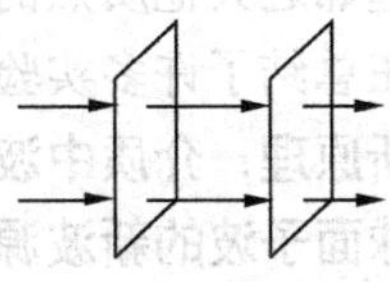
图 12-16 平面波的能量推导用图

显然，若过两个平面的平均能流是相等的，则振幅保持不变。即：对于平面简谐波在均匀无吸收的介质中传播时将保持振幅不变。

2．球面波

图 12-17 球面波的能量推导用图

一点波源在均匀介质中振动，该振动沿各个方向的传播速度是相等的，形成球面波。如图 12-17 所示，以波源为球心半径分别为 r_1、r_2 作两个同心球，这两个球面就是波面。则在单位时间里通过这两个球面的平均能量（即平均能流）分别为

$$\bar{P}_1 = I_1 S = \frac{1}{2}\rho\omega^2 A_1^2 u\cdot 4\pi r_1^2$$

$$\overline{P}_2 = I_2 S = \frac{1}{2}\rho\omega^2 A_2^2 u \cdot 4\pi r_2^2$$

根据定义可知，若通过两个平面的平均能流是相等的，则 $A_1 r_1 = A_2 r_2$，即球面简谐波在均匀无吸收的介质中传播时，某点的振幅与其离波源的距离成反比。所以球面波的波函数为

$$y = \frac{A}{r}\cos\left[\omega\left(t - \frac{r}{u}\right) + \varphi\right]$$

12.4 惠更斯原理 波的衍射 反射和折射

我们知道，波在均匀的各向同性介质中传播时，波速、波面及波前的形状不变，波线也保持为直线，波的传播方向也保持不变。如图 12-18 所示，波在水面上传播时，只要沿途不遇到什么障碍物，波前的形状总是相似的，当波遇到障碍物（如小孔）时，其波面的形状和传播方向都发生了改变。惠更斯原理提供了一种便捷的方法来解释这种现象。在其他的波动现象中，如波的反射、折射和衍射等，惠更斯原理也有着重要的意义。

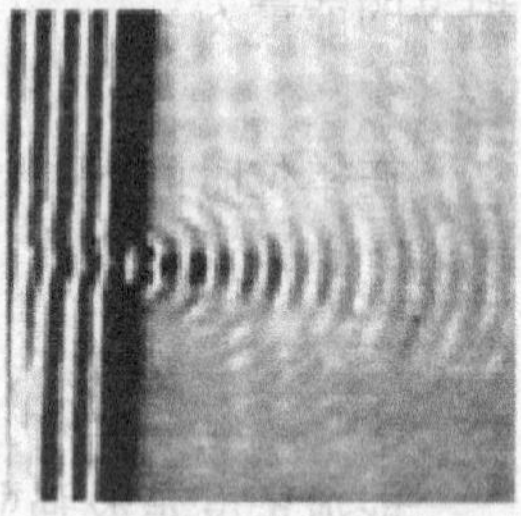

图 12-18 水波

12.4.1 惠更斯原理

惠更斯（Christiaan Huygens，1629～1695 年），如图 12-19 所示，荷兰物理学家、天文学家、数学家。他善于把科学和理论研究结合起来，透彻地解决问题，因此在摆钟的发明、天文仪器的设计、弹性体碰撞和光的波动理论等方面都有突出成就。

图 12-19 惠更斯

当波在弹性介质中传播时，介质中任一点 O 的振动，都会引起邻近其他质点的振动，该点就可以看作是最新的波源。惠更斯在总结了许多实验的基础上，提出了一条新的理论，被称为**惠更斯原理：介质中波阵面上每一个点（有无数个）都可以看成发出球面子波的新波源，经过一定时间后，这些子波的包络面就构成下一时刻的波面。**

根据惠更斯原理，我们就可以解释平面波的波面是如何形成的。如图 12-20（a）所示，一平面简谐波以速度 u 向前传播，t 时刻波面为 S_1，依据原理，S_1 面上的任一点都可以作为子波波源，以各点为中心，$u\Delta t$ 为半径，可画出许多半球形子波，这些子波的波前的包络面就是 $t+\Delta t$ 时刻的波面 S_2，且 S_2 是和 S_1 平行的平面，相距距离为 $u\Delta t$。同理，对于球面波或其他形式的波，根据惠更斯原理，用同样的方式也可画出 $t+\Delta t$ 时刻的波面 S_2。如图 12-20（b）和图 12-20（c）所示。

对于任何波动过程，惠更斯原理都是适用的。不仅适用于机械波，也适用于电磁波。无论波是在均匀介质或是非均匀介质、是各向同性介质或是各向异性介质中传播，惠更斯原理都适用。

12.4.2 波的衍射

波在传播过程中当遇到障碍物时，能绕过障碍物的边缘而继续传播，这种偏离原来的直

线传播的现象称作**波的衍射**。衍射是波的特有现象，一切波都能发生衍射。例如，声波可以绕过门窗，无限电波可绕过高山，这些都是波的衍射现象。用惠更斯原理很容易解释这一现象。如图 12-20（d）所示，当平面波到达某障碍物上的一狭缝时，狭缝的宽度与波长差不多，缝上每一点可看成是发射球面子波的新波源，这些子波的包络面就是新的波面。从图中可以看出，新的波面不再是平面，靠近狭缝边缘处，波面弯曲，即波绕过障碍物继续前进。实验证明：只有当障碍物的尺寸跟波长相差不多或者比波长更小时，才能观察到明显的衍射现象。波的衍射在光学部分有具体的介绍。

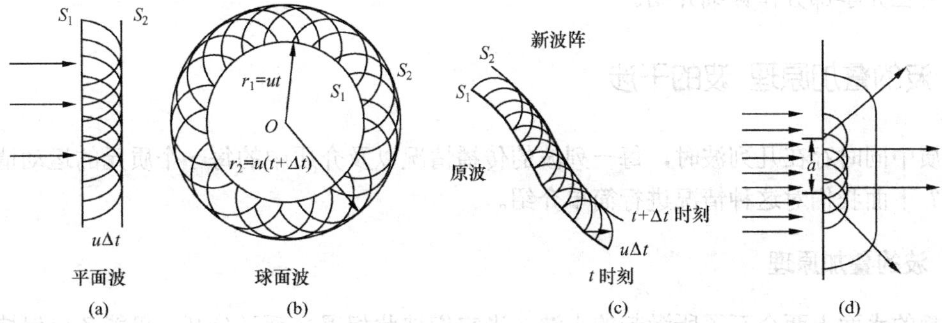

图 12-20 波面和波线

12.4.3 波的反射和折射

波传播到两种介质的分界面时，一部分从界面上返回原介质，形成反射波；另一部分进入另一种介质，形成折射波。下面用惠更斯原理分析波反射和折射时的特点。

1. 反射现象

如图 12-21（a）所示，一平面波以波速 u_1 入射到两种介质的界面 AB_3 上，$t=t_0$ 时刻，入射波的波前为 AA_3，随后，波面上 A_1、A_2 …各点先后到达界面上 B_1、B_2 …各点，在 $t=t_0+\Delta t$ 时刻，点 A_3 到达 B_3 点。

这里我们取 $AB_1=B_1B_2=B_2B_3$，在 $t_0+\Delta t$ 时刻，A、B_1、B_2 各点所发射的球面子波与图面的交线，分别是半径为 $u_1\Delta t$、$\dfrac{2u_1\Delta t}{3}$、$\dfrac{u_1\Delta t}{3}$ 的圆弧，如图 12-21（b）所示。这些圆弧的包络面显然是过 B_3 点与这些圆弧相切的直线为 B_3B，则过 B_3B 直线并与图面相垂直的平面就是反射波的波面，作波面的垂线，即为反射线。

从图 12-21 中可以看出，入射线、反射线和界面发现都在同一平面内；且有和两个直角三角形是全等的，$i=i'$，即入射角等于反射角。这就是波的反射定律。

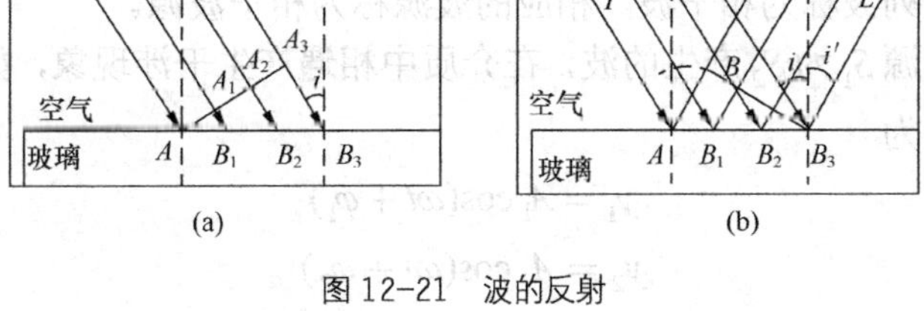

图 12-21 波的反射

2．折射现象

同理，用惠更斯原理也可解释波的折射定律，读者可以自己分析。注意，折射波和入射波在不同的介质中传播时，波速是不同的，这不同于反射现象。

从上面的分析，可知在解释波的传播方向问题上，惠更斯原理较直观和形象。但是对于子波的强度分布，以及子波为什么不向后传播，惠更斯原理并没有提到，它有一定的局限性。后来菲涅耳对其作了重要补充，解决了波的强度分布问题，这就是惠更斯—菲涅尔原理。相关内容将在光学部分作详细介绍。

12.5　波的叠加原理 波的干涉

介质中同时存在几列波时，每一列波的传播情况以及介质中的每一个质元的运动情况又将如何？下面我们对这种情况进行简单介绍。

1．波的叠加原理

平静的水面上两个石子所激起的水波，当它们彼此相遇之后又分开，仍能各自保持原有的波形；播放着音乐的房间里，同时又有人在谈话，我们仍能分辨出音乐和每个人的谈话。大量事实证明，几列波在介质中同时传播时，有如下特点。

（1）各波源所激发的波可以在同一介质中独立地传播，它们相遇后再分开，其传播情况（频率、波长、传播方向、周相等）与未遇时相同，互不干扰，就好像其他波不存在一样。

（2）在相遇区域里各点的振动是各个波在该点所引起的振动的矢量和。

我们把这一规律称为**波的叠加原理**。波的叠加原理只适用于线性波，即振幅较小的波，若波的振幅较大（或者说波的强度较大），此时波不再是线性波，波的叠加原理就不再适用了。例如，爆炸产生的冲击波在介质中传播时，相遇波之间有相互作用，叠加原理不再适用。

2．波的干涉

当两列波在介质中传播且相遇时，由波的叠加原理知，相遇区间各点的振动为两列波在该点所引起的振动的矢量和。如果两列波叠加后，使某些区域的振动加强，某些区域的振动减弱，而且振动加强的区域和振动减弱的区域相互隔开。这种现象叫做**波的干涉**。图 12-22 所示为水波盘中的水波的干涉。当两列波满足频率相同、振动方向相同、相位相同或相位差恒定时，就能形成稳定的干涉图像。

图 12-22　水波的干涉

能产生干涉现象的两列波称为相干波，相应的波源称为相干波源。

设有两个相干波源 S_1 为 S_2 产生的波，在介质中相遇产生干涉现象，如图 12-23 所示。设波源的振动方程分别为

$$y_1 = A_1 \cos(\omega t + \varphi_1)$$

$$y_2 = A_2 \cos(\omega t + \varphi_2)$$

式中，ω 是圆频率，A_1、A_2 分别是两波源的振幅，φ_1、φ_2 是两波源的初相位。两波在同一介质中传播，相遇后发生叠加。这里我们考察相遇点 P（见图 12-24）的振动情况。

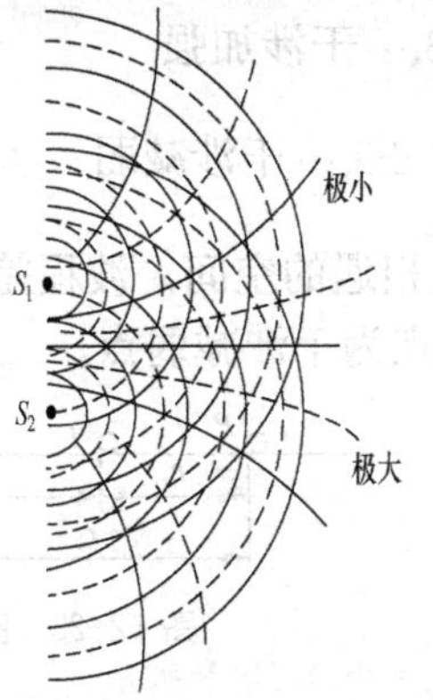

图 12-23 波的干涉

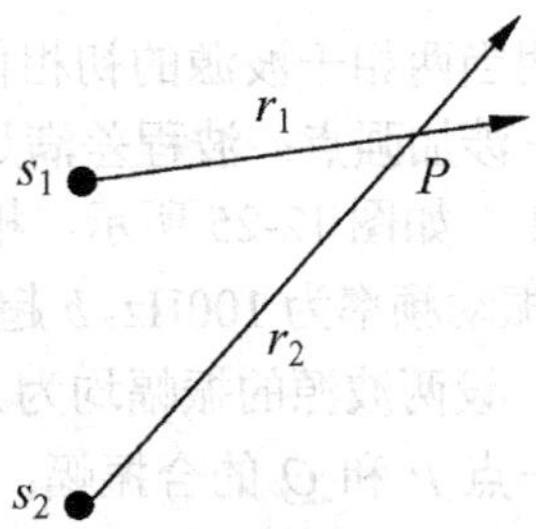

图 12-24 波的干涉推导用图

由两波源的振动，可写出 P 点的两个分振动为

$$y_{1\mathrm{P}} = A_1 \cos\left(\omega t + \varphi_1 - 2\pi \frac{r_1}{\lambda}\right)$$

$$y_{2\mathrm{P}} = A_2 \cos\left(\omega t + \varphi_2 - 2\pi \frac{r_2}{\lambda}\right)$$

从上两式可看出，这是两个同方向、同频率的简谐振动的叠加，根据前面知识，可知 P 点的合振动还是简谐振动，为

$$y_\mathrm{P} = y_{1\mathrm{P}} + y_{2\mathrm{P}} = A\cos(\omega t + \varphi)$$

且合振动的初相为

$$\tan\varphi = \frac{A_1 \sin\left(\varphi_1 - \dfrac{2\pi r_1}{\lambda}\right) + A_2 \sin\left(\varphi_2 - \dfrac{2\pi r_2}{\lambda}\right)}{A_1 \cos\left(\varphi_1 - \dfrac{2\pi r_1}{\lambda}\right) + A_2 \cos\left(\varphi_2 - \dfrac{2\pi r_1}{\lambda}\right)}$$

其振幅为

$$A = \sqrt{A_1^2 + A_2^2 + 2A_1A_2\cos\Delta\varphi}$$

这里相位差为

$$\Delta\varphi = \varphi_2 - \varphi_1 - 2\pi\frac{r_2 - r_1}{\lambda}$$

当 $\Delta\varphi = 2k\pi$（$k = 0, \pm1, \pm2, \pm3, \cdots$）时，合振幅最大，$A_{\max} = A_1 + A_2$，这些点的振动最强，称为干涉加强。

当 $\Delta\varphi = (2k+1)\pi$（$k = 0, \pm1, \pm2, \pm3, \cdots$）时，合振幅最小，$A_{\min} = |A_1 - A_2|$，这些点的振动最弱，称为干涉减弱。

当 $\Delta\varphi$ 为其他值时，合振幅介于 $A_1 + A_2$ 和 $|A_1 - A_2|$ 之间。

若$\varphi_1=\varphi_2$，即两波源的初相位相同，$\Delta\varphi=-2\pi\dfrac{r_2-r_1}{\lambda}$，$P$点的振动完全决定于两波源到达$P$点的波程差，若用$\delta=r_2-r_1$表示波程差，上两式变为

$$\delta=r_2-r_1=k\lambda\text{时，}\quad k=0,\pm1,\pm2,\pm3,\cdots\text{干涉加强}$$

$$\delta=r_2-r_1=(2k+1)\frac{\lambda}{2}\text{时，}\quad k=0,\pm1,\pm2,\pm3,\cdots\text{干涉减弱}$$

上两式表明当两相干波源的初相位相同时，在两列波相遇的空间，波程差满足半波长偶数倍的各点为干涉加强点；波程差满足半波长的奇数倍的点为干涉减弱点。

【例 12-5】 如图 12-25 所示，相距l=30m 的两个相干波源a和b，振动频率为 100Hz，b超前于a的相位为π，波速为 400m/s，设两波源的振幅均为A，试求：（1）a、b连线外侧的任一点P和Q的合振幅；（2）a、b连线上因干涉而静止的各点的坐标（取波源a所在处为坐标原点）。

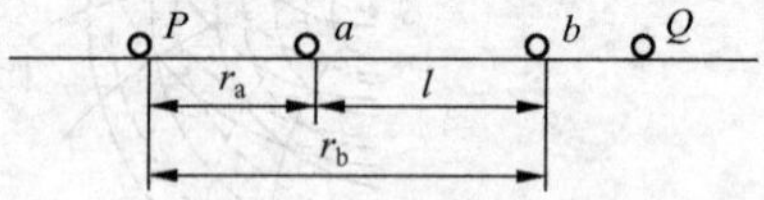

图 12-25 例 12-5

解：（1）P点的合振幅为

$$A_P=\sqrt{A_1^2+A_2^2+2A_1A_2\cos\Delta\varphi} \quad ①$$

式中

$$\Delta\varphi=\varphi_b-\varphi_a-2\pi\frac{r_b-r_a}{\lambda} \quad ②$$

由题知$\varphi_b-\varphi_a=\pi$，$r_b-r_a=30\text{m}$，$\lambda=\dfrac{u}{v}=4\text{m}$，带入式②，求得$\Delta\varphi=-14\pi$，将$\Delta\varphi$带入式①，即得$A_P=2A$。

对于Q点的合振幅，计算方法完全相同，可得$A_Q=2A$。

（2）由以上讨论可知，a、b两外侧的合振幅都是$2A$。因此，因干涉而静止的各点应在a、b之间，其位置应满足

$$\Delta\varphi=(2k+1)\pi$$

又

$$\Delta\varphi=\pi-\frac{2\pi}{\lambda}[(30-x)-x]$$

式中，x为任一点的坐标，取上述两式相等即得$x=2k+15\ \ (0\leqslant x\leqslant 30)$，取$k=0,\pm1,\pm2,\cdots$代入式得所求坐标为$x=1,3,5,\cdots,29\text{m}$。

12.6 驻波

在海岸和海湾内，海波（前进波）遇到海岸时便反射回来，形成反射波，它与前进波互相干涉，便形成波形不再推进的波浪。即同一介质中，频率和振幅均相同、振动方向一致、传播方向相反的两列波叠加后形成的波称为**驻波**。驻波是一种特殊的干涉现象。乐器中的管、弦和膜的振动都是由驻波形成的振动。

12.6.1 驻波方程

如图 12-26 所示，虚线和实现分别表示沿着x轴正向和反向传播的简谐波，粗实线表示

两波叠加的结果。设 t=0 时，两个简谐波的波形刚好重合，其合成波的波形则表现为在各点振动加强；$t=T/4$ 时，两波分别向右、向左传播了 $\lambda/4$，则合成波为一振幅为零的直线；$t=T/2$ 时，其合成波的波形和 $t=0$ 时的合位移大小相等，方向相反；$t=3T/4$ 时，其波形和 $t=T/4$ 的波形完全一样；$t=T$ 时的波形则和 $t=0$ 时的一样。这样在空间上表现为分段振动，形成驻波。

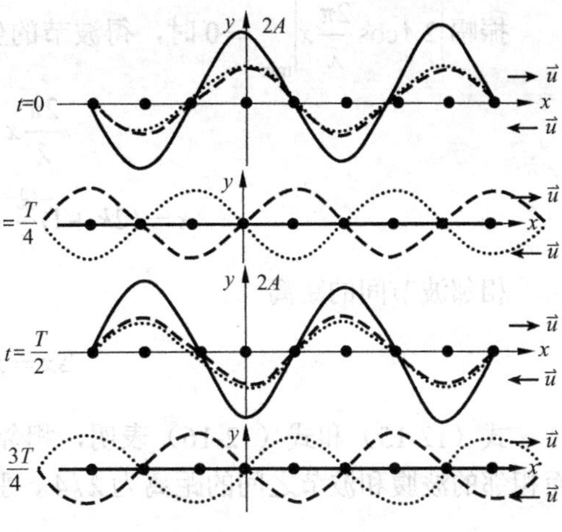

图 12-26　驻波的形成

设沿 x 轴正反方向传播的两相干波的波函数表达式分别为

$$y_1 = A\cos 2\pi\left(\frac{t}{T}-\frac{x}{\lambda}\right)$$

$$y_2 = A\cos 2\pi\left(\frac{t}{T}+\frac{x}{\lambda}\right)$$

则合成波方程为

$$y = y_1 + y_2 = A\left[\cos 2\pi\left(\frac{t}{T}-\frac{x}{\lambda}\right)+\cos 2\pi\left(\frac{t}{T}+\frac{x}{\lambda}\right)\right]$$
$$=\left(2A\cos\frac{2\pi}{\lambda}x\right)\cos\frac{2\pi}{T}t$$

从上式可知，对于两振幅相同、沿相反方向传播的相干波叠加后，不同位置的质点都在作同频率、不同振幅的简谐振动。振幅大小由 $\left|2A\cos\frac{2\pi}{\lambda}x\right|$ 决定。故严格地讲，驻波实质上是一种振动，不是机械波，没有波形的向前传播，振动相位和能量均没有传播。

下面讨论驻波的振动特点。

1. 振幅分布

各质元的振幅由 $\left|2A\cos\frac{2\pi}{\lambda}x\right|$ 确定，且呈现周期性变化。对于振幅最大的点，称为波腹。振幅最小的点，称为波节。

振幅 $\left|2A\cos\frac{2\pi}{\lambda}x\right|_{\max}=2A$ 时，得波腹的坐标位置为

$$\frac{2\pi}{\lambda}x = k\pi$$

$$x = k\frac{\lambda}{2} \qquad (k=0,\pm1,\pm2,\cdots)$$

相邻波腹间的距离为

$$\Delta x = x_{k+1}-x_k = \frac{\lambda}{2} \tag{12-15}$$

振幅$\left|2A\cos\frac{2\pi}{\lambda}x\right|_{\min}=0$时，得波节的坐标位置为

$$\frac{2\pi}{\lambda}x=(2k+1)\frac{\pi}{2}$$

$$x=(2k+1)\frac{\lambda}{4}\qquad (k=0,\pm1,\pm2,\cdots)$$

相邻波节间的距离

$$\Delta x=x_{k+1}-x_k=\frac{\lambda}{2} \tag{12-16}$$

式（12-15）和式（12-16）表明，相邻的波腹之间和相邻的波节之间的距离均为$\lambda/2$，而相邻的波腹和波节之间的距离为$\lambda/4$，驻波的这一特征也提供了一种测量波长的方法。

2．相位分布

驻波表达式不同于波动表达式，因子$\cos 2\pi\frac{t}{T}$与质元的位置无关，只与时间t有关，似乎任一时刻所有质点都具有相同的相位，所有质点都是同步振动。其实，因子$\cos 2\pi x/\lambda$可正可负，在波节处为零，在波节两边符号相反。因此，在驻波中，**两波节之间的各点有相同的相位**，它们同时通过相同方向的平衡位置，同时达到相同方向的最大位移。**同一波节两侧的各点相位是相反的，振动步调完全相反**，同时以相反速度达到平衡位置，同时沿相反方向达到最大位移。所以，驻波中没有相位的传播。

12.6.2　半波损失

如图12-27所示实验，弦线的一段系在一个固定的音叉A上，弦线通过定滑轮P，另一端系着一质量为m的物体，使得弦线拉紧，不同的m可改变弦线内张力，可以实现调节波速，从而在弦线上得到不同波长的驻波，B为一支点，使得弦线在该点不能振动。当音叉振动时，弦线左端自A有一向右传播的入射波，当入射波传到B点时，在该点发生发反射，形成自B向左传播的反射波，入射波和反射波在同一弦线上沿着相反方向传播，在弦线上互相叠加形成驻波。且在支点B（即波在固定端）反射时，只能形成波节。若弦线在B点可自由振动，此时B点为自由端，波在此反射时，会在反射点形成波腹。在第一种情况中，反射点B点形成波节，说明入射波和反射波在该点的振动状态相反，相位差为π，即反射波在该点的相位较入射波突变了π。相当于损失（或增加）了半个波长的波程。我们把这种现象称为相位突变π，有时又称为半波损失。

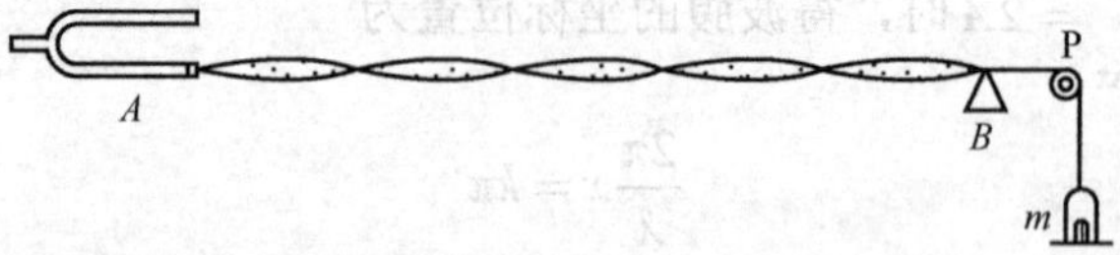

图12-27　驻波实验

一般情况下，波从一均匀介质向另一均匀介质传播时，在两介质的界面会发生反射现象。对于入射波和反射波，在反射点的振动状态取决于两介质的性质以及入射角的大小。研究证实，对于弹性波，通常定义介质的密度ρ与波速u的乘积ρu较大的介质为**波密介质**，ρu较小

的介质为**波疏介质**。若波从波疏介质垂直入射到波密介质界面上，相对于入射波在反射点的相位，反射波在反射点的相位有π的突变，在反射点形成波节；当波从波密介质垂直入射到波疏介质界面上，入射波和反射波在反射点的相位完全相同，在反射点形成波腹。如图 12-28 所示。

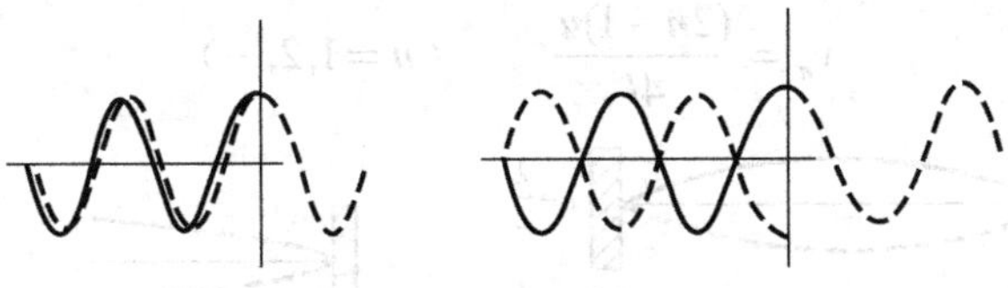

图 12-28　入射波和反射波在反射点的相位情况

12.6.3　驻波的能量

现在以图 12-26 为例，考查驻波的能量。

当介质中所有质点到达平衡位置时，介质的形变为零，故势能为零，这时驻波的能量全部为动能。因驻波表达式 $y=(2A\cos\frac{2\pi}{\lambda}x)\cos\frac{2\pi}{T}t$，则各质点的振动速度为

$$v=\left(-\frac{2\pi}{T}\right)\left(2A\cos\frac{2\pi}{\lambda}x\right)\sin\frac{2\pi}{T}t$$

可以看出，当 $\left|\cos\frac{2\pi}{\lambda}x\right|_{\max}=1$ 时，质点的速度最大，即在波腹处的质点的动能最大，故此时驻波的能量主要集中在波腹附近。

当介质中各质点的位移达到最大值时，各质点的速度为零，动能为零，这时驻波的能量是势能，除了波节外，其他的质点都偏离平衡位置，有着不同程度的形变。在波节附近，介质的相对形变最大，势能最大，故此时驻波的能量主要集中在波节附近。

对于介质的其他振动情况，动能和势能同时存在。且能量不断从波腹附近转移到波节附近，再由波节附近转移到波腹附近，动能和势能不断转换。因为形成驻波的两列相干波的振幅相同，传播方向相反，故合成波的平均能流密度为零，即驻波的能量没有定向的传播，这是驻波和行波的一个重要区别。

12.6.4　振动的简正模式

驻波在各种乐器中有着广泛的应用，弦乐器、管乐器和打击乐器等的发声原理都是因为驻波的形成。当弦线的两端固定时，不是任何频率的波都可在弦线上形成驻波，因为固定端为驻波的波节，故弦线的长度 l 必须等于半波长的整数倍，如图 12-29（a）所示，即

$$l=n\frac{\lambda_n}{2}\qquad(n=1,2,\cdots)$$

这时才可形成驻波，其中 λ_n 为波长。若传播的速度为 u，则相对应的振动频率为

$$\nu_n=n\frac{u}{2l}\qquad(n=1,2,\cdots)$$

式中，$n=1$ 时，ν_1 称为基频，其他的频率 ν_n 依次称为二次，三次，…n 次谐频。我们把由上

式决定的各种频率的驻波，称为弦振动的简正模式。

对于管乐器（如双簧管、小号等），可能一端固定，另一端自由（或是两端全是自由端）。根据前面的分析，固定端为波节，自由端为波腹，如图 12-29（b）所示，管内的空气柱振动形成的驻波的频率须满足

$$\nu_n = \frac{(2n-1)u}{4l} \qquad (n=1,2,\cdots)$$

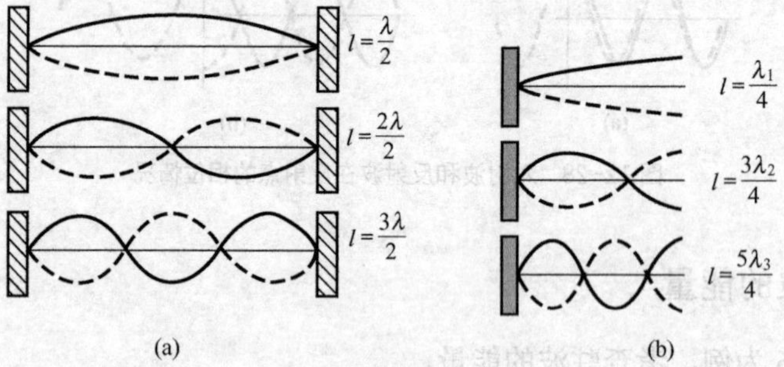

图 12-29　弦振动的简正模式

每种乐器都可以看作是一个驻波系统，在一个系统里有着无限个简正模式，每个简正模式的频率都反映了系统特定的音调。当外界的驱动力的频率与系统的某个频率相同时，系统将被激发，产生振幅很大的驻波，这种现象称为共振或谐振。

【例 12-6】　一平面波沿 x 轴正向传播，其频率为 ν，振幅为 A，波速为 u。当 O 点处的质点到达正方向最大位移处时开始计时。如图 12-30 所示。

（1）试建立沿 x 轴正向传播的波动方程。

（2）当波传播到 P 点（两介质的分界面上的点）时发生反射，已知介质 1 相对于介质 2 为波疏介质。假设反射波与入射波的振幅相等，试写出反射波的波动方程。

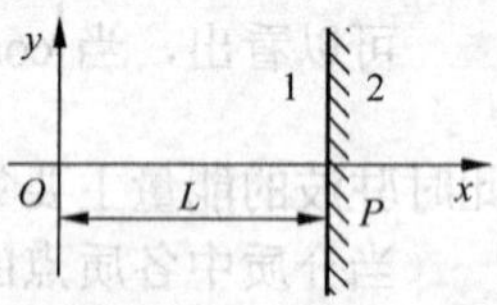

图 12-30　例 12-6

（3）试写出驻波方程，以及波节和波腹的位置坐标。

（4）设 L 与波长之比为 100，试判断 Q（$x=L/2$）点的合振动是加强还是减弱。

解：（1）当 $t=0$ 时，入射波在 O 点的振动为

$$y_{1O} = A\cos\varphi = A$$

故 $\varphi=0$，O 点的振动方程为

$$y_O = A\cos 2\pi\nu t$$

则入射波的波动方程为

$$y_1 = A\cos 2\pi\nu\left(t-\frac{x}{u}\right)$$

（2）入射波在 P 点的振动为

$$y_{1P} = A\cos 2\pi\nu\left(t-\frac{L}{u}\right)$$

在 P 点发生反射，且介质 1 相对于介质 2 为波疏介质，故应考虑半波损失。反射波在 P 点的振动为

$$y_{2P} = A\cos 2\pi\nu\left(t-\frac{L}{u}+\pi\right)$$

反射波的波动方程为

$$y_2 = A\cos 2\pi\nu\left(t - \frac{L}{u} + \pi + \frac{x-L}{u}\right)$$

$$= A\cos 2\pi\nu\left(t + \frac{x-2L}{u} + \pi\right)$$

（3）驻波方程

$$y = y_1 + y_2 = A\cos 2\pi\nu\left(t - \frac{x}{u}\right) + A\cos 2\pi\nu\left(t + \frac{x-2L}{u} + \pi\right)$$

$$= 2A\cos\left[2\pi\nu\left(\frac{x-L}{u}\right) + \frac{\pi}{2}\right]\cos\left[2\pi\nu\left(t - \frac{L}{2}\right) + \frac{\pi}{2}\right]$$

$$= 2A\sin 2\pi\nu\left(\frac{x-L}{u}\right)\sin 2\pi\nu\left(t - \frac{L}{2}\right)$$

波节的坐标位置为$\left|\sin 2\pi\nu\left(\frac{x-L}{u}\right)\right| = 0$，得

$$x = \frac{ku}{2\nu} + L \qquad (k = 0, \pm 1, \pm 2, \cdots)$$

波腹的坐标位置为$\left|\sin 2\pi\nu\left(\frac{x-L}{u}\right)\right| = 1$

$$x = \frac{(2k+1)u}{4\nu} + L \qquad (k = 0, \pm 1, \pm 2, \cdots)$$

（4）将$x = \frac{L}{2}$，$\frac{L}{\lambda} = 100$代入驻波方程，得

$$y_Q = -2A\sin\left(\pi\nu\frac{100\lambda}{u}\right)\sin 2\pi\nu\left(t - \frac{L}{2}\right)$$

$$= -2A\sin(100\pi)\sin 2\pi\nu\left(t - \frac{L}{2}\right) = 0$$

故 Q 点是干涉相消。

12.7 多普勒效应

生活中，当疾驰的火车鸣笛而来时，我们可以听到汽笛的声调变高，当它鸣笛而去时，我们听到的声调变低。这种由于波源或观察者相对于介质运动，或两者均相对于介质运动，从而使波的频率或接收到的频率发生变化或两者均变化的现象，称为**多普勒效应**。多普勒效应是奥地利物理学家克里斯琴·约翰·多普勒（Christian Johann Doppler）于 1842 年首先提出的。而且多普勒现象不限于声波，图 12-31 所示为水波的多普勒效应。当波源在水中向右运动时，在波源运动的前方波面被挤压，波长变短；而在波源运动的后方，波面相互远离，波长变长。

下面分几种情况分析多普勒效应，假定波源与观察者在同一直线上运动。

（1）波源 S 相对于介质静止，观察者 O 相对于介质以速度 v_0 运动。

如图 12-32 所示，S 点表示点波源，ν 为波源的频率，波以速度 u 向着观察者 O 传播，

同心圆表示波面，两相邻的波面间的距离为一个波长。当观察者 O 向着波源运动时，单位时间内，波传播距离为 u，即在 O 点的波面向右传播了 u 的距离，同时，观察者又相对于介质向左运动了 v_O 的距离，故单位时间内观察者接收的完整波数是 $u+v_O$ 距离内的波，或者说，观察者所接收到的频率为

$$\nu'=\frac{u+v_O}{\lambda}=\frac{u+v_O}{u}\nu \tag{12-17}$$

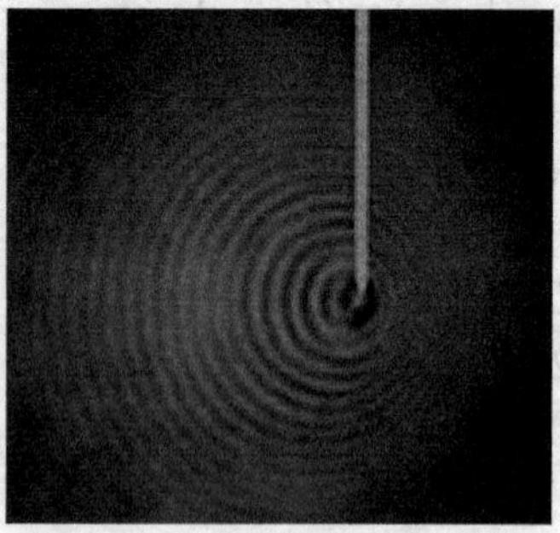

图 12-31 水波的多普勒效应

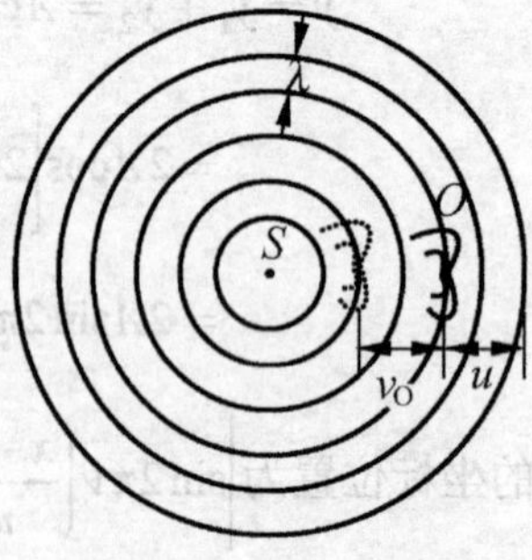

图 12-32 观察者向着波源运动

式（12-17）表明，当波源相对于介质静止时，观察者接收到的频率比波源的频率高。

同理，当观察者背离波源运动时，可通过分析得到观察者接收到的频率，为

$$\nu'=\frac{u-v_O}{\lambda}=\frac{u-v_O}{u}\nu$$

显然，这时观察者接收到的频率要低于波源的频率。

（2）观察者 O 不动，波源 S 相对于介质以 v_S 运动。

如图 12-33 所示，观察者 O 相对于介质不动，波源 S 向着观察者 O 运动。在介质中波源以球面波的形式向四周传播，经过一个周期 T 后，波源向前移动了一段距离 $v_S T$，即下一个波面的球心向右移动了距离 $v_S T$，这段时间内，由于波源的运动，则传播一个完整的波形所需时间变短了，或者说介质中的波长变小了，如图 12-34 所示，实际波长为

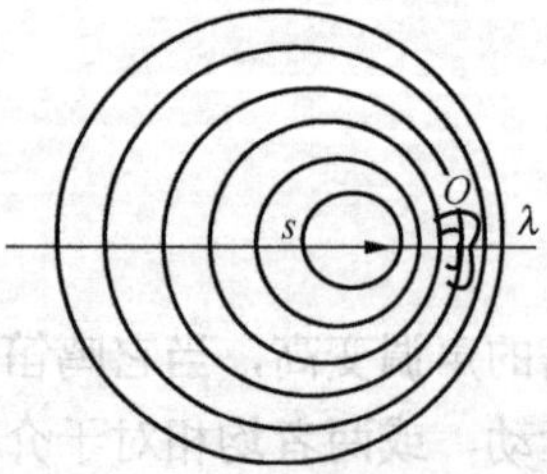

图 12-33 波源向着观察者运动

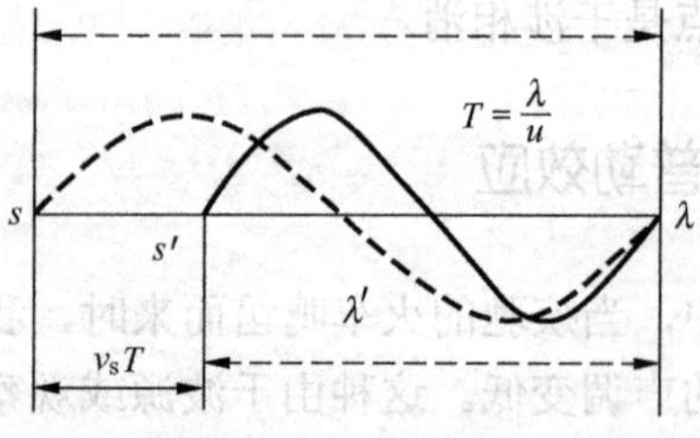

图 12-34 多普勒效应

$$\lambda'=\lambda-v_S T=\frac{u-v_S}{\nu}$$

因此，观察者接收到的频率就是波的频率 ν'。

$$\nu'=\frac{u}{\lambda-v_S T}=\frac{u}{u-v_S}\nu \tag{12-18}$$

显然，观察者接收到的频率是波源的频率的$\dfrac{u}{u-v_S}$倍，即$\nu'>\nu$。同理，当波源背离观察者运动时，观察者接受到的频率ν'为

$$\nu'=\frac{u}{\lambda+v_ST}=\frac{u}{u+v_S}\nu$$

这时观察者接收到的频率要低于波源的频率。

（3）波源与观察者同时相对介质运动(v_S, v_O)。

根据前面的分析，当观察者运动时，观察者接收到的频率与波源的频率的关系为

$$\nu''=\frac{u\pm v_O}{u}\nu$$

当波源运动时，介质中波的频率为

$$\nu'=\frac{u}{u\mp v_S}\nu''$$

故观察者所接收到的频率为

$$\nu'=\frac{u\pm v_O}{u\mp v_S}\nu \tag{12-19}$$

式中，观察者和波源向着波源运动时，v_O前取正号，v_S前取负号；观察者和波源背离波源运动时，v_O前取负号，v_S前取正号。

如果波源与观察者不在二者连线上运动，如图 12-35 所示，只需将速度在连线上的分量带入上述公式即可。当波源和观察者是沿着它们的垂直方向运动时，是没有多普勒效应的。

当飞机作为波源飞行时的v_S大于波速u，由式(12-18)可知，地面观察者将接收到$\nu'<0$，式（12-18）将不再适用。地面观察者会先看到飞机无声地飞过，然后才听到轰轰巨响。即此时，任一时刻波源本身将超过它所发出的波前，又波前是最前方的波面，其前方没有任何的波动，所有的波前只能被挤压而聚集在一圆锥面上，波的能量高度集中，如图 12-36 所示，这种波称为冲击波。如炮弹超音速飞行、核爆炸等，在空中都会激发冲击波。

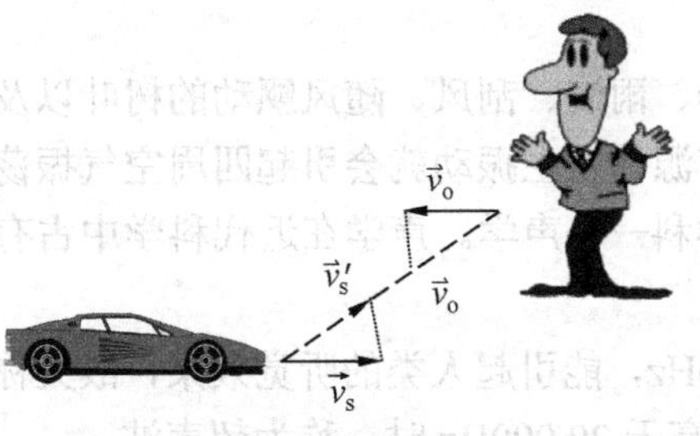

图 12-35　波源与观察者不在二者连线上

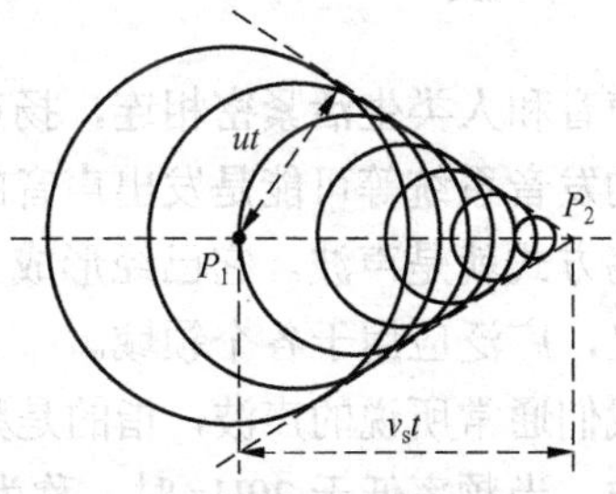

图 12-36　冲击波

多普勒效应有着许多应用。在交通上可用于监测车辆的速度。当雷达发送器发出的电磁波到达正在行驶的车辆时，车既是运动着的接收器，也是运动的波源。它可使雷达波反射、重新返回雷达的接收器。在医学上，可利用超声波的多普勒效应来测量人体血管内血液的流速等。另外，多普勒效应也可用于贵重物品、机密室的防盗系统，还可用于卫星跟踪系统等。

在天体物理学中，多普勒效应也有着许多重要应用。例如，用这种效应可以确定发光天体是向着、还是背离地球而运动，运动速率有多大。通过对多普勒效应所引起的天体光波波

长偏移的测定，发现所有进行这种测定的星系光波波长都向长波方向偏移，这就是光谱线的多普勒红移，从而可以确定所有星系都在背离地球运动。这一结果成为宇宙演变的所谓“宇宙大爆炸”理论的基础。“宇宙大爆炸”理论认为，现在的宇宙是从大约150亿年以前发生的一次剧烈的爆发活动演变而来的，此爆发活动就称为“宇宙大爆炸”。“大爆炸”以其巨大的力量使宇宙中的物质彼此远离，它们之间的空间在不断增大，因而原来占据的空间在膨胀，也就是整个宇宙在膨胀，并且现在还在继续膨胀着。

【例 12-7】 利用多普勒效应可以监测汽车行驶的速度，现有一固定波源，发出频率为 $\nu = 100\text{kHz}$ 的超声波，当汽车迎着波源行驶时，与波源安装在一起的接收器接收到从汽车反射回来的超声波频率为 $\nu' = 110\text{kHz}$，已知空气中的声速为 $u = 300\,\text{m/s}$。求汽车行驶的速度。

解：设汽车行驶速度为 v，波源发的频率为 ν，因为波源不动，汽车接收的频率为

$$\nu_1 = \frac{u+v}{u}\nu$$

当波从汽车表面反射回来时，汽车作为波源向着接收器运动，汽车发出的频率即是它接收到的频率 ν_1，而接收器作为观察者接收到的频率为

$$\nu' = \frac{u}{u-v}\nu_1$$

联立两式，求解得 $v = \dfrac{\nu'-\nu}{\nu'+\nu}u = \dfrac{110\times10^3 - 100\times10^3}{110\times10^3 + 100\times10^3}\times 330 = 15.7\text{m/s}$。

【例 12-8】 A、B 两船沿相反方向行驶，航速分别为 $30\,\text{m}\cdot\text{s}^{-1}$ 和 $60\,\text{m}\cdot\text{s}^{-1}$，已知 A 船上的汽笛频率为 500Hz，空气中声速为 $340\,\text{m}\cdot\text{s}^{-1}$，求 B 船上的人听到 A 船汽笛的频率？

解：设 A 上汽笛为波源，B 船上的人为接收者，代入公式得

$$\nu_B = \frac{u - v_O}{u + v_S}\nu_S = \frac{340-60}{340+30}\times 500 = 452\,\text{Hz}$$

即 B 船上的人听到汽笛的频率变低了。

12.8 *声波

声音和人类生活紧密相连，扬声器、各种乐器、雨滴、刮风、随风飘动的树叶以及人和动物的发音系统等可能是发出声音的声源体。当声源体发生振动就会引起四周空气振荡，这种振荡方式就是声波。它已经形成了一门独立的学科——声学。声学在近代科学中占有重要的意义，广泛应用于各个领域。

我们通常所说的声波，指的是频率 20～20 000Hz，能引起人类的听觉效果，故又称为可闻声波。当频率低于 20Hz 时，称为次声波。频率高于 20 000Hz 时，称为超声波。

12.8.1 声波

声波作为纵波，它可在固体、液体和气体中进行传播（注：在真空状态中声波就不能传播了）。声波能产生干涉、衍射、反射和折射等现象，具有一般波动所共有的特征。

声波的平均能流密度称为声强，它是人耳所能感觉到的声音强弱的量度，用 I 表示，为

$$I = \frac{1}{2}\rho u A^2 \omega^2$$

由此可见，声强与角频率和振幅的平方成正比。

一般来说，人的听觉存在一定的声强范围，低于这个范围下限的声波不能引起听觉，而高于这个范围上限的声波使人感到不舒服，甚至引起疼痛感。听觉声强范围的下限称为听觉阈，听觉声强范围的上限称为痛觉阈。听觉阈和痛觉阈都与声波的频率有关。图 12-37 中上、下两条曲线分别表示痛觉阈和听觉阈随频率的变化，这两条曲线之间的区域就是听觉区域。

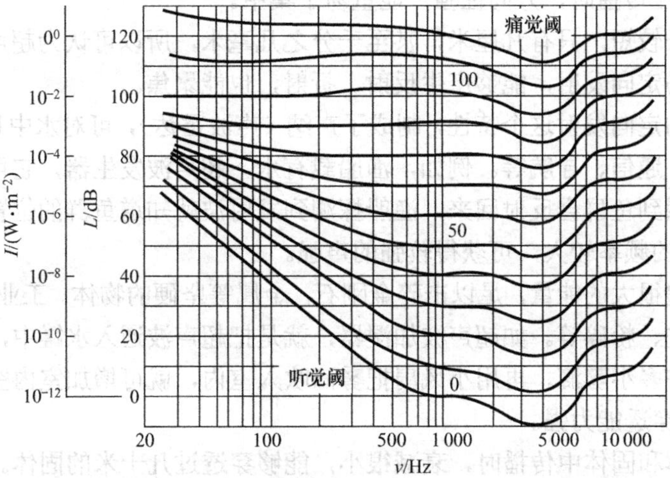

图 12-37 声波

日常生活中能听到的声强范围很大，人刚好听到 1 000Hz 声音的最低声强为$10^{-12}\,W/m^2$，最高声强为$1W/m^2$，最高和最低之间可达 12 个数量级。用声强这个物理量来比较声音强弱很不方便。因此我们引入声强级来比较介质中各点声波的强度，取最低声强$10^{-12}\,W/m^2$作为标准声强I_0，声强I与标准声强I_0之比的对数称为声强I的声强级，记为L，即

$$L = \log\frac{I}{I_0} \tag{12-20}$$

其单位为贝尔（B）或分贝（dB）。表 12-2 列出了常见的一些声音的声强、声强级和响度。可以看出，人耳感觉到的声音响度与声强级有着一定的联系，声强级越高，人耳感觉越响。

表 12-2　几种声音的声强、声强级和响度

声源	声强（W/m^2）	声强级（dB）	响度
聚焦超声波	10^9	210	
炮声	1	120	震耳
钉机	10^{-2}	100	
车间机器声	10^{-4}	80	响
闹市	10^{-5}	70	
正常谈话	10^{-6}	60	正常
室内收音机轻轻放音	10^{-8}	40	轻
耳语	10^{10}	20	
树叶沙沙声	10^{-11}	10	极轻
听觉阈（如正常的呼吸声）	10^{-12}	0	

12.8.2 超声波

频率高于 20 000Hz 的声波称为“超声波”。由于其频率高、波长短，超声波有着许多不同于一般声波的性能。超声波的这些特性广泛应用于医学、军事、工业、农业等领域。下面对超声波的特性及应用作一简单介绍。

（1）超声波在传播时，方向性强，能量易于集中。

超声波的波长较短，只有几厘米，甚至千分之几毫米，所以可认为超声波和光波一样，可沿直线传播，易定向发射，能够产生反射、折射，也能聚焦。

利用超声波的定向发射这个特性，制成了声纳（声波雷达），可对水中目标进行探测、定位、跟踪、识别、通信、导航等。例如，渔船载有水下超声波发生器，它可向各个方向发射超声波，超声波遇到鱼群会反射回来，渔船探测到发射波就知道鱼群的位置了。

（2）超声波的频率较大，可获得较强的声强。

超声波可传递很大的能量，足以击碎金刚石，金属等坚硬的物体。工业上，常用来切割、焊接、钻孔、清洗、粉碎等。如超声波加湿器，就是把超声波通入水罐中，剧烈的振动会使罐中的水破碎成许多小雾滴，再用小风扇把雾滴吹入室内，就可增加室内空气湿度。

（3）超声波穿透能力强。

超声波在液体和固体中传播时，衰减很小，能够穿透过几十米的固体。利用超声波的穿透能力和反射情况，可以制成超声波探伤仪，用来对金属混凝土制品、塑料制品、水库堤坝等进行探伤。医学上也用来探测病变。

12.8.3 次声波

频率低于 20Hz 的机械纵波称为次声波。虽然次声波看不见，听不见，可它却无处不在。自然界中，海上风暴、火山爆发、大陨石落地、海啸、电闪雷鸣、波浪击岸、水中漩涡、空中湍流、龙卷风、磁暴、极光等都可能伴有次声波的发生。人类活动中，诸如核爆炸、导弹飞行、火炮发射、轮船航行、汽车急驰、高楼和大桥摇晃，甚至像鼓风机、搅拌机、扩音喇叭等也都能产生次声波。

次声的应用逐渐受到人们的注意。目前的次声波应用，主要有以下几个方面。

（1）预测自然灾害性事件

例如，利用仿生学依照水母的耳朵结构制成了水母耳预报仪，监测风暴发出的次声波，可提前 15 小时预测台风的方位和强度。利用类似方法，也可预报火山爆发、雷暴等自然灾害。

（2）为人类生产服务

如通过测定人和其他生物的某些器官发出的微弱次声的特性，进一步了解人体或其他生物相应器官的活动情况。从而研制出的“次声波诊疗仪”，它可以检查人体器官工作是否正常。

（3）服务于农林业

如利用次声波刺激植物生长。

（4）服务于国防建设

通过建立次声波服务站，可探测分析世界各处的核爆炸、火箭发射等重大军事动态。在边防检查上，次声探测仪可以探测是否有人混在车辆行李中出入边境。

次声波在介质中传播时，可谓是无声无息，难以被人察觉，且只伤害人员，不会造成环境污染。这一特点已引起各国的军事专家的高度注意，一些国家已经开始研制次声波武器，专家预测，次声波武器将成为未来战场上的“无声杀手”。

12.9 *平面电磁波

从麦克斯韦的电磁场理论可知：空间某区域有交变的电场，则在其周围空间就会产生交变的磁场；而交变的磁场又会在其周围空间引起新的交变的电场。这样，交变的电场和磁场并不局限于空间某一区域，而要由近及远向周围空间传播开去，形成电磁波。

12.9.1 电磁波的产生与传播

电磁波的实质就是变化的电磁场在空间的传播。由前面电磁学部分知识可知，在 LC 振荡电路产生振荡电流的过程中，其电场和磁场都发生周期性变化，对应的电场能和磁场能主要是在电路内互相转化，而且电路中没有持续不断的能量供给，电阻 R 会有能量损耗，所以辐射出去的能量很少，不能用来有效地发射电磁波。

要想有效发射电磁波，首先必须要有一个适当的波源，我们可以把 LC 电路接在电子管或晶体管上，组成振荡器，以获得源源不断的能量。除此之外，LC 振荡电路必须具有如下的特点。

（1）振荡频率足够高

我们知道，电磁波在单位时间内辐射的能量与频率的四次方成正比。即振荡频率越高，发射电磁波的本领越大。LC 电路中振荡频率为 $\nu=\dfrac{1}{2\pi\sqrt{LC}}$，所以必须减小电路中的 L 和 C，以获得足够高的频率 ν。

（2）电路必须开放

LC 振荡电路是集中性元件的电路，其电场和电能都集中在电容元件中，磁场和磁能都集中在自感线圈中，要有效地把电磁场的能量传播出去，必须把电场和磁场分散到尽可能大的空间。

为了把电磁波有效发射出去，我们对 LC 电路按如图 12-38（a）、（b）、（c）、（d）的顺序进行了改造，逐渐增大电容器板间的距离，减小极板的面积，同时减小自感线圈的匝数，最后振荡电路甚至可以演化成为一条导线。当电流在其中往复振荡时，两端出现正负交替的等量异号电荷。这样的电路称为振荡电偶极子，或称偶极振子。由于 L 和 C 的减小，振荡频率增大，同时使得电场和磁场扩展到外部空间。所以振荡电偶极子可以有效地把电磁波发射出去。电视台的天线就是这种类型的偶极振子，如图 12-39 所示。

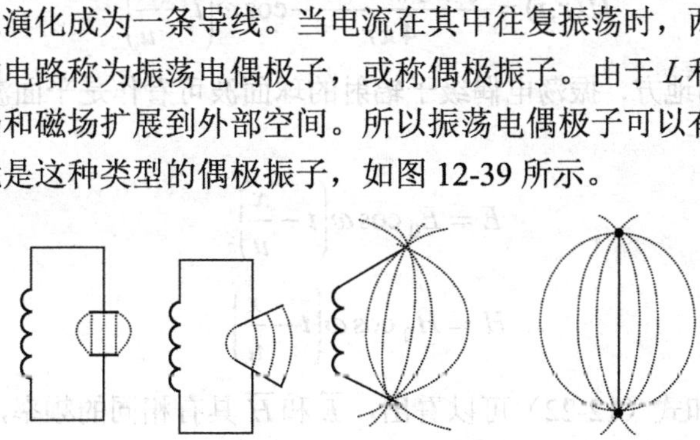

图 12-38 电磁波的发射

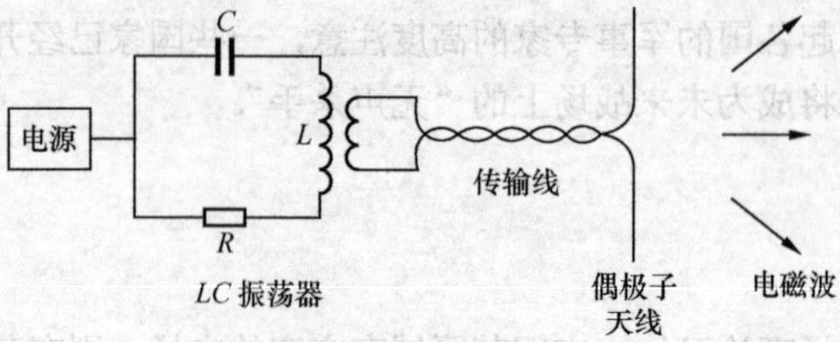

图 12-39　天线示意图

我们知道，机械波必须借助于介质来传播，没有介质，机械波是无法传播的。如声波在真空中就不能传播。那么电磁波的在空间的传播是否也需要介质呢？我们设想，空间某处有一交变电流，它将在其周围空间激发涡旋磁场，该磁场也是交变的，在其周围空间又会激发涡旋电场，这样涡旋电场和涡旋磁场互相激发，在空间形成电磁波。图 12-40 为电磁波沿一维空间传播的示意图。所以，电磁波之所以可以在空间的传播，是因为：变化的电场激发涡旋磁场；变化的磁场激发涡旋电场。电磁波的传播是不需要介质的，在真空中也可以传播，例如，太阳发射的光通过真空到达地球，人造卫星可以通过宇宙空间将无线电波发回地球。

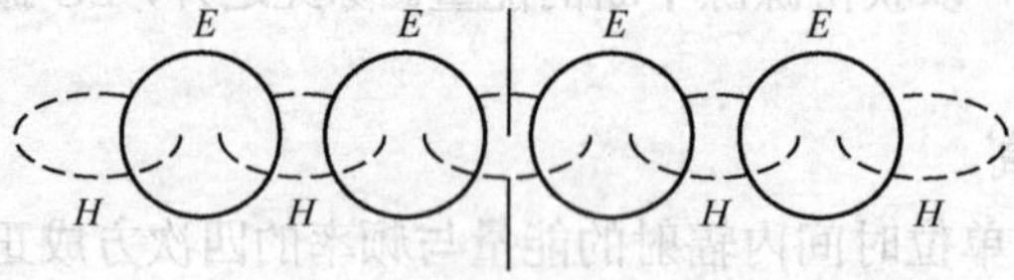

图 12-40　电磁波沿一维空间传播的示意图

下面以振荡电偶极子为例，说明电磁波的产生与传播。如图 12-41 所示，设以电偶极子的中心为原点，电偶极矩 $\vec{p}_0$ 的方向为极轴的方向，$p = p_0 \cos\omega t$，在半径为 r 的球面上任取一点 M，且矢径 $\vec{r}$ 与极轴方向成 θ 角。计算结果表明，M 点的 $\vec{E}$、$\vec{H}$ 和 $\vec{r}$ 三个矢量互相垂直，且遵守右手螺旋法则。该点的电场强度和磁场强度数值分别为

$$E(r,t) = \frac{\mu p_0 \omega^2 \sin\theta}{4\pi r} \cos\omega\left(t - \frac{r}{u}\right) \tag{12-21}$$

$$H(r,t) = \frac{\sqrt{\varepsilon\mu}\, p_0 \omega^2 \sin\theta}{4\pi r} \cos\omega\left(t - \frac{r}{u}\right) \tag{12-22}$$

在远离电偶极子的地方，振荡电偶级子辐射的球面波可看作是平面波，式（12-21）和式（12-22）又可写为

$$E = E_0 \cos\omega\left(t - \frac{x}{u}\right)$$

$$H = H_0 \cos\omega\left(t - \frac{x}{u}\right)$$

通过式（12-21）和式（12-22）可以看出，$\vec{E}$ 和 $\vec{H}$ 具有相同的频率，而且两者的相位也是相同的。任一时刻，在空中任一点有

$$\sqrt{\varepsilon}E = \sqrt{\mu}H$$

因电磁波的传播速度与介质的电容率和磁导率有关，即

$$u = 1/\sqrt{\varepsilon\mu}$$

真空中，$\varepsilon = \varepsilon_0 = 8.854\times10^{-12}\,\text{F}\cdot\text{m}^{-1}$，$\mu = \mu_0 = 4\pi\times10^{-7}\,\text{H}\cdot\text{m}^{-1}$，代入上式，得

$$u = 2.998\times10^{8}\,\text{m}\cdot\text{s}^{-1}$$

这表明电磁波在真空中的传播速度近似等于真空中的光速。

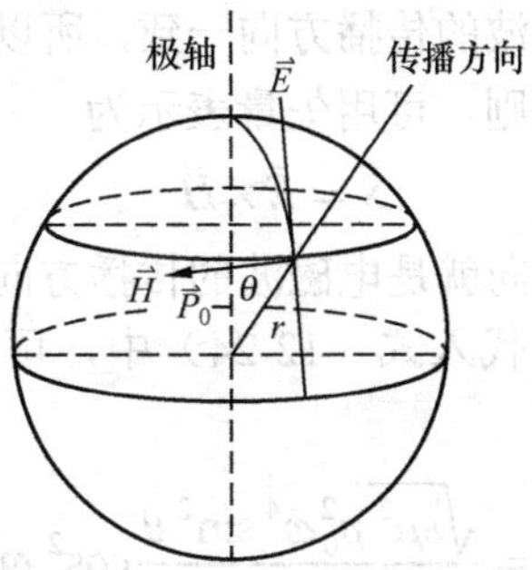

图 12-41 电磁波的产生与传播

12.9.2 平面电磁波的性质

由前面的分析，平面电磁波的性质可归纳为以下几点。

（1）电磁波是横波，$\vec{E}$、$\vec{H}$ 和波的传播方向三者相互垂直，如图 12-42 所示。

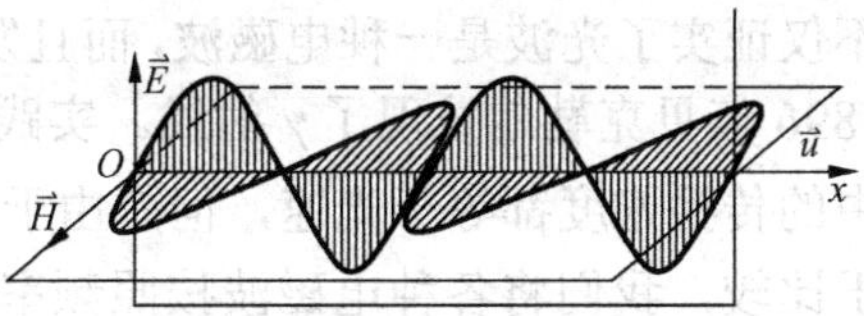

图 12-42 $\vec{E}$、$\vec{H}$ 和波的传播方向

（2）沿给定方向传播的电磁波，$\vec{E}$ 和 $\vec{H}$ 分别在各自的平面内振动，这种特性称为偏振性。

（3）$\vec{E}$ 和 $\vec{H}$ 始终同相位，且 $\vec{E}$ 和 $\vec{H}$ 的幅值成比例。

任一时刻，在空间的任一点有

$$\sqrt{\varepsilon}E = \sqrt{\mu}H$$

（4）电磁波的传播速度为 $u = 1/\sqrt{\varepsilon\mu}$，在真空中电磁波的传播速度等于光速。

12.9.3 电磁波的能量

电磁波是横波，在传播过程中，伴随着能量的传播。这种以电磁波形式传播出去的能量称为**辐射能**。辐射能的传播方向和速度就是电磁波的传播方向和速度。在电磁场空间内，电场和磁场都具有一定的能量，它们的能量密度分别为

$$w_e = \frac{1}{2}\varepsilon E^2$$

$$w_m = \mu H^2$$

故电磁波的能量密度 w 为

$$w = w_e + w_m = \frac{1}{2}\quad(\varepsilon E^2 + \mu H^2)$$

则单位时间内通过垂直于传播方向单位面积的能量，即电磁波的能流密度S（又称为辐射强度）为

$$S = wu = \frac{u}{2}(\varepsilon E^2 + \mu H^2) \tag{12-23}$$

将$u = 1/\sqrt{\varepsilon\mu}$和$\sqrt{\varepsilon}E = \sqrt{\mu}H$代入上式（12-23），得

$$S = EH$$

由于能量总是向前传播的，和波的传播方向一致，所以能流密度也是矢量。且$\vec{E}$、$\vec{H}$和$\vec{S}$三者互相垂直，遵守右手螺旋法则，可用矢量表示为

$$\vec{S} = \vec{E} \times \vec{H} \tag{12-24}$$

$\vec{S}$也称为**坡印廷矢量**。$\vec{S}$的方向就是电磁波的传播方向。

将式（12-21）和式（12-22）代入式（12-24）中，可得振荡偶极子辐射电磁波的能流密度

$$S = EH = \frac{\sqrt{\varepsilon\mu^3}\, p_0^2 \omega^4 \sin^2\theta}{16\pi^2 u}\cos^2\omega\left(t - \frac{r}{u}\right)$$

12.9.4 电磁波谱

1888 年，赫兹应用电磁振荡的方法验证了电磁波的存在。此后人们又进行了很多实验，不仅证实了光波是一种电磁波，而且发现了更多形式的电磁波。1895 年伦琴发现了 X 射线，1896 年贝克勒尔发现了γ射线。实践证明，它们也都属于电磁波。虽然各种电磁波在真空中的传播速度都等于光速，但是由于波长的不同，使得它们的特性有着很大的差别。为便于比较，我们将各种电磁波按照频率或波长的顺序排列成谱，称为电磁波谱，如图 12-43 所示。

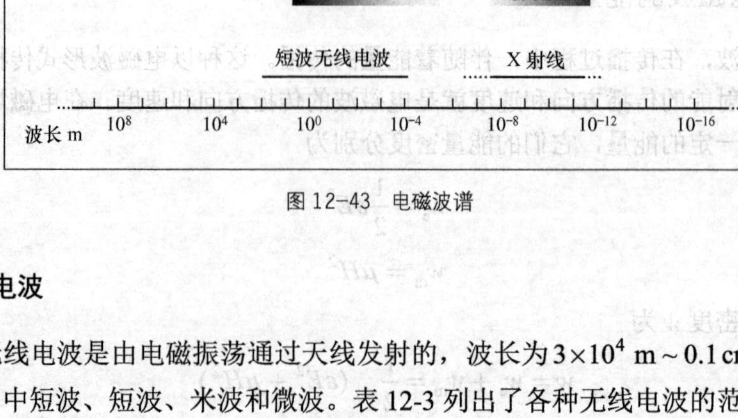

图 12-43　电磁波谱

1. 无线电波

一般的无线电波是由电磁振荡通过天线发射的，波长为3×10^4 m ~ 0.1 cm。其间又分为长波、中波、中短波、短波、米波和微波。表 12-3 列出了各种无线电波的范围和用途。

表 12-3　　各种无线电波的范围和用途

名称	长波	中波	中短波	短波	米波	微波		
						分米波	厘米波	毫米波
波长	3 000～3 000m	3 000～200m	200～50m	50～10m	10～1m	1～0.1m	0.1～0.01m	0.01～0.001m
频率	10～100kHz	100～1 500kHz	1.5～6MHz	6～30MHz	30～300MHz	300～3 000MHz	3 000～30 000MHz	30 000～300 000MHz
主要用途	远洋长距离通信和导航	航海、航空定向和无线电广播	电报通信、无线电广播	无线电广播、电视通信	调频无线电广播、电视广播、无线电导航	电视、雷达、无线电导航和其他专门用途		

2．红外线

红外线主要由炽热物体辐射产生，波长为$6\times10^5\sim760\,\text{nm}$，具有显著的热效应，能透过浓雾或较厚的气层，且不宜被吸收。生产上，常用红外线来烘烤物体和食物等。国防上，坦克、舰艇等通过红外雷达、红外通信定向发射红外波，在夜间或浓雾天气时，可通过红外线接收器接收这些信号。还可利用红外线侦查敌情。

3．可见光

可见光是能引起人眼视觉的电磁波，波长为760～400nm，又称为光波。不同频率的电磁波就是不同颜色的光。白光是所有可见光的复合光。

4．紫外线

紫外线波长范围为400～5nm，具有较强的杀菌能力，会引起强的化学作用，还会使照相底片感光。物体的温度很高时就会辐射紫外线。太阳光和汞灯中有大量的紫外线。

5．X 射线

X 射线波长为5～0.04nm，具有较强的穿透能力，可使用照相底片感光，荧光屏发光。医学上，广泛应用于透视和病理检查。工业上，可用来检查金属零件内部的缺陷和分析晶体结构等。

6．γ 射线

γ 射线波长在0.04nm 以下，是从放射性原子核中发射出来的，其能量和穿透能力较强，可用于金属探伤和研究原子核的结构等。医疗上，研制的γ 刀可用于治疗癌症，切除肿瘤。

复 习 题

一、思考题

1．在月球表面两个宇航员要相互传递信息，他们能通过对话进行吗？

2．波动和振动有什么区别和联系？具备什么条件才能形成机械波？

3．关于波长有如下说法，试说明它们是否一致。

（1）同一波线上，相位差为 2π 的两个质点之间的距离；

（2）在一个周期内，波所传播的距离；

（3）在同一波线上，相邻的振动状态相同的两点之间的距离；

（4）两个相邻波峰（或波谷）之间的距离，或两个相邻密部（或疏部）对应点间的距离。

4．如何理解波速和振动速度？

5．用手抖动张紧的弹性绳的一端，手抖得越快，幅度越大，波在绳上传播得越快，又弱又慢的抖动，传播得较慢，对不对？为什么？

6．在波动方程 $y = A\cos[\omega(t - \frac{x}{u}) + \varphi]$，式中 y、A、ω、u、x、φ 的意义是什么？$\frac{x}{u}$ 的意义是什么？如果将波动方程写为 $y = A\cos[\omega t - \frac{\omega x}{u} + \varphi]$，$\frac{\omega x}{u}$ 的意义是什么？

7．有人认为波从 O 点传播到任一点 P，则 P 点比 O 点振动的时刻晚 x/u，因而 O 点 t 时刻的相位要在 $t+x/u$ 时刻才能在 P 点出现，因此波沿 x 轴正方向传播的波的表达式应为

$$y = A\cos\omega\left(t + \frac{x}{u}\right)$$

你认为如何？

8．若一平面简谐波在均匀介质中以速度 u 传播，已知 A 点的振动表达式为 $y = A\cos\left(\omega t + \frac{\pi}{2}\right)$，试分别写出如图 12-44 所示的波动表达式以及 B 点的振动表达式。

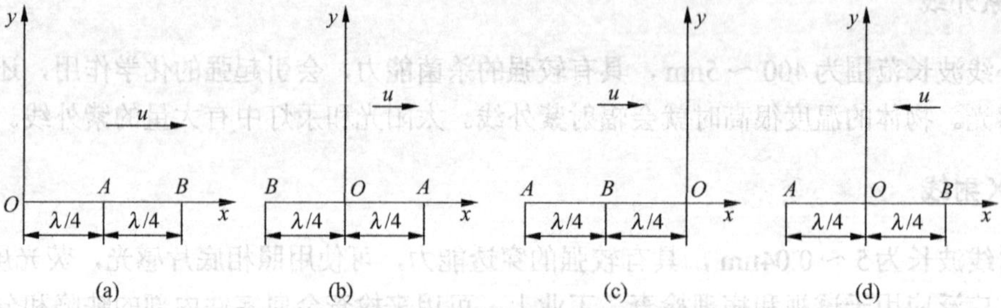

图 12-44　思考题 8

9．弹性波在介质中传播时，对于一个质元来说，它的动能和势能与自由弹簧振子的情况有何不同？总的机械能有何不同？为什么说这反映了波在传播能量？

10．俗话说“隔墙有耳”，你是如何理解的？

11．如图 12-45 所示，如果你家住在大山右面，广播台和电视台都在山左侧时，听广播和看电视哪一个会更容易接收？试解释？

12．两列波的频率相同，相位差恒定，但是振动方向并不相同，这两列波相遇时是否会产生干涉现象？

13．两列振幅相同的相干波在空间相遇时，干涉加强处振幅为一列波振幅的 2 倍，而波的强度为一列波强度的 4 倍，却不是两列波强度的和。这是否违背能量守恒定律？

14．驻波有什么特点？驻波是波吗？试举出驻波和行波不同的地方。

15．我国古代有一种称为“鱼洗”的铜面盆，如图12-46所示，盆地雕刻着两条鱼，在盆中放水，用手轻轻摩擦盆边两环，就能在两条鱼的嘴上方激起很高的水柱。试解释这一现象。

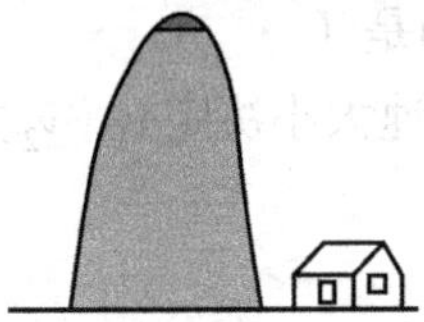

图12-45 思考题11

图12-46 思考题15

16．如何理解半波损失？

17．若观察者与波源均保持静止，但正在刮风，问有无多普勒效应？

18．如果在你做操时，头顶有飞机飞过，你会发现在做向下弯腰和向上直起的动作时听到飞机的声音音调不同，这是为什么？何时听到的音调高一些？

19．当你在湖面荡双桨时，不远处有一高速机动船驶过，你会有何感觉？

二、习题

1．一列横波沿绳子向右传播，某时刻波形如图12-47所示。此时绳上A、B、C、D、E、F 6个质点（　　）。

（A）它们的振幅相同　（B）质点D和F的速度方向相同

（C）质点A和C的速度方向相同　（D）从此时算起，质点B比C先回到平衡位置

2．一平面简谐波以速度u沿x轴正方向传播，在$t=t'$时波形曲线如图12-48所示，则坐标原点O的振动方程为（　　）。

（A）$y=a\cos[\frac{u}{b}(t-t')+\frac{\pi}{2}]$　（B）$y=a\cos[2\pi\frac{u}{b}(t-t')-\frac{\pi}{2}]$

（C）$y=a\cos[\pi\frac{u}{b}(t+t')+\frac{\pi}{2}]$　（D）$y=a\cos[\pi\frac{u}{b}(t-t')-\frac{\pi}{2}]$

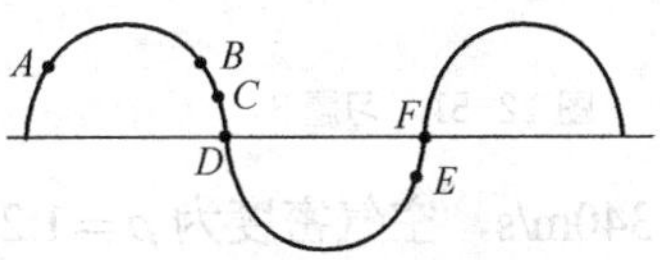

图12-47 习题1

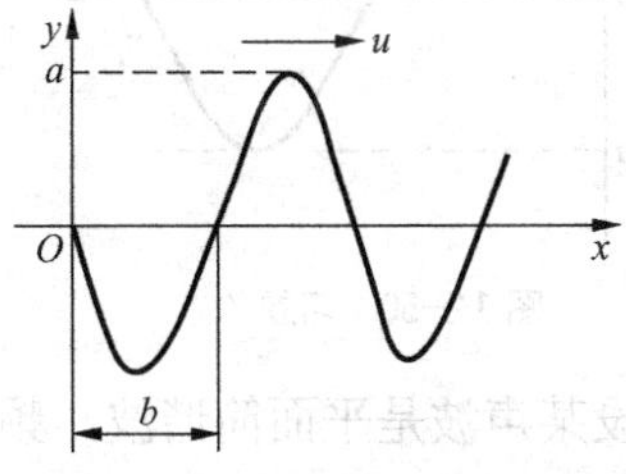

图12-48 习题2

3．一平面简谐机械波在弹性介质中传播，下述各结论哪个正确？（　　）

（A）介质质元的振动动能增大时，其弹性势能减小，总机械能守恒。

（B）介质质元的振动动能和弹性势能都在做周期性变化，但两者相位不相同。

（C）介质质元的振动动能和弹性势能的相位在任一时刻都相同，但两者数值不同。

（D）介质质元在其平衡位置处弹性势能最大。

4．两相干波源S_1和S_2相距$\lambda/4$，S_1的相位比S_2的相位超前$\pi/2$，如图12-49所示，在两

波源的连线上，S_1外侧一点P，两列波引起的合振动的相位差为（　　）。

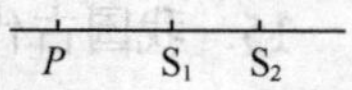

图 12-49　习题 4

（A）0　（B）π　（C）π/2　（D）3π/2

5．当波源以速度v向静止的观察者运动时，测得频率为ν_1，当观察者以速度v向静止的波源运动时，测得频率为ν_2，其结论正确的是（　　）。

（A）$\nu_1 < \nu_2$　（B）$\nu_1 = \nu_2$　（C）$\nu_1 > \nu_2$　（D）要视波速大小决定ν_1、ν_2大小

6．一列横波沿着绳传播，其波动方程为

$$y = 0.05\cos(10\pi t - 4\pi x)\ \text{(SI)}$$

试求：

（1）波的振幅、波速、频率和波长；

（2）绳上各点振动时的最大速度和最大加速度；

（3）$x = 0.2\,\text{m}$ 处质点在$t = 1\,\text{s}$ 时的相位；此相位是原点处质点在哪一时刻的相位？这一相位在$t = 1.25\,\text{s}$ 时传到了哪一点？

7．一沿负x方向传播的平面简谐波在t=0 时的波形曲线如图 12-50 所示。

（1）说明在t=0 时，图中a、b、c、d各点的运动趋势。

（2）画出$t = \dfrac{3}{4}T$时的波形曲线。

（3）画出b、c、d各点的振动曲线。

（4）如A、λ、ω已知，写出此波的表达式。

8．如图 12-51 所示，已知t=0 时和t=0.5s 时的波形曲线分别为图中曲线（a）和（b），波沿x轴正向传播，试根据图中绘出的条件，试求：

（1）波动方程；

（2）P点的振动方程。

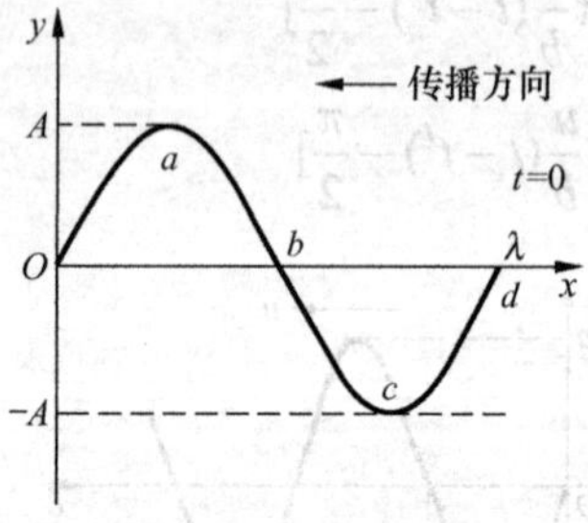

图 12-50　习题 7

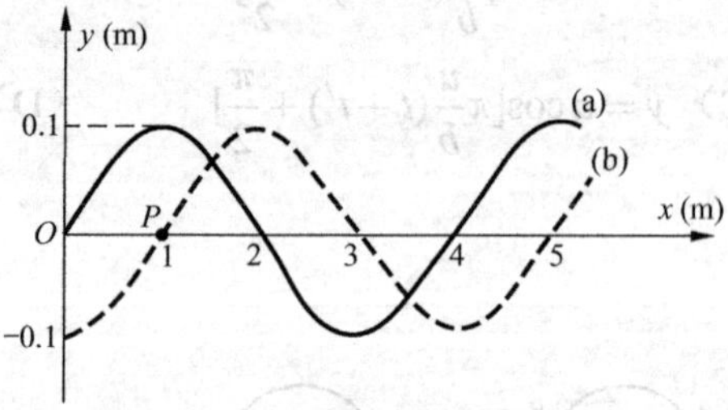

图 12-51　习题 8

9．设某声波是平面简谐波，频率为 500Hz，波速为 340m/s，空气密度为$\rho = 1.29\,\text{kg/m}$，此波到达人耳的振幅为$10^{-6}\,\text{m}$，求人耳中的平均能量密度和平均能流密度。

10．一个点波源发射的功率为 1.0W，在各向同性的不吸收能量的均匀介质中发出球面波。求距离波源 1.0m 处的波的强度。

11．如图 12-52 所示是干涉型消声器的原理图，利用这一结构可以消除噪声，当发动机排气噪声波经过管道的A点时，分成两路而在B点相遇，声波因干涉而相消，如果要消除频率为 300Hz 的发动机排气噪声，求图中弯道与直管长度差$\Delta r = r_2 - r_1$至少应为多少？（设声速为 340m/s）

12．如图 12-53 所示，一平面波$y = 2\cos 600\pi(t - \dfrac{x}{330})$（SI），传到$A$、$B$两个小孔上，

A、B 相距 $d=1\,\text{m}$，$AP \perp AB$。若从 A、B 传出的子波到达 P 点，两波叠加刚好发生第一次减弱，求 $\overline{AP}$。

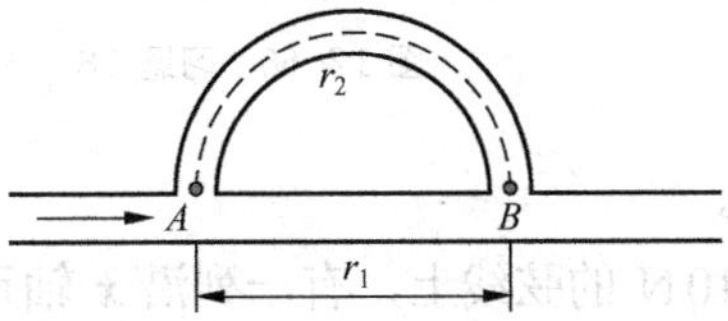

图 12-52 习题 11

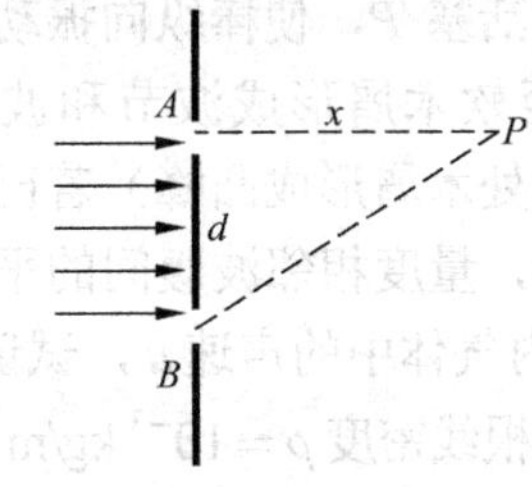

图 12-53 习题 12

13. 同一介质中有两个平面简谐波波源做同频率、同方向、同振幅的振动。两列波相对传播，波长为 8m。波线上 A、B 两点相距为 20m。一波在 A 处为波峰时；另一波在 B 处相位为 $-\dfrac{\pi}{2}$，求 AB 连线上因干涉而静止的各点的位置。

14. 一弦线上驻波为

$$y = 3.00\times10^{-2}(\cos1.6\pi x)\cos550\pi t$$

（1）若将此驻波看作传播方向相反的两列波叠加而成，求两波的振幅及波速；

（2）求相邻波节之间的距离；

（3）求 $t=t_0=3.00\times10^{-3}$s 时，位于 $x=x_0=0.625$m 处质点的振动速度。

15. 在绳上传播的入射波表达式为 $y_1 = A\cos\left(\omega t + 2\pi\dfrac{x}{\lambda}\right)$，入射波在 $x=0$ 处绳端反射，反射端为自由端，设反射波不衰减，求驻波表达式。

16. 如图 12-54 所示，一角频率为 ω，振幅为 A 的平面简谐波沿 x 轴正方向传播，设在 $t=0$ 时该波在原点 O 处引起的振动使媒质元由平衡位置向 y 轴的负方向运动。M 是垂直于 x 轴的波密媒质反射面，已知 $OO' = 7\lambda/4$，$PO' = \lambda/4$（λ 为该波波长），设反射波不衰减，试求：

（1）入射波与反射波的表达式；

（2）P 点的振动方程。

17. 如图 12-55 所示，O 处有一振动方程为 $y = A\cos\omega t$ 的平面波源，产生的波沿 x 轴正、负方向传播。MN 为波密介质的反射面，距波源 $\dfrac{3}{4}\lambda$。试求：

（1）波源所发射的波沿波源 O 左右传播的波动方程；

（2）在 MN 处反射波的波动方程；

（3）在 $O\sim MN$ 区域内所形成的驻波方程，以及波节和波腹的位置；

（4）$x>0$ 区域内合成波的方程。

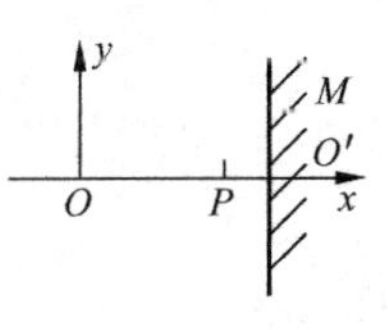

图 12-54 习题 16

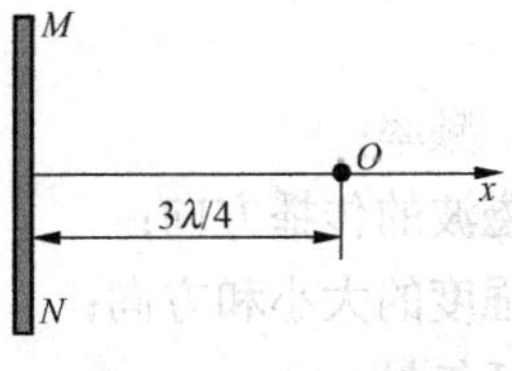

图 12-55 习题 17

18．测定气体中声速的孔脱（Kundt）法如下：一细棒，其中部夹住，一端有盘 D 伸入玻璃管，如图 12-56 所示。管中撒有软木屑，管的另一端有活塞 P，使棒纵向振动，移动活塞位置直至软木屑形成波节和波腹图案（在声压波腹处木屑形成凸蜂）若已知棒中纵波的频率 ν，量度相邻波腹间的平均距离 d，可求得管内气体中的声速 u，试证：$u=2\nu d$。

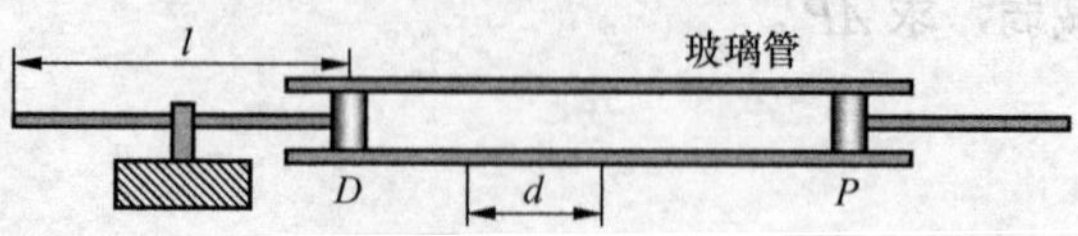

图 12-56　习题 18

19．在一根线密度 $\rho=10^{-3}$ kg/m 和张力 $F=10$ N 的弦线上，有一列沿 x 轴正方向传播简谐波，其频率 $\nu=50$ Hz，振幅 $A=0.04$ m。已知弦线上离坐标原点 $x_1=0.5$ m 处的质点在 t=0 时刻的位移为+A/2，且沿 y 轴负方向运动。当传播到 $x_1=10$ m 固定端时，被全部反射。试写出：

（1）入射波和反射波的波动表式；

（2）入射波与反射波叠加的合成波在 $0\leqslant x\leqslant 10$ 区间内波腹和波节处各点的坐标；

（3）合成波的平均能流。

20．过节播放的钟声是一种气流扬声器，它发声的总功率为 2×10^4 W。这声音传到 12km 远的地方还可以听到。设空气不吸收声波能量并按球形波计算，这声音传到 12km 处的声强级是多大？

21．装于海底的超声波探测器发出一束频率为 30kHz 的超声波，被迎面驶来的潜水艇反射回来，反射波与原来的波合成后，得到频率为 241Hz 的拍，求潜水艇的速率。设超声波在海水中的传播速度为 1 500m/s。

22．正在报警的警钟，每隔 0.5s 钟响一声，一声接一声地响着，有一个人在以 60km/h 的速度向警钟行驶的火车中，问这个人在 1min 内听到几响？

23. 设空气中声速为 330 m/s，一列火车以 30 m/s 的速度行驶，机车上汽笛的频率为 600 Hz。一静止的观察者在机车的正前方和机车驶过其身边后所听到的声音的频率分别为多少？如果观察者以速度 10 m/s 与这列火车相向运动，在上述两个位置，他听到的声音频率分别为多少？

24．一广播电台的辐射功率为 10kW，假定辐射场均匀分布在以电台为中心的半球面上。

（1）求距离电台为 r=10km 处的坡印廷矢量的平均值；

（2）若在上述距离处的电磁波可看作平面波，求该处的电场强度和磁场强度的振幅。

25. 太阳能电池是直接把光能转变为电能的一种装置，它的电流是由太阳光对半导体 p–n 结的电场区内原子的作用而产生的，现阶段一块太阳能电池板，它的尺寸是 58cm×53cm。当正对太阳时，此电池板能产生 14V 的电压，并可提供 2.7A 的电流。已知太阳对垂直于光线的面积的辐射能流密度是 $1.35\times10^3\ \text{W/m}^{-2}$，试求此电池板利用太阳能的效率。

26．真空中有一平面电磁波的电场表达式如下

$$E_x=0, E_y=60\times10^{-2}\cos\left[2\pi\times10^8\left(t-\frac{x}{c}\right)\right], E_z=0$$

试求：

（1）波长、频率；

（2）该电磁波的传播方向；

（3）磁场强度的大小和方向；

（4）坡印廷矢量。

模块5 波动光学

人类超过80%的信息都是通过眼睛获得的。而光就是指人类肉眼能够感知的特定波长的一部分电磁波。所以光学也成为人类最早研究的的学科之一。作为物理学发展中的最重要的分支之一，光学经历了2000多年的发展历史。我国最早对于光学的研究的出现于公元前400多年的“墨经”。随着研究的逐渐深入，人们对光学的理解也更加系统。到了17世纪，爆发了关于光本质问题的大争论。这就是“微粒学说”和“波动学说”之间的较量，两种学说都有着广泛的理论和实验的支持，一时间难分伯仲。到了19世纪初，干涉、衍射和偏振等现象被发现，波动学说逐渐占了上风。这就是本模块所要介绍的主要内容。当然，后来发现黑体辐射和光电效应等现象又证实了光的量子性，人们对于光本质的认识又向前迈了一大步，即承认了光的波粒二象性，相关的理论形成了量子光学。

本模块将主要介绍干涉、衍射和偏振现象以及其中的波动学说理论基础。其中的一些理论和技术已经在应用领域得到了广泛的发展，而光学的一些理论也可以扩展到其他的电磁波波段。

第13章 光的干涉

【学习目标】

- 理解光发生干涉的条件及获得相干光的方法。
- 掌握光程的概念以及光程差和相位差的关系，理解在什么情况下的反射光有相位跃变（即半波损失）。
- 掌握分析杨氏双缝干涉条纹的方法，理解薄膜等厚干涉（包括劈尖和牛顿环）条纹的位置及特点，了解薄膜等倾干涉的特点。
- 了解迈克尔孙干涉仪的工作原理。

13.1 光源 单色性 光程 相干光

在研究光的干涉之前，先来学习关于光的一些基本概念。

13.1.1 光源

所有温度高于绝对零度的物体都具有能够向外辐射能量的能力。物体靠加热保持一定温度使内能不变而持续辐射能量，称为热辐射。也有一些物体是靠外部能量激发而产生辐射，如光致辐射（日光灯中 Hg 蒸气发射紫外光使管壁上的荧光物质发出可见荧光）、化学辐射（磷在空气中氧化发光）、电致辐射（气体放电中的辉光放电现象）等。这几种辐射都是以电磁波的形式向外发出能量的，人的肉眼可以感知其中波长为 312～1 050nm 的电磁波。通常把波长在 390～770nm 的电磁波称为可见光，而波长大于 770nm 的称为红外光，小于 390nm 的称为紫外光，如图 13-1 所示。一般情况下把能够发射光波的物体统称为**光源**。

大部分的光源发光的原理是由于原子或分子在吸收了外界能量后处于激发态，而激发态并不稳定，原子或分子就会自发跃迁回到基态或较低的激发态。整个过程持续的时间大约为 10^{-9}～10^{-8}s。同时原子或分子会向外辐射频率一定、振动方向一定、长度一定的电磁波，如图 13-2 所示。光源所发出的光波，是由光源中原子或分子所发射的大量的有限长度的电磁波组成的。这些电磁波称为**波列**。对于普通光源，即使同一个原子发射的波列，相互之间都是相互独立的。所以各个波列的振动、频率、振动和长度都不尽相同。目前，激光光源是已知光源中能够满足相干条件的一种光源。

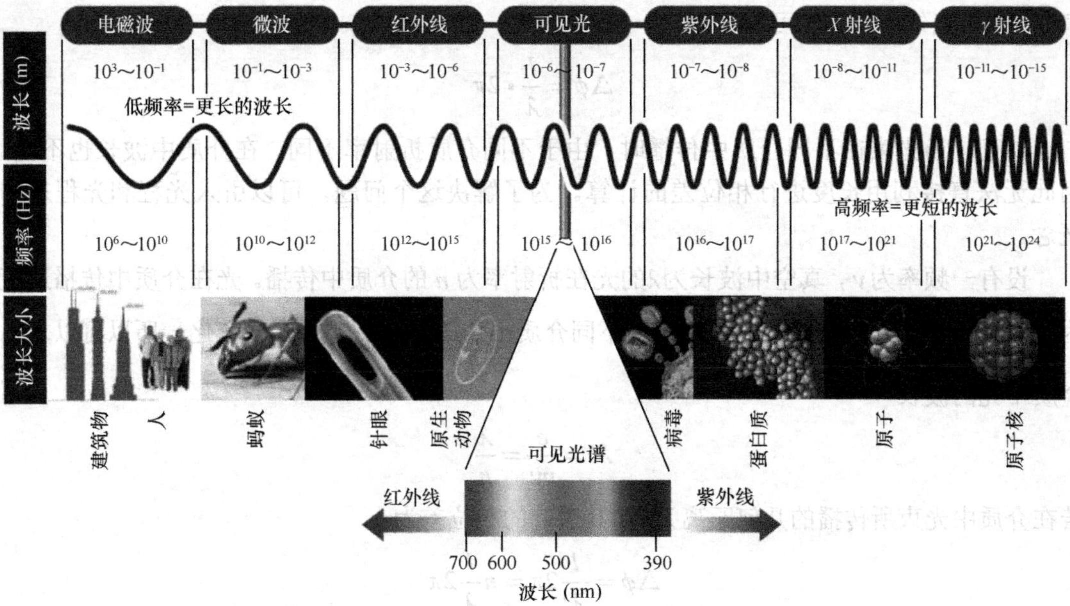

图 13-1 电磁波与可见光的波长分布

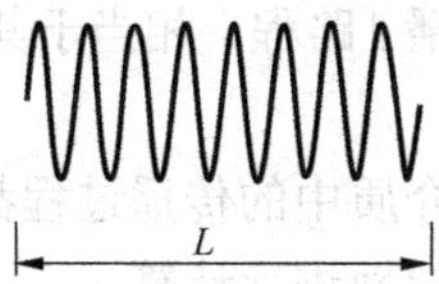

图 13-2 波列

13.1.2 光源单色性

由于在确定的介质中光波传播的速度是确定的，所以已知频率和波长其中之一就可以确定另外一个。通常称具有单一波长的光波为**单色光**。严格的单色光是不存在的，任何光源所发出的光波都对应一定的波长范围。在这样一个范围内，不同波长所对应的强度也是不同的。以光波波长为横坐标，强度为纵坐标，就可以得到**光谱分布曲线**，如图 13-3 所示。对于某一光源，光谱分布曲线对应波长范围越窄，其单色性越好。通常以半高全宽来表示光源单色性的好坏，即当谱线中心强度为 I_0 时，以强度为（$I_0/2$）处对应的宽度来评价单色性。如图 13-3 所示，半高全宽 $\Delta\lambda$ 的值越小，单色性越好，反之越差。常见的热辐射光源如白炽灯等单色性就较差。而汞灯、钠光灯等单色性较好，半高全宽可以达到 10^{-3}～0.1nm，激光器的半高全宽则能达到 10^{-9}nm，甚至更小。

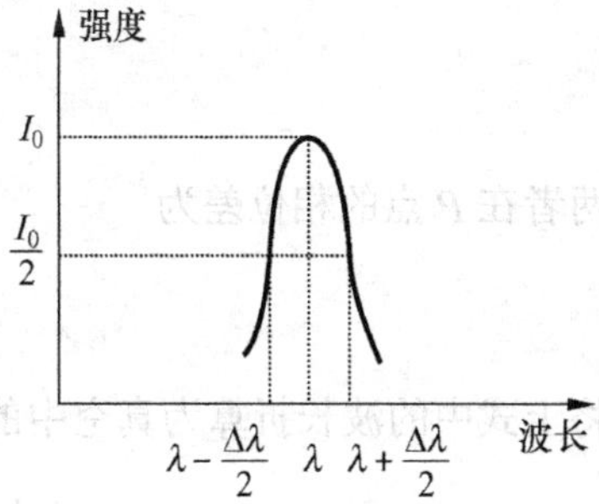

图 13-3 光谱分布曲线

13.1.3 光程与光程差

光束在同一种介质中传播的时候，利用传播过程中两点间的距离很容易就可以算出光束在该两点处的相位差。比如，若在光束空气中从 A 点传播到 B 点，AB 两点间的距离 l，则光束在 AB 两点处的相位差可以写为

$$\Delta\phi=\frac{l}{\lambda}\cdot 2\pi$$

然而，当光束在不同介质中传播时，由于不同介质折射率不同，在介质中波长也不同。因此无法直接利用长度进行相位差的计算。为了解决这个问题，可以引入光程和光程差的概念。

设有一频率为 ν，真空中波长为 λ 的光在折射率为 n 的介质中传播。光在介质中传播速度为 $\frac{c}{n}$，其中 c 为真空中的光速。由于在不同介质中传播不会引起频率的变化，所以可以求出介质中光的波长

$$\lambda'=\frac{c}{n\nu}=\frac{\lambda}{n}$$

若在介质中光束所传播的几何距离为 l，其引起的相位差为

$$\Delta\phi=\frac{l}{\lambda'}2\pi=n\frac{l}{\lambda}2\pi$$

显然，在介质中传播引起的相位差是在真空中传播同样距离引起的相位差的 n 倍。反过来说，光束在折射率为 n 的介质中传播 l 路程，相当于其在真空中传播了 nl 的路程，可以把这一路程称为**光程**。

引入光程的概念，就可以将所有介质中的传播过程都折算成在真空中的传播过程，从而较为方便地进行计算。

如图 13-4 所示，假设光源 S_1 和 S_2 为频率为 ν 的光源，它们初始相位也相同，两束光分别经历折射率为 n_1 和 n_2 的介质，经历路程 r_1 和 r_2 到达空间某点 P 并相遇。

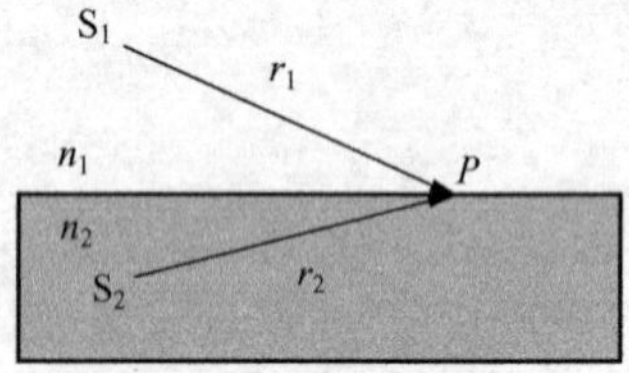

图 13-4　光程与光程差

可以写出两束光在 P 点的振动

$$E_{1P}=E_{10}\cos 2\pi\left(\nu t+\frac{r_1}{\lambda_1}\right)$$

$$E_{2P}=E_{20}\cos 2\pi\left(\nu t+\frac{r_2}{\lambda_2}\right)$$

两者在 P 点的相位差为

$$\Delta\phi=\frac{2\pi r_2}{\lambda_2}-\frac{2\pi r_1}{\lambda_1}$$

将上式中的波长折算为真空中的波长

$$\Delta\phi=\frac{2\pi n_2 r_2}{\lambda_0}-\frac{2\pi n_1 r_1}{\lambda_0}=\frac{2\pi}{\lambda_0}(n_2 r_2-n_1 r_1)$$

式中，$n_2 r_2$ 和 $n_1 r_1$ 两项正是两束光的光程，而两者之差值决定了相位之差，称为**光程差**，常用 δ 表示。因此相位差和光程差之间的关系可以写为

$$\Delta\phi=\frac{\delta}{\lambda_0}2\pi$$

式中，λ_0 为光束在真空中的波长。

下面举例说明直接利用光程差进行计算的过程，设一束波长为 λ 的平面光垂直照射到同一平面上的两个狭缝 S_1 和 S_2 上，其中透过 S_1 的光经路程 r_1 照射到 P 点，透过 S_2 的光则经一块折射率为 n，长度为 d 的晶体照射到 P 点，走过总路程为 r_2，如图 13-5 所示。试求 P 点相遇时两束光的相位差是多少？

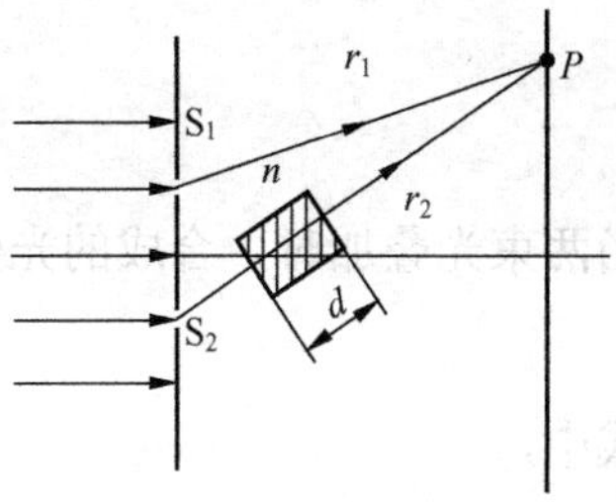

图 13-5 光程与光程差

由于是平面光垂直照射到 S_1 和 S_2 上，所以两束光有相同的初始相位。直接利用光程差进行计算，设 S_1 的光程为 L_1，S_2 的光程为 L_2，则

$$L_1 = r_1, \quad L_2 = (r_2 - d) + nd$$

因此光程差

$$\delta = L_2 - L_1 = (r_2 - d) + nd - r_1$$

得相位差

$$\Delta\phi = \frac{\delta}{\lambda}2\pi = \frac{2\pi}{\lambda}\left[(r_2 - r_1) + (n-1)d\right]$$

可见直接利用光程差求解相位差的过程较为简便。

需要说明的是，在光的干涉和衍射中常用到透镜。而透镜成像时，像点是亮点，说明光线是同相叠加，即在焦点处各光线是同相位的。如图 13-6（a）所示，a，b，c 三束光线垂直入射时，光线 a 在透镜中的路程较短，射出透镜照射到焦点的路程较长，而光线 b 在透镜中的路程较长，射出透镜照射到焦点的路程较短，最终照射到焦点时光程是相等的。在如图 13-6（b）和图 13-6（c）的情况下也是一样的。因此可以得出结论，**使用透镜不会产生附加的光程差。**

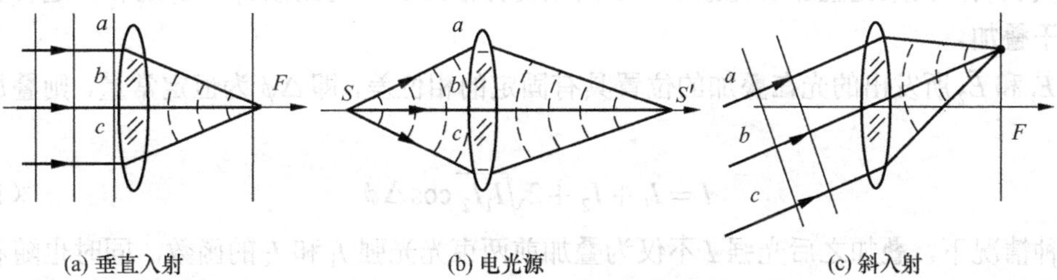

图 13-6 透镜不引起附加光程差

13.1.4 光的相干现象

在讨论机械波时已经说明，两列机械波相遇，在振动频率相同、振动方向相同和具有固定相位差的前提下能够发生干涉现象。其实，当两束光波相互叠加并满足上述条件时，也能够发生干涉现象。

如前所述，光是以电磁波形式传播由交变的电磁场组成的。电场强度矢量用 $\vec{E}$ 表示，磁场强度矢量用 $\vec{B}$ 表示。研究表明，对人眼或探测器起作用的主要为其中的电矢量 $\vec{E}$。因此，也把电矢量 $\vec{E}$ 称为**光矢量**。下面就围绕光矢量来讨论光的相干现象。

设两束单色光光矢量振动方向相同，且频率 $\omega_1 = \omega_2 = \omega$，其光矢量分别为 $\vec{E}_1$ 和 $\vec{E}_2$，数值表达式为

$$E_1 = E_{10}\cos(\omega_1 t + \phi_{10})$$

$$E_2 = E_{20}\cos(\omega_2 t + \phi_{20})$$

当两束光叠加时，合成的光矢量的值为

$$E = E_1 + E_2 = E_0\cos(\omega t + \phi_0)$$

式中，

$$E_0^2 = E_{10}^2 + E_{20}^2 + 2E_{10}E_{20}\cos\Delta\phi$$

$$\phi_0 = \arctan\frac{A_1\sin\phi_{10} + A_2\sin\phi_{20}}{A_1\cos\phi_{10} + A_2\cos\phi_{20}}$$

$$\Delta\phi = \phi_{20} - \phi_{10}$$

在观测时间内，平均光强

$$\overline{I} \propto \overline{E_0^2} = E_{10}^2 + E_{20}^2 + 2E_{10}E_{20}\overline{\cos\Delta\phi}$$

若光矢量为$\vec{E}_1$和$\vec{E}_2$的光源是两个相互独立的普通光源。在观测时间足够长（对于光矢量的振动频率来讲很容易满足）时，则$\Delta\phi$取到 0～2π 中任何值的概率都是相同的，所以有$\overline{\cos\Delta\phi} = 0$。

从而

$$\overline{E_0^2} == E_{10}^2 + E_{20}^2$$

以光强来表示，则有

$$I = I_1 + I_2$$

上式表明，两束光叠加后光强I等于两束光分别照射时的光强I_1和I_2之和，这种叠加称为**非相干叠加**。

若$\vec{E}_1$和$\vec{E}_2$所发出的光在叠加的位置具有固定的相位差，即$\Delta\phi$为恒定常量，则叠加后光强为

$$I = I_1 + I_2 + 2\sqrt{I_1 I_2}\cos\Delta\phi \qquad (13\text{-}1)$$

这种情况下，叠加之后光强I不仅为叠加前两束光光强I_1和I_2的函数，同时也随着两束光的相位差$\Delta\phi$变化，这种叠加称为**相干叠加**。假设两束光光强I_1和I_2不变，则叠加后总光强I随相位差$\Delta\phi$的变化如图 13-7 所示。

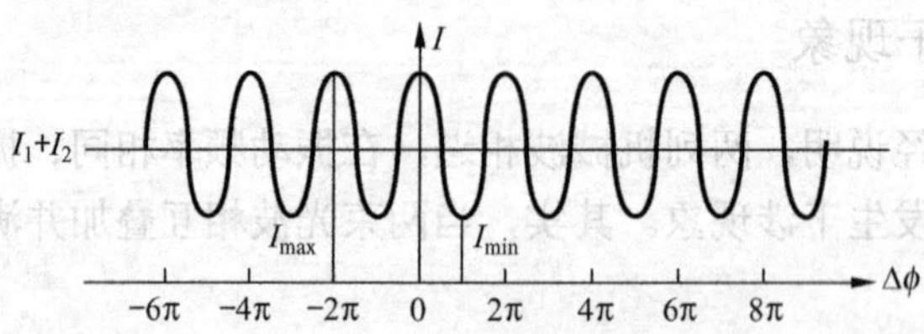

图 13-7 相干叠加及光强分布

当$\Delta\phi = \pm 2k\pi (k = 0,1,2,\cdots)$时，$\cos\Delta\phi = 1$。代入式（13-1），得

$$I = I_1 + I_2 + 2\sqrt{I_1 I_2}$$

此时，两束光合成的光强值最大，称为**干涉相长**。

当 $\Delta\phi=\pm(2k+1)\pi(k=0,1,2,\cdots)$ 时，$\cos\Delta\phi=-1$。代入式（13-1），得

$$I=I_1+I_2-2\sqrt{I_1I_2}$$

此时，两束光合成的光强值最小，称为**干涉相消**。

通过上述分析可以知道，同机械波的振动叠加原理相同，只有当两束光满足相干条件，即频率相同、振动方向相同和具有固定的相位差的时候才能够发生光的干涉现象。能够满足上述条件的光称为**相干光**。然而，对于普通光源，即使是同一光源所发射出来的光也是由无数的波列组成。这些波列相互之间是独立的，因此无法满足干涉所需的三个条件。

通过分束的方法能够从普通光源处获得相干光。其基本的思想是，将光源上同一点处发出的光分开，其中一束光中的每个波列都能够在另一束光中找到同一个原子同一次发射出的对应波列，因此这两束光能够满足相干条件。通过这一原理获得相干光的具体方法通常有两种：分波阵面法和分振幅法。由同一波阵面上取出两点作为光源得到两束光的方法称为**分波阵面法**，如杨氏双缝干涉等实验就用了这种方法。当一束光投射到两种介质的界面上，经过透射和反射，将光分为两束或多束的方法，称为**分振幅法**，如牛顿环等实验就用了这种方法。

13.2　双缝干涉

双缝干涉所需要的相干光是由分波阵面法得到的。

13.2.1　杨氏双缝干涉实验

1801 年，英国医生托马斯·杨（T.Young）向英国皇家学会报告了其研究的光的波动学说论文及他所做的干涉实验。虽然当时并没有得到学会的认可，但这也无法阻挡其成为光的波动理论最早的实验证据。

杨氏实验采用分波振面法，其实验装置如图 13-8（a）所示。S、S_1、S_2 分别为 3 个狭缝。当单色光源经过狭缝 S 形成线光源，在与其距离很近的位置有狭缝 S_1 和 S_2，且它们与 S 的距离相等。根据惠更斯原理，线光源 S 发射的光经过两狭缝后形成线光源 S_1 和 S_2。由于两条线光源由同一光源 S 形成，所以满足振动频率相同、振动方向相同和相位差固定（为零）的相干条件，即线光源 S_1 和 S_2 为相干光源。在两狭缝前放一屏幕 P，则屏幕上将出现明暗相间的干涉条纹，如图 13-8（b）所示。

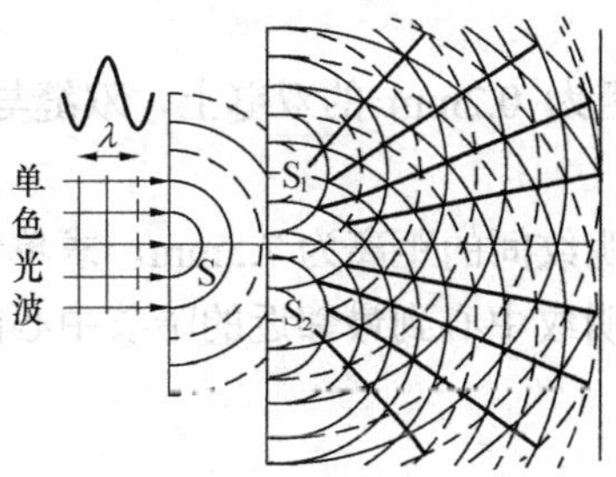

(a) 双缝干涉

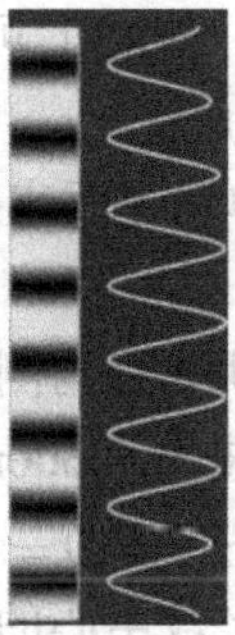
(b) 干涉条纹

图 13–8　杨氏双缝干涉实验

13.2.2 干涉条纹的分布

下面对杨氏双缝实验进行定量分析。设相干光源 S_1、S_2 之间的距离为 d，S_1、S_2 的中点为 O。屏幕与 S_1、S_2 所在平面相平行且距离为 D，屏幕中心 O'，连线 OO' 垂直于屏幕。屏幕上任取一点 P，P 点到 S_1、S_2 的距离分别为 r_1、r_2。如图 13-9 所示。

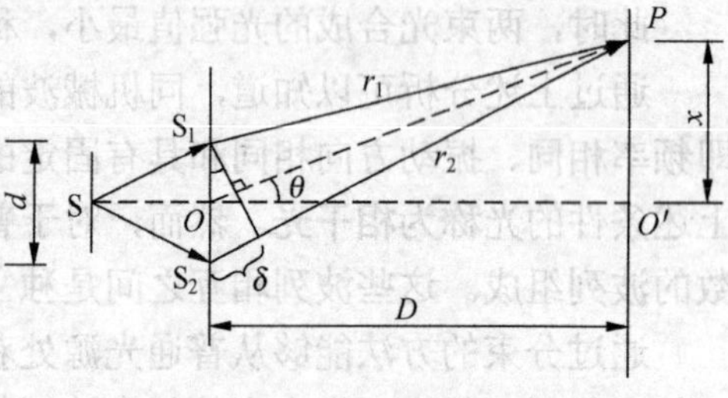

图 13-9　干涉条纹的分布

设从 S_1、S_2 发出的光到达 P 点时的光程差为 δ，则有

$$\delta = r_2 - r_1$$

点 P 到屏幕中心 O' 的距离为 x，直线 PO 与 OO' 之间的夹角为 θ。在通常的观察情况下 $D >> x, D >> d$，即 θ 的值很小，所以可由几何关系得

$$\delta = r_2 - r_1 \approx d\sin\theta \approx d\tan\theta = d \bullet \frac{x}{D}$$

由振动叠加理论可以得知，当振动频率相同、振动方向相同时，合成振幅由相位差决定。若相位差 $\delta = d \bullet \dfrac{x}{D} = \pm k\lambda$，则 P 点处将为明条纹，即各级明条纹中心到 O 点的距离 x 满足

$$x_{\pm k} = \pm k\frac{D}{d}\lambda \quad (k = 0,1,2,3, \cdots) \tag{13-2}$$

式中的 k 对应的一系列值，对应了不同级次的明条纹。当 k=0 时，所对应的明条纹为零级明条纹，也称为中央明条纹。其他各条条纹：k=1、k=2、…依次分别称为第一级明条纹、第二级明条纹、……

若相位差 $\delta = d \bullet \dfrac{x}{D} = \pm(2k+1)\dfrac{\lambda}{2}$，则 P 点处为暗条纹，即各级暗条纹中心距 O 点距离 x 满足

$$x_{\pm k} = \pm(2k+1)\frac{D}{2d}\lambda \qquad (k = 0,\ 1,2,3, \cdots) \tag{13-3}$$

由式（13-2）和式（13-3）可知，无论是明条纹之间的间距，还是暗条纹之间的间距都是相等的，且与波长 λ 成正比。

【例 13-1】　以单色光垂直照射到相距为 0.2mm 的双缝上，双缝与屏幕的垂直距离为 1m，求：

（1）若从第一级明纹到同侧的第四级明纹间的距离为 7.5mm，求单色光的波长；

（2）若入射光的波长为 600nm，中央明纹中心到最邻近的暗纹中心的距离是多少？

解：已知 $d = 0.2$ mm，$D = 1$ m

（1）各级明纹到条纹中心的距离满足

$$x_{\pm k} = \pm k\frac{D}{d}\lambda \quad (k = 0,1,2,3, \cdots)$$

则

$$\Delta x_{14}=x_4-x_1=\frac{D}{d}(k_4-k_1)\lambda$$

即

$$\lambda=\frac{D}{d}\frac{\Delta x_{14}}{(4-1)}$$

带入数据得 $\lambda=500\ \text{nm}$。

（2）各级暗纹距离中心的满足

$$x_{\pm k}=\pm(2k+1)\frac{D}{2d}\lambda \qquad (k=0,\ 1,2,3,\ \cdots)$$

距中央明纹最近的暗纹为第零级暗纹，有 $x_0=\frac{D}{2d}\lambda=1.5\ \text{mm}$。

【例 13-2】 用白光做双缝干涉实验时，能观察到几级清晰可辨的彩色光谱？

解：用白光照射时，除中央明纹为白光外，两侧形成内紫外红的对称彩色光谱。当 k 级红色明纹位置 $x_{k红}$ 大于 k+1 级紫色明纹位置 $x_{(k+1)紫}$ 时，光谱就发生重叠。

据前述内容有

$$x_{k红}=k\frac{D}{d}\lambda_{红}$$

$$x_{(k+1)紫}=(k+1)\frac{D}{d}\lambda_{紫}$$

由 $x_{k红}=x_{(k+1)紫}$ 的临界情况可得

$$k\lambda_{红}=(k+1)\lambda_{紫}$$

将 $\lambda_{红}$=7 600Å，$\lambda_{紫}$=4 000Å 代入得 $k=1.1$。因为 k 只能取整数，所以应取 $k=1$。

这一结果表明：在中央白色明纹两侧，只有第一级彩色光谱是清晰可辨的。

13.3 薄膜干涉

日常生活中也存在着许多干涉现象。如水面上的油膜在太阳光的照射下呈现出五彩缤纷的美丽图像，儿童吹起的肥皂泡在阳光下也显出五光十色的彩色条纹，还有许多昆虫的翅膀在阳光下也能显现彩色的花纹等。这一系列的现象是由于光波经薄膜的两个表面反射后再次相遇时相互叠加而形成，称为**薄膜干涉**。薄膜干涉分为等倾干涉和等厚干涉，下面将分别进行介绍。

13.3.1 等倾干涉

在介绍薄膜干涉之前，首先需要了解半波损失和附加光程差的概念。所谓半波损失，就是当光从折射率较小的介质（光疏介质）射向折射率较大的介质（光密介质）并在界面上发生反射时，反射光相对于入射光有相位突变 π，由于相位差 π 与光程差 $\lambda/2$ 相对应，相当于反射光多走了半个波长的光程，故这种现象叫做**半波损失**，多走的光程差称为**附加光程差**。半波损失仅存在于当光从光疏介质射向光密介质时的反射光中，折射光没有半波损失。而当光从光密介质射向光疏介质时，反射光也没有半波损失。对于薄膜干涉，在满足薄膜折射率大于两侧介质折射率或薄膜折射率小于两侧介质折射率时（如图 13-7 所示，$n_1<n_2$ 且 $n_3<n_2$ 或 $n_1>n_2$ 且 $n_3>n_2$），将需要考虑附加光程差。

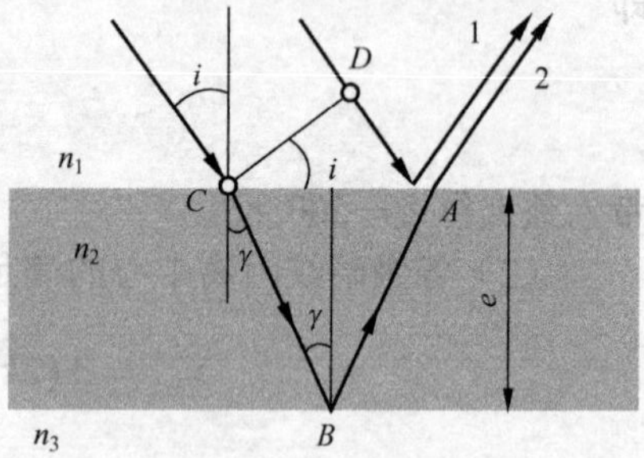

图 13-10　等倾干涉

如图 13-10 所示，一束平行光入射到厚度均匀为 e 的透明薄膜表面上，将有一部分光在上表面上发生反射，另一部分在下表面上发生反射并透射出上表面。虽然光线在薄膜内部会发生多次反射，但是由于其强度是逐渐减小的，所以，这里只考虑在下表面发生一次反射时的干涉情况。设光线在上表面上 A 点处发生反射形成光线 1，光线由 C 点入射，在下表面 B 点反射形成光线 2，两束光线在 A 点处叠加。

设光线在上表面入射角为 i，下表面的入射角为 γ，B 点附近薄膜厚度为 e，而薄膜介质及两侧介质的折射率分别为 n_2、n_1 和 n_3。则光线 1 和光线 2 在 A 点相遇时的光程差为

$$\delta = n_2(\overline{AB}+\overline{BC}) - n_1\overline{AD} + \delta' \tag{13-4}$$

式中，δ' 为附加光程差，由几何关系，得

$$\overline{AB} = \overline{BC} = \frac{e}{\cos\gamma}$$

$$\overline{AD} = \overline{AC}\cdot\sin i = 2e\cdot\tan\gamma\cdot\sin i$$

则光程差

$$\delta = \frac{2n_2 e}{\cos\gamma} - \frac{2n_1 e\cdot\sin\gamma\cdot\sin i}{\cos\gamma} + \delta'$$

将折射定律 $n_1\sin i = n_2\sin\gamma$ 代入上式，得

$$\delta = 2n_2 e\cos\gamma + \delta' \tag{13-5}$$

或

$$\delta = 2e\sqrt{n_2^{\ 2} - n_1^{\ 2}\sin^2 i} + \delta' \tag{13-6}$$

由式（13-6）可见，对于等厚度的均匀薄膜，光程差与入射角的角度 i 有关。当以相同角度入射时，光线具有固定的光程差，对应恒定的相位差，进而满足相干条件。因倾角不同而形成的一系列的明暗相间的条纹，每一条纹都对应了某一固定的倾角，这种干涉称为**等倾干涉**。

观察等倾干涉的装置如图 13-11 所示，光源 S 发出的光经入射到薄膜表面，在薄膜上下两个表面发生反射，反射光经焦距为 f

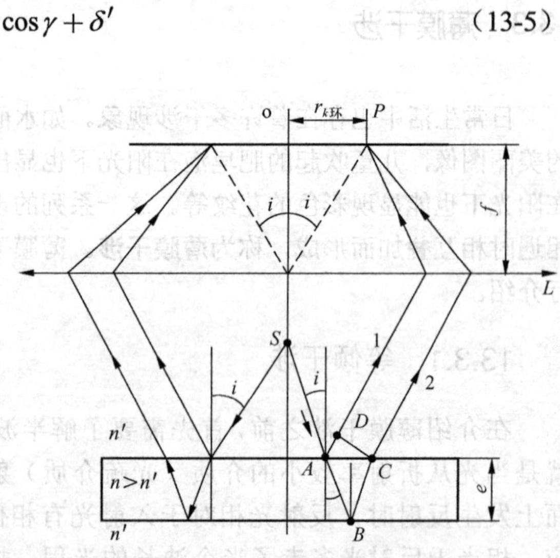

图 13-11　等倾干涉观察装置

的聚焦透镜 L 会聚照射到位于焦平面的屏幕上。以相同倾角 i 入射到薄膜表面的光线应在同一圆锥面上，其反射光在屏幕上会聚到同一个圆周上。因此，整个干涉图样是由一系列明暗相间的同心圆环组成。

形成等倾干涉明条纹的条件是

$$\delta = 2e\sqrt{{n_2}^2 - {n_1}^2\sin^2 i} + \delta' = k\lambda \qquad (k = 0,1,2,3,\cdots)$$

形成等倾干涉暗条纹的条件是

$$\delta = 2e\sqrt{{n_2}^2 - {n_1}^2\sin^2 i} + \delta' = (2k+1)\frac{\lambda}{2} \qquad (k = 0,1,2,3,\cdots)$$

由上面两个式子可以看出，随着入射角 i 增大，光程差 δ 减小，对应干涉的级次也降低。在等倾干涉的条纹中，半径越小的条纹对应的入射角 i 也越小，对应的级次也越低。条纹之间的间距也同倾角有关，倾角越大，条纹的间距越小，反之越大，如图 13-12 所示。

实际观察等倾条纹的时候，也经常使用面光源，这里不再解释。

上述讨论是适合于单色光的等倾干涉分布。对于非单色光的等倾干涉，每一个波长都按照上述规律在屏幕上分布，所以看到的是彩色条纹的图样。

利用等倾干涉原理可以制造增透膜和高反膜。图 13-13 所示为增透膜，光垂直入射时，薄膜两表面反射光的光程差等于 $2n_2e$，通常设计增透膜的折射率满足 $n_1<n_2<n_3$，此时在上下两个表面都会产生附加光程差 $\lambda/2$，故而不存在附加相位差。要使透射增加，必须让反射光相消，而发生干涉相消的条件为

$$2n_2e = (2k+1)\frac{\lambda}{2} \qquad (k = 0,1,2,3,\cdots) \qquad (13\text{-}7)$$

因此，要使膜达到增透的目的就必须满足上式。膜的最小厚度为 $k = 0$ 时，$e = \dfrac{\lambda}{4n_2}$。

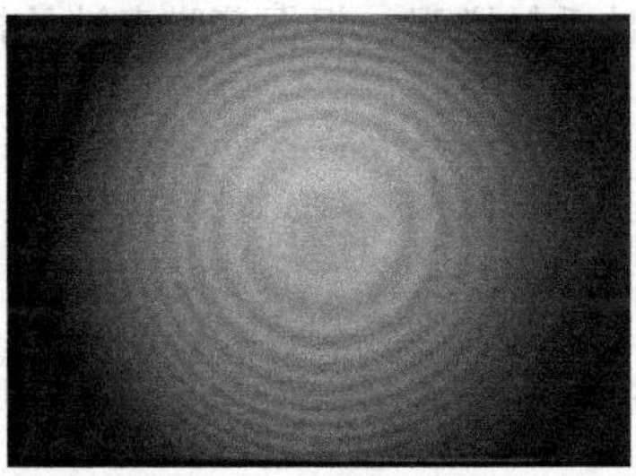

图 13-12　等倾干涉条纹

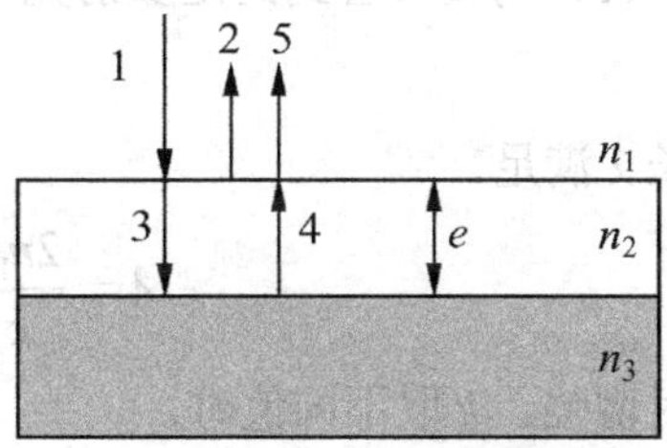

图 13-13　增透膜

在镀膜的工艺中，通常把 ne 称为薄膜的**光学厚度**。镀膜时控制厚度 e 满足式（13-7），可以增加对应波长的透射率。与其相近的波长，透射率也得到一定的增强，但是无法达到最强。这种增透膜的应用十分广泛，日常较为常见的是应用于照相机镜头、光学眼镜的镜片等。这些器件的增透膜通常选用人眼最为敏感的波长 550nm 的光作为主波长。因此，在白光下观察薄膜的反射光时，波长距离 550nm 越远，光的反射率越高。一般好的照相机镜头呈现蓝紫色就是这个原因。

在另外一些情况下，则要求光学器件具有较高的反射率，例如，在激光器中形成谐振腔

的全反射镜就要求反射率达到99%以上。通过控制薄膜光学厚度的方法，也可以设计高反膜达到提高发射率的目的。此时，要求在薄膜两个表面的反射光满足干涉相长条件，必要的时候可以使用多层高反膜的结构。

【例 13-3】 已知人眼最为敏感的波长$\lambda=550\text{nm}$，照相机镜头折射率$n_3=1.5$，其上涂一层折射率$n_2=1.38$的氟化镁增透膜，光线垂直入射。若反射光干涉相消的条件中取$k=1$，膜的厚度为多少？此增透膜在可见光范围内有无增反（空气折射率为1）？

解：因为$n_1<n_2<n_3$，所以反射光经历两次半波损失。反射光干涉相消的条件是

$$2n_2e=(2k+1)\lambda/2$$

代入k和n_2，求得

$$e=\frac{3\lambda}{4n_2}=\frac{3\times550\times10^{-9}}{4\times1.38}=2.982\times10^{-7}\text{ m}$$

此膜对反射光干涉相长的条件

$$2n_2e=k\lambda$$

$$k=1,\quad \lambda_1=855\text{nm}$$

$$k=2,\quad \lambda_2=412.5\text{nm}$$

$$k=3,\quad \lambda_3=275\text{nm}$$

可见光波长范围390～700nm，所以，波长为412.5nm的可见光有增反。

【例 13-4】 一油轮漏出的油（折射率n_1=1.20）污染了某海域，在海水（n_2=1.30）表面形成一层薄薄的油污。问：

（1）如果太阳位于海域正上空，一直升飞机的驾驶员从机上向正下方观察，他所正对的油层厚度为460nm，则他将观察到油层呈什么颜色？

（2）如果一潜水员潜入该区域水下，并向正上方观察，又将看到油层呈什么颜色？

解：（1）驾驶员看到的是反射光，设光程差为δ_r时反射增强，根据薄膜干涉的推论

$$\delta_r=2en_1=k\lambda$$

即当波长λ满足

$$\lambda=\frac{2n_1e}{k}\qquad (k=1,\ 2,\ 3,\ \cdots)$$

时，反射增强。k取不同值时，

$$k=1,\quad \lambda=2n_1e=1\,104\text{ nm}$$

$$k=2,\quad \lambda=n_1e=552\text{ nm}$$

$$k=3,\quad \lambda=\frac{2}{3}n_1e=368\text{ nm}$$

$$\cdots$$

可见，只有当$k=2$时，绿色的光反射增强，所以驾驶员将看到绿色。

（2）潜水员看到的是透射光，设光程差为δ_r时反射增强，根据薄膜干涉的推论，透射光若要干涉相长，需

$$2n_2e=(2k+1)\frac{\lambda}{2}\qquad (k=0,1,2,3,\cdots)$$

同理

$$k=1,\quad \lambda=\frac{2n_1e}{1-1/2}=2\,208\text{nm}$$

$$k=2,\quad \lambda=\frac{2n_1e}{2-1/2}=736\text{nm}$$

$$k=3,\quad \lambda=\frac{2n_1e}{3-1/2}=441.6\text{nm}$$

$$k=4,\quad \lambda=\frac{2n_1e}{4-1/2}=315.4\text{nm}$$

$$\cdots$$

可见，$k=2$ 时的红色光（736nm）和 $k=3$ 时的紫色光（441.6nm）透射光增强，所以潜水员将看到紫红色的光。

13.3.2 等厚干涉

等倾干涉是在薄膜厚度均匀的前提下发生的干涉现象，下面讨论薄膜厚度不均匀时的干涉现象。如图 13-14 所示，一束平行光入射到厚度不均匀的薄膜表面，A 点入射的光在下表面 C 点反射，经 B 点透射出来，形成光线 1。照射在 B 点的光线经反射形成光线 2。

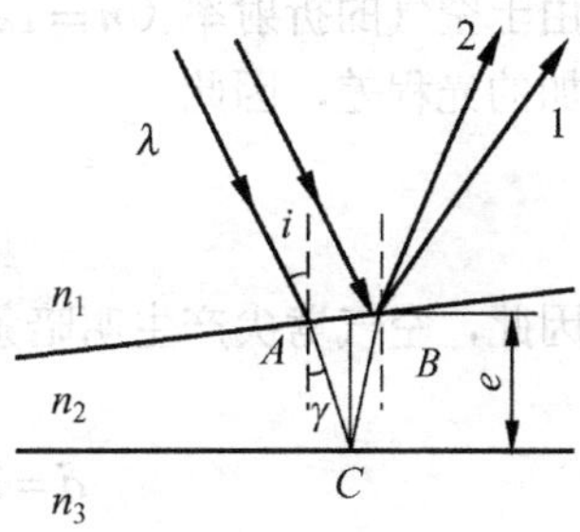

图 13-14 等厚干涉

由于薄膜厚度不均匀，光线 1 和 2 并不平行，其相位差也难以确定。但是，在薄膜很薄的前提下，AB 两点的距离很短，所以可近似认为该处厚度 e 相等。因此，可以利用与计算等倾条纹的光程差的方法，得

$$\delta\approx 2n_2e\cos r+\delta'=2e\sqrt{n_2{}^2-n_1{}^2\sin^2 i}+\delta'$$

由上式可知，当入射角 i 不变时，光程差同薄膜厚度有关。对于厚度连续变化的薄膜，将会在薄膜表面产生一系列干涉条纹，称为等厚干涉条纹。等厚干涉条纹上同一条纹表示薄膜的同一厚度。

若只考虑垂直入射的情况，即 $i=\gamma=0$ 时，光线 1 和 2 的光程差可以表示为

$$\delta=2n_2e\cos\gamma+\delta'$$

此时，明暗条纹出现的条件为

$$\delta=2n_2e+\delta'=\begin{cases}2k\dfrac{\lambda}{2} & (k=1,\ 2,\ 3,\ \cdots\ 明纹)\\(2k+1)\dfrac{\lambda}{2} & (k=0,\ 1,\ 2,\ \cdots\ 暗纹)\end{cases}$$

日常生活中看到油膜在日光照耀下展现的五彩花纹就是等厚干涉条纹。实验室常用劈尖实验和牛顿环实验来观察等厚干涉条纹。

首先介绍劈尖干涉实验。如图 13-15（a）所示，两块平行玻璃板，一端相接触，另一端夹一纸片。此时，两片玻璃间便形成楔形空气薄膜，称为空气劈尖，接触的交线称为棱边。

平行于棱边的线上各点空气劈尖厚度是相等的。入射光垂直入射于玻璃片时，将在劈尖上下两个表面上反射，形成相干光 1 和相干光 2，如图 13-15（b）所示。

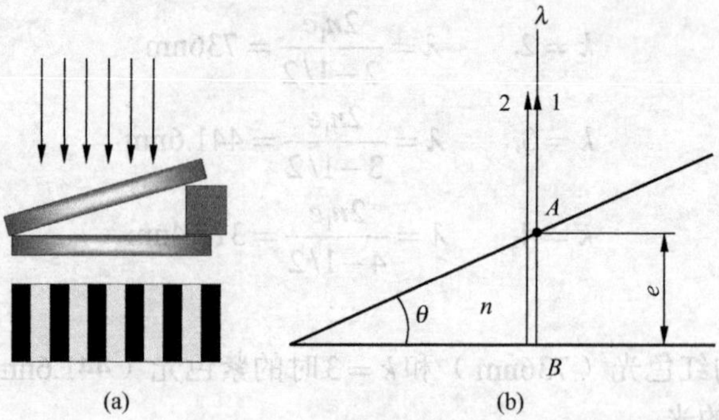

图 13-15　劈尖等厚干涉

由于空气的折射率（$n=1$）小于玻璃折射率，所以，空气劈尖上下表面发生的反射将形成附加的光程差，因此

$$\delta = 2e + \frac{\lambda}{2}$$

因此，空气劈尖产生明暗条纹的条件为

$$\delta = 2e + \frac{\lambda}{2} = \begin{cases} k\lambda & (k=1,\ 2,\ 3,\ \cdots\ \text{明纹}) \\ (2k+1)\dfrac{\lambda}{2} & (k=0,\ 1,\ 2,\ \cdots\ \text{暗纹}) \end{cases} \tag{13-8}$$

可见，当劈尖厚度 e 恰好满足明条纹的条件时，将发生干涉相长，这时能够观察到与棱边相平行的明条纹。同样，劈尖厚度 e 恰好满足暗条纹的条件时，将发生干涉相消，能够观察到与棱边相平行的暗条纹。式（13-8）中 k 取 0 时，光程差为 $\dfrac{\lambda}{2}$，对应于暗条纹，实验也证实了这一推论，从而进一步证实了半波损失现象的存在。

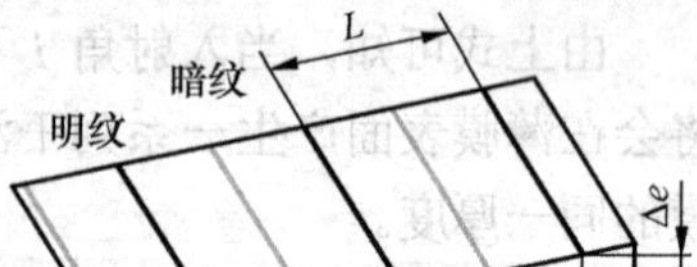

图 13-16　劈尖的条纹间距

如图 13-16 所示，两玻璃夹角（即劈尖的）角度为θ，则任意相邻两条明条纹或任意相邻两条暗条纹的间距 L 满足

$$L = \frac{\Delta e}{\sin\theta} = \frac{\lambda}{2\sin\theta} \tag{13-9}$$

显然，劈尖明暗条纹的间距相等，并且随 θ 值的变化而变化。θ 值越大，干涉条纹越密，反之越疏。当 θ 值很大时，干涉条纹无法分开，所以劈尖干涉实验只能在角度很小的劈尖上进行。

式（13-9）可以变形为

$$\lambda = 2L\sin\theta \text{ 或 } \sin\theta = 2L\lambda$$

因此，对于某一劈尖（θ 值一定），若能测出其条纹间距 L，就能得到入射光的波长。或者对于某一单色光（λ 值一定），若能测出其在劈尖上干涉产生的条纹间距，就能得到劈尖的夹角。

工程技术上常通过劈尖实验来测量细丝的直径或薄片的厚度。例如，把金属丝夹在两块平玻璃之间，形成劈尖，此时用单色光垂直照射，就可得到等厚干涉条纹。测出干涉条纹的间距，就可以算出金属丝的直径。

劈尖实验也可以用来检测物体表面平整度。例如，一块标准玻璃片加一块平整度待检验的玻璃片。两玻璃片一端接触，另一端垫上薄纸片，形成空气劈尖。如果待检查平面是一理想平面，干涉条纹将为互相平行的直线。被检验平面与理想平面的任何光波长数量级的差别，都将引起干涉条纹的弯曲，由条纹的弯曲方向和程度可判定被检验表面在该处的局部偏差情况。

牛顿环实验也是等厚干涉的典型实验。如图 13-17（a）所示，将一平凸透镜放在一个平面玻璃片上，将形成四周较厚，向中心逐渐变薄的空气薄层。当平行光垂直入射时，可以观测到如图 13-17（b）所示的干涉图样。图样为中心为一暗斑，四周为明暗相间的同心圆环状条纹。所产生的环状条纹是由于干涉形成的，称为**牛顿环**。

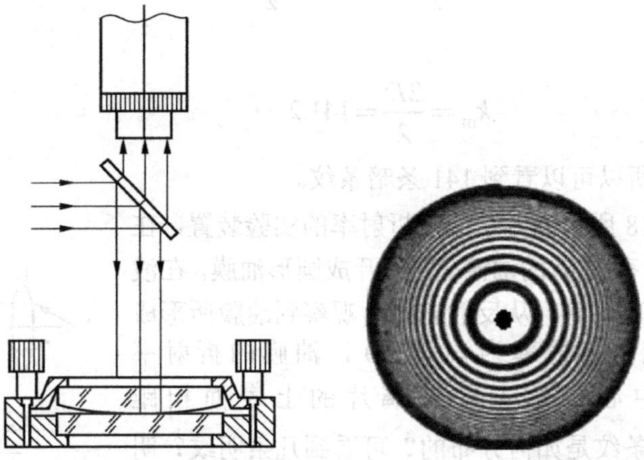

(a) 牛顿环实验装置　　(b) 干涉图样

图 13-17　牛顿环实验

牛顿环为等厚干涉条纹，下面来讨论牛顿环的条纹分布规律。设平凸透镜曲率半径为 R，距中心 O 为 r 处的空气膜厚度为 e，则明暗条纹与厚度 e 之间的关系应满足

$$\delta = 2e + \frac{\lambda}{2} = \begin{cases} k\lambda & (k=1,\ 2,\ 3,\ \cdots\ \text{明纹}) \\ (2k+1)\dfrac{\lambda}{2} & (k=0,\ 1,\ 2,\ \cdots\ \text{暗纹}) \end{cases} \tag{13-10}$$

由几何关系可得

$$(R-e)^2 + r^2 = R^2$$

由于空气厚度 e 通常远远小于平凸透镜曲率半径 R，所以可将上式展开，略去其中高阶小量，可得

$$e = r^2 / 2R$$

代入式（13-10），得

$$r=\begin{cases}\sqrt{(k-\dfrac{1}{2})R\lambda} & (k=1,\ 2,\ 3,\ \dots\ 明环)\\ \sqrt{kR\lambda} & (k=0,\ 1,\ 2,\ \dots\ 暗环)\end{cases}$$

由上式可知，随着级数 k 的增大，干涉条纹之间的间距变小。条纹中心（k=0）为一暗斑，这是由于半波损失引起的附加光程差造成的。

【例 13-5】 波长为 680nm 的平行光照射到 L=12cm 长的两块玻璃片上，两玻璃片的一边相互接触，另一边被厚度 D=0.048mm 的纸片隔开。试问在这 12cm 长度内会呈现多少条暗条纹？

解：劈尖暗纹的条件为

$$2e+\frac{\lambda}{2}=(2k+1)\frac{\lambda}{2}\qquad(k=0,\ 1,\ 2,\ \cdots)$$

则在纸片处

$$2D+\frac{\lambda}{2}=(2k_{\mathrm{m}}+1)\frac{\lambda}{2}$$

得

$$k_{\mathrm{m}}=\frac{2D}{\lambda}=141.2$$

由于 k 只能取整数，所以可以看到 141 条暗条纹。

【例 13-6】 图 13-18 所示为测量油膜折射率的实验装置，在平面玻璃片 G 上放一折射率为 n_2 的油滴，并展开成圆形油膜，在波长 $\lambda=600$nm 的单色光垂直入射，从反射光中可观察到油膜所形成的干涉条纹。已知玻璃的折射率为 $n_1=1.50$，油膜的折射率 $n_2=1.20$。求当油膜中心最高点与玻璃片的上表面相距 $h=8.0\times10^2$ nm 时，干涉条纹是如何分布的？可看到几条明纹？明纹所在处的油膜厚度为多少？

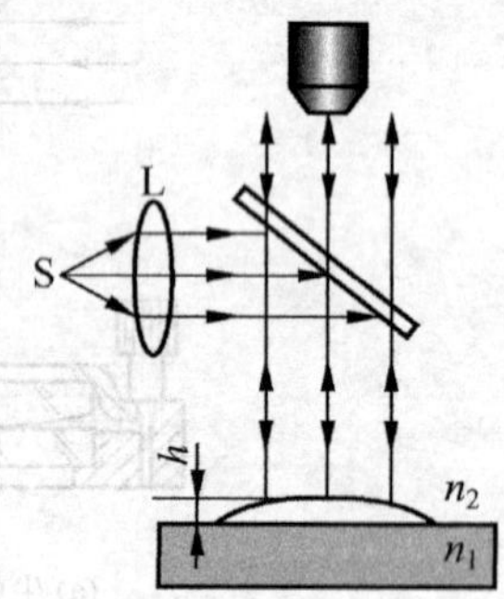

图 13-18 例 13-6

解：条纹为同心圆，由于 $n_1>n_2$，且皆大于空气折射率，所以不考虑半波损失，明条纹的条件为

$$\delta=2n_2e_k=k\lambda\qquad(k=0,1,2,\cdots)$$

所以，可得各级明条纹与对应油膜厚度 e 之间关系

$$e_k=k\frac{\lambda}{2n_2}\qquad(k=0,\ 1,\ 2,\ \cdots)$$

带入不同的 k 值，有

$$\begin{aligned}k&=0, & e_0&=0\\ k&=1, & e_1&=250\text{nm}\\ k&=2, & e_2&=500\text{nm}\\ k&=3, & e_3&=750\text{nm}\\ k&=4, & e_4&=1\,000\text{nm}\end{aligned}$$

油膜厚度 $h=8.0\times10^2$ nm，所以可以看到 4 个明条纹。

【例 13-7】 牛顿环实验中采用某单色光，借助于低倍测量显微镜测得由中心往外数第 k 级明环的半径 $r_k = 3.0\times10^{-3}\text{m}$，$k$ 级往上数第 16 个明环半径 $r_{k+16} = 5.5\times10^{-3}\text{m}$，平凸透镜的曲率半径 $R = 2.50\text{m}$。求单色光的波长为多少？

解：明环半径公式为

$$r_k = \sqrt{\frac{(2k-1)R\lambda}{2}}$$

则 k 级往上数第 16 个明环半径为

$$r_{k+16} = \sqrt{\frac{[2\times(k+16)-1]R\lambda}{2}}$$

根据牛顿环透镜曲率半径和明条纹之间的关系，得

$$r_{k+16}^2 - r_k^2 = 16R\lambda$$

代入数值得 $\lambda = \dfrac{(5.5\times10^{-3})^2-(3.0\times10^{-3})^2}{16\times2.50} = 532\text{nm}$。

13.4 迈克尔孙干涉仪

1881 年，为了研究光速问题，迈克尔孙（A·A·Michelson，1852～1931 年）根据光干涉相关原理设计了迈克尔孙干涉仪。现在常见的许多干涉仪都是以迈克尔孙干涉仪为基础衍生而成的，其在物理学发展史上也扮演过重要的角色。

13.4.1 迈克尔孙干涉仪

迈克尔孙干涉仪实物图如图 13-19（a）所示，迈克尔孙干涉仪结构由两块平面镜 M_1 和 M_2，两块玻璃片 G_1 和 G_2 组成，如图 13-19（b）所示。玻璃片 G_1 上镀有一层半透半反光学薄膜，平面镜 M_1 和 M_2 相互垂直，并与 G_1 和 G_2 成 45° 角。光束入射时，经玻璃片 G_1 照射在光学薄膜上，在薄膜上光束被分为两部分，一部分透射得到光束 1，一部分反射得到光束 2。

(a) 实物图

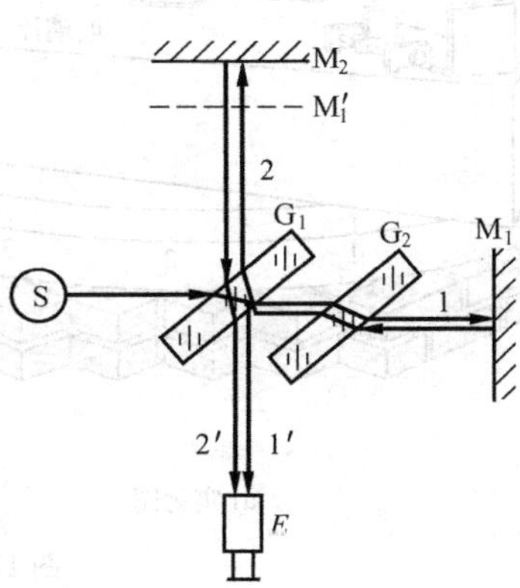

(b) 结构示意图

图 13-19 迈克尔孙干涉仪

光束 1 经 G_2 在平面镜 M_1 上反射，并再次经 G_2 照射到光学薄膜上，在薄膜上发生反射得到光束$1'$。光束 2 经 G_1 在平面镜 M_2 上反射，并再次经 G_1 照射到光学薄膜上，在薄膜上发生透射得到光束$2'$，光束$1'$和$2'$相重叠。

在这里之所以加入玻璃片 G_2，是因为光束 2 在传播过程中 3 次经过玻璃片 G_1，而光束 1 只经过 G_1 一次，为了补偿光束 1 不足的光程差，所以加入 G_2，于是也把 G_2 称为补偿玻璃。因此，在考虑补偿玻璃后，将干涉的效果看作是由 M_1 的虚像 M_1' 和 M_2 之间所夹空气膜形成的薄膜干涉。

若两个平面镜呈一定的倾角，则相当于 M_1' 和 M_2 间夹了一个空气劈尖，条纹为等厚干涉条纹。此时移动平面镜 M_2，相当于改变空气劈尖厚度，条纹也会随之移动。设已知入射光的波长为 λ，则每当有一条条纹移过，表示平面镜的 M_2 移动了 $\lambda/2$ 的距离。根据条纹移动的方向，可以判断平面镜的 M_2 的移动方向。所以，利用迈克尔孙干涉仪，可在已知单色光波长的情况下测量位移，或在已知位移的情况下测量单色光的波长。

若两个平面镜严格地垂直，即 M_1' 和 M_2 平行，此时条纹为等倾干涉条纹。此时移动平面镜 M_2，相当于改变薄膜的厚度，条纹也会随之变化。

迈克尔孙干涉仪作为一种用来观察各种干涉现象及相关变化下条纹移动情况的仪器，是许多近代干涉仪器的原型。一些测量长度、谱线波长和精密结构的设备也运用了迈克尔孙干涉仪的相关原理。

13.4.2 *迈克尔孙—莫雷实验

1887 年，为了测量地球相对于“以太”的运动，迈克尔孙与莫雷（E·W·Morley，1838～1923 年）一起设计了迈克尔孙－莫雷实验。该实验将干涉仪安装在很重的石质平台上，将装置浮于水银面上，使之可以平稳地转动，如图 13-20 所示。为了增长光路，干涉仪中设计了多面镜子进行多次反射。

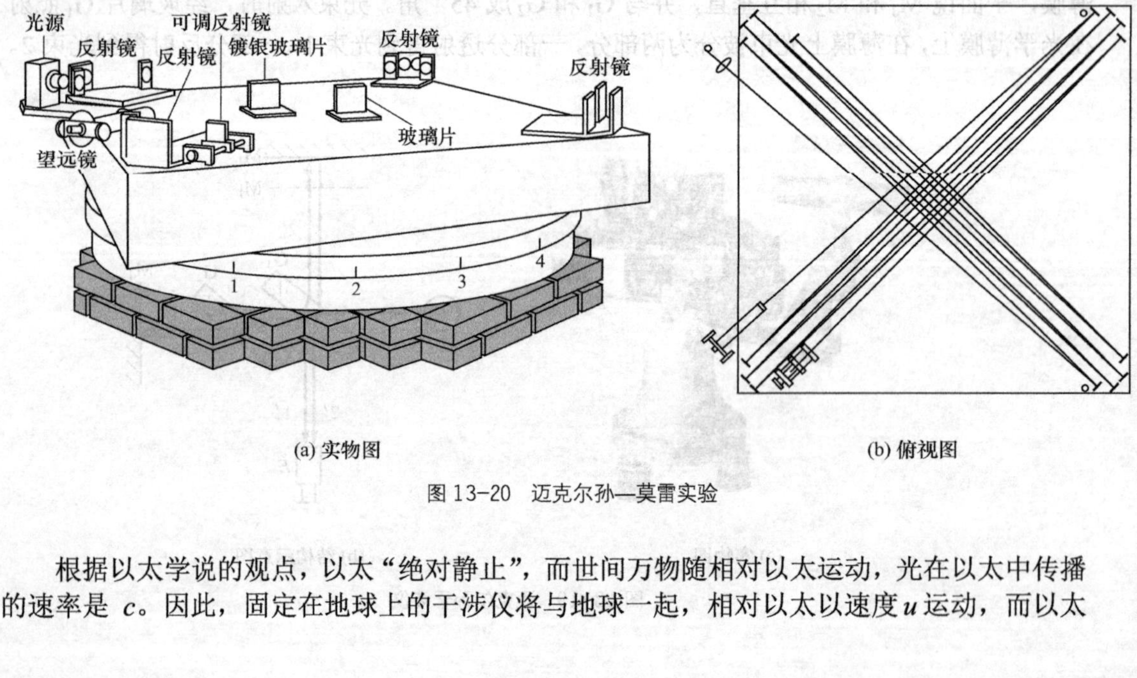

(a) 实物图　　(b) 俯视图

图 13-20　迈克尔孙—莫雷实验

根据以太学说的观点，以太“绝对静止”，而世间万物随相对以太运动，光在以太中传播的速率是 c。因此，固定在地球上的干涉仪将与地球一起，相对以太以速度 u 运动，而以太

相对地球以速度 $-u$ 运动。在 M 到 M_1 路程上光速为 $c+u$，回程时光速为 $c-u$，光束返回所需时间为

$$t_1=\frac{d}{c+u}+\frac{d}{c-u}=\frac{2d}{c}\cdot\frac{1}{1-(u/c)^2}$$

沿 MM_2M 运动的一束光波，在由 M 到 M_2 的往返路程上按照以太假设，光速都是 $\sqrt{c^2-u^2}$，M 到 M_2 往返所需时间为

$$t_2=\frac{d}{\sqrt{c^2-u^2}}=\frac{2d}{c}\cdot\frac{1}{\sqrt{1-(u/c)^2}}$$

两束光波进入被探测器或人眼接收的时间差为 $\Delta t=t_1-t_2$，相应的光程差为

$$\delta=c\Delta t=c(t_1-t_2)=2d\{[1-(u/c)^2]^{-1}-[1-(u/c)^2]^{1/2}\}$$

设 $u<<c$，将方括号中的量展开，略去高次项，可得

$$\delta=2d\{[1+(u/c)^2+\cdots]-[1+\frac{1}{2}(u/c)^2+\cdots]\}=2d\left[\frac{1}{2}(u/c)^2\right]=d(u/c)^2$$

然后，整个干涉仪转过 90°，上述两条光路的位置互相交换，时间差 Δt 改变符号，光程差也改变，进而观察到的干涉条纹位置应发生移动。实验的时候，迈克尔孙和莫雷一面旋转实验装置，一面观察干涉条纹的移动，转过 90° 后，光程差变化 2δ，相应条纹应移动 $2\delta/\lambda$ 根，于是得

$$\Delta N=\frac{2\delta}{\lambda}=\frac{2d}{\lambda}\left(\frac{u}{c}\right)^2$$

在迈克尔孙－莫雷的试验中，令 $d=11\text{m}$，$\lambda=5.9\times10^{-7}\text{m}$，假定 u 为地球的轨道速率，则 $u/c=10^{-4}$，干涉仪转过 90°，条纹应该移动数目为

$$\Delta N=\frac{2d}{\lambda}\left(\frac{u}{c}\right)^2=\frac{2\times11}{5.9\times10^{-7}}(10^{-4})^2\approx0.4$$

实验所用干涉仪的精度可观察到 0.01 根条纹的移动，因此，0.4 根条纹的移动完全可以观察出。但是和预想不同的是，在地球上不同地方进行这一实验都没有观察到干涉条纹的移动，从而验证了以太学说是站不住脚的。而若根据爱因斯坦的相对论认为在不同的路径上光速都相同为 c，实验结果就可以合理解释。

【例 13-8】 在迈克尔孙干涉仪的两臂中分别引入 10cm 长的玻璃管 A、B，其中一个抽成真空，另一个在充以一个大气压空气的过程中观察到 107.2 条条纹移动，使用单色光的波长为 546nm。求空气的折射率。

解：设空气的折射率为 n，光程差

$$\delta=2nl-2l=2l(n-1)$$

每移动一条条纹时，对应光程差的变化为一个波长，当观察到 107.2 条移过时，光程差的改变量满足

$$2l(n-1)=107.2\lambda$$

代入波长，得 $n=\dfrac{107.2\lambda}{2l}+1=1.000\,292\,7$。

13.5 分波面干涉装置

杨氏双缝实验是分波面干涉的典型实验，除此之外，菲涅尔双面镜、菲涅尔双棱镜、劳埃德镜和比耶对切透镜等也都是分波面干涉的实验装置，它们通过同一光源的反射或折射得到干涉光。

13.5.1 菲涅尔双面镜

如图 13-21 所示，菲涅尔双面镜由两个平面镜 M_1 和 M_2 组成，它们一端靠在一起并且夹角很小。缝光源 S 发出的光，经两平面镜反射后沿不同方向照向屏幕。其中从两个平面镜反射的光可看作是由两个虚光源 S_1 和 S_2 发射的，这两个虚光源发出的光是由同一光源 S 分波面得到，所以是相干的。因此，虚光源发出的光交叠的光场内将发生干涉，可以看到与杨氏双缝实验类似的干涉条纹。

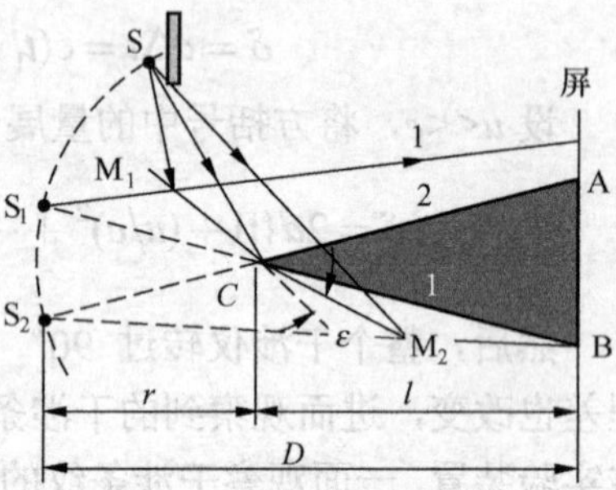

图 13-21　菲涅尔双面镜

13.5.2 菲涅尔双棱镜

如图 13-22 所示，菲涅尔双棱镜由使用了一个顶角角度很小的棱镜底面靠在一起构成。点光源 S 发出的光，经两个棱镜折射后分成两束，沿不同方向照向屏幕。同样，可以将两束光看作是由两个虚光源 S_1 和 S_2 发射的，这两个虚光源发出的光是由同一光源 S 分波面得到，所以也是相干的。因此，虚光源发出的光在交叠的光场内将发生干涉，可以看到干涉条纹。菲涅尔棱镜实验也可以使用缝光源，其干涉条纹与杨氏双缝实验相似。

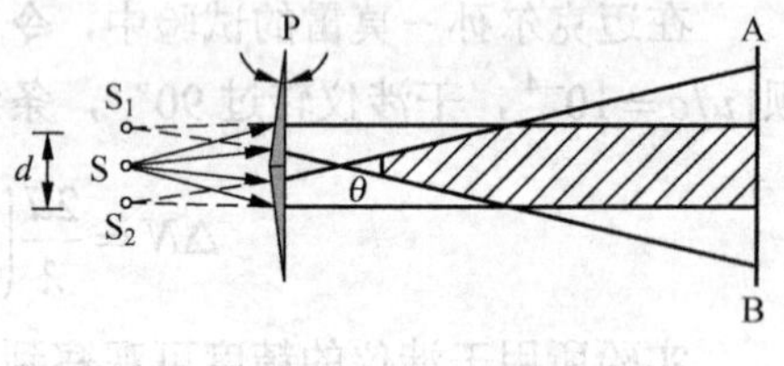

图 13-22　菲涅尔双棱镜

13.5.3 劳埃德镜

劳埃德镜相对于前两种干涉装置结构更加简单，如图 13-23 所示，劳埃德镜只需要一块平面镜 M。缝光源 S_1 置于与平面镜 M 较远并与平面镜所在平面较近的位置。S_1 发射的光在平面镜反射射向屏幕 AB，这束光可以看作是从虚光源 S_2 射出的。光源 S_1 和虚光源 S_2 发出的光由同一光源 S 分波面得到，所以是相干的。屏幕 AB 上两束光交叠的光场中可以看到干涉条纹。

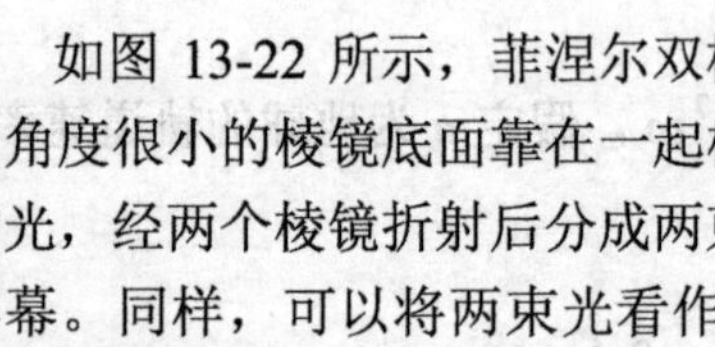

图 13-23　劳埃德镜

劳埃德镜同样可以证明半波损失现象的存在。把屏幕向平面镜 M 移动直到其接触到平面镜，可以观察到接触点的干涉条纹为暗点。这是由于反射光中存在附加光程差，导致接触点处相位相差$\frac{\pi}{2}$。

使用不同材质的材料，劳埃德镜能够在较宽的谱线范围内实现分波面干涉。比如，X 射线采用晶体做镜面，可见光使用光滑电解质板，微波使用金属导线线栅，对于无线波，使用水面和电离都可以。

13.5.4 比耶对切透镜

如图 13-24 所示，将一个透镜切开，在切开的两块透镜中间夹一片黑纸，使两部分沿着垂直于光轴的方向分开，这就是比耶对切透镜。在光轴上设一个缝光源，将在透镜另一侧形成两个实像，这两个实像可以看作两个缝光源 S_1 和 S_2。两个缝光源发出的光在交叠的光场内将发生干涉，可以看到与杨氏双缝实验类似的干涉条纹。

【例 13-9】 如图 13-25 所示，距离湖面 h=1m 处有一电磁波接收器位于 C，当一射电星从地平面渐渐升起时，接收器断续地检测到一系列极大值。已知射电星所发射的电磁波的波长为 40.0cm，求第一次测到极大值时，射电星的方位与湖面所成角度。

解：入射到水面的电磁波应考虑附加光程差，所以光程差

$$\delta = AC - BC + \frac{\lambda}{2} = AC(1-\cos 2\alpha) + \frac{\lambda}{2}$$

根据几何关系

$$AC = h/\sin\alpha$$

光程差可以表示为

$$\delta = \frac{h}{\sin\alpha}(1-\cos 2\alpha) + \frac{\lambda}{2}$$

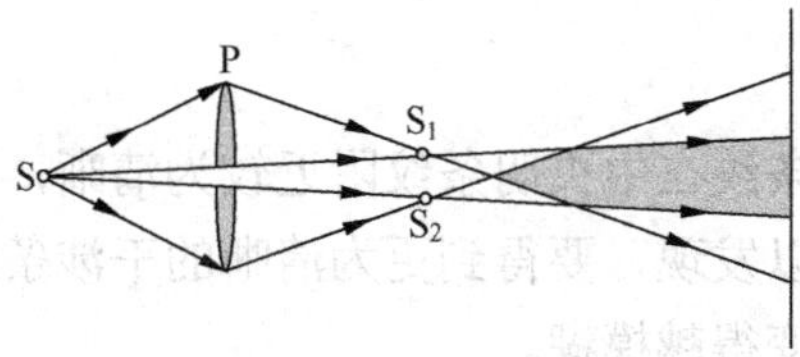

图 13-24 比耶对切透镜

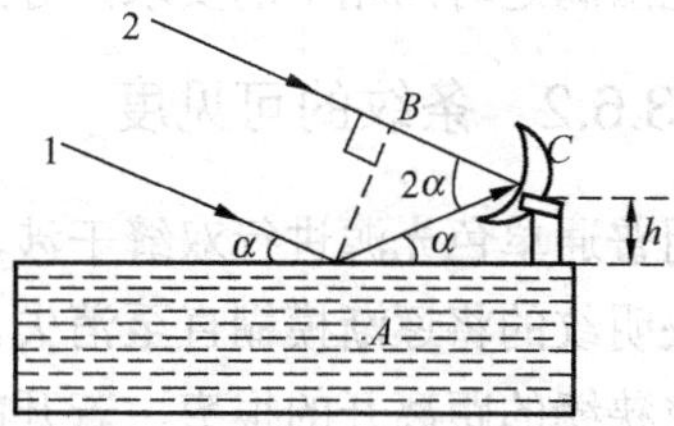

图 13-25 例 13-9

卫星检测到极大值，说明干涉相长，波程差

$$\delta = k\lambda$$

可得角度须满足

$$\sin\alpha = \frac{(2k-1)\lambda}{4h}$$

取 k=1，则

$$\alpha_1 = \arcsin\frac{\lambda}{4h}$$

代入数值得 $\alpha_1 = \arcsin\frac{40.0\times10^{-2}\ \text{m}}{4\times1\ \text{m}} = 5.74°$。

13.6 时间相干 条纹可见度

前文已经介绍，光源发射出来的光线通过分波振面或分振幅法能够发生干涉，但是也介绍了只有同一个波列分裂的两部分再次相遇时才能满足相干条件。因此，必须保证所分开的两束光线的光程差小于波列的长度，才能使同一波列的两部分在空间相遇。

13.6.1 时间相干性

光源所发出的一个波列在介质中传播时，把传播一个波列的时间 t_0 叫做**相干时间**，把传播一个波列所需的光程称为**相干长度**。若光源波列长度为 l_0，在折射率为 n 的介质中传播时，相干长度 L_0 为 nl_0，而相干时间 t_0 则可以表示为

$$t_0 = \frac{L_0}{c} = \frac{nl_0}{c}$$

同一光源分束得到的两束光线，分束后传播的光程差超过相干长度 L_0 或者经历的时间超过相干时间 t_0 时，两束光不能产生干涉现象。这一性质称为光的**时间相干性**。

杨氏双缝实验中，光程差表示为

$$\delta \approx d\sin\theta \approx d \cdot \frac{x}{D}$$

因此，要保证满足时间相干性的要求，就必须尽量减小双缝之间的距离 d，或增加双缝与屏幕之间的距离 D。同时也可以解释为什么干涉条纹主要集中在屏幕中心附近（x 应取较小值）。这就是双缝干涉实验要求 $D >> x$，$D >> d$ 的原因之一。

对于迈克尔孙干涉仪，之所以要加入玻璃片 G_2，也是防止两束光的光程差大于相干长度，从而无法满足时间相干的要求，导致不能看到干涉条纹。

13.6.2 条纹的可见度

用普通单色光源进行双缝干涉，所观察到的干涉条纹在中央明条纹附近较为清晰，而远离中央明纹的将逐渐模糊直至消失。在实验过程中可以发现，要得到更为清晰的干涉条纹，必须将狭缝的距离开的很窄，若开的越宽则条纹将会变得越模糊。

通常用**可见度**来定量描述条纹的清晰程度，其定义为：**干涉图像中明条纹的最大强度 I_{max} 和相邻暗条纹的最小强度 I_{min} 两者差值与和值的比值**，即

$$V = \frac{I_{\max} - I_{\min}}{I_{\max} + I_{\min}} \tag{13-11}$$

$I_{\max}$ 和 $I_{\min}$ 两者之差值越大，则可见度 V 越大，条纹越清晰；反之两者值相近时，条纹则难以辨认。

从光强的角度分析，若强度为 I_1 和 I_2 的两束相干光在空间某点叠加，相遇位置光程差 $\Delta\phi$。当发生干涉时，光强分布为

$$I = I_1 + I_2 + 2\sqrt{I_1 I_2}\cos\Delta\phi$$

这两束光在不同位置相遇时的光程差 $\Delta\phi$ 值不同，造成了光强的空间分布，形成明暗条

纹的分布，如图 13-26 所示。不难看出，干涉条纹有着恒定的背景 I_1+I_2，变化幅度为 $2\sqrt{I_1I_2}$。

因此，可见度 V 可以表示为

$$V=\frac{I_{\max}-I_{\min}}{I_{\max}+I_{\min}}=\frac{4\sqrt{I_1I_2}}{2(I_1+I_2)}=\frac{2\sqrt{I_1I_2}}{(I_1+I_2)} \tag{13-12}$$

根据式（13-12），可以得出可见度 V 与光强 I_1、I_2 的关系。如图 13-27 所示，I_1、I_2 的值越接近，条纹的可见度越大，可以观测到的条纹越清晰；反之则可见度降低，条纹也难以辨认。

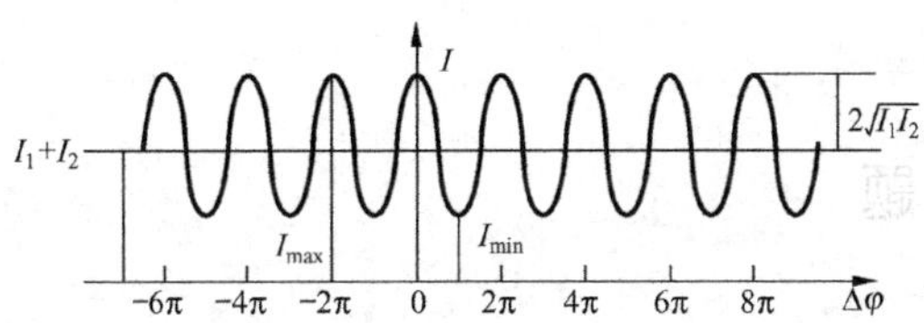

图 13-26 干涉条纹的光强分布

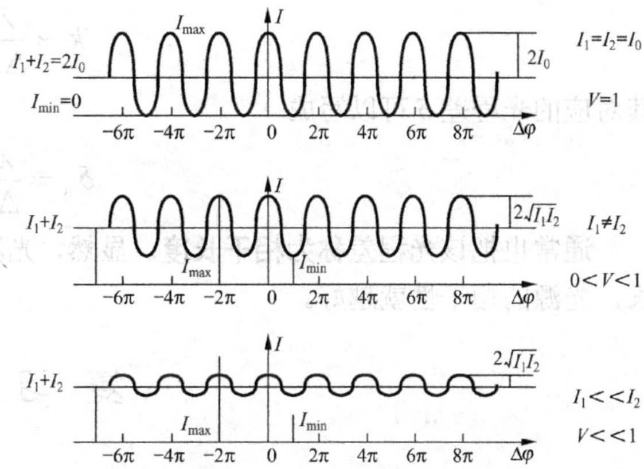

图 13-27 干涉条纹的可见度

另外，影响条纹可见度的因素除了光强之外，光源单色性和光源的线度也对可见度有所影响。

单色光源是一种理想的情况，实际上光源都有一定的谱线宽度。为了分析光源非单色性对干涉条纹可见度的影响，假设一种较为简单的情况，即谱线中心波长 λ，谱线宽度 $\Delta\lambda$，各波长对应的光谱强度相等。由于不同波长光波之间并不相干，因此，此时视场内应为在各个波长各自形成干涉条纹的基础上进行的非相干叠加，如图 13-28 所示。

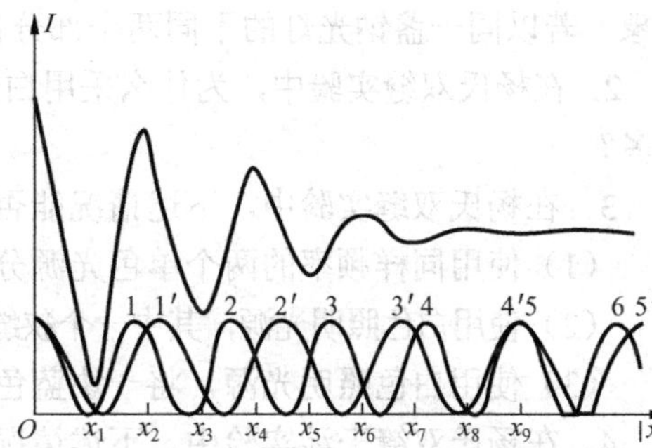

图 13-28 非单色光干涉条纹的叠加

各波长的零级干涉条纹是重合的（在 x=0 处），其他的各级条纹则逐渐展开。实际上，由式（13-2）可得到各级条纹之间的间距为

$$x=\frac{D}{d}\lambda$$

因此，波长较长的光波干涉条纹的位置要比波长较短的光波同一级干涉条纹的位置远一些，而且随着级数增大，同一级条纹位置之间的距离越来越长。因此，如图 13-28 所示，当波长较长的某一级干涉条纹位置和波长较短的下一级干涉条纹相重叠的时候，条纹无法被分辨。因此，设波长 $\lambda+\dfrac{\Delta\lambda}{2}$ 的光波第 k 级明纹恰好同波长 $\lambda-\dfrac{\Delta\lambda}{2}$ 的光波第 $k+1$ 级明纹重合，

代入式（13-2）可得

$$k\frac{D}{d}\left(\lambda+\frac{\Delta\lambda}{2}\right)=(k+1)\frac{D}{d}\left(\lambda-\frac{\Delta\lambda}{2}\right)$$

解上式得

$$k=\frac{\lambda}{\Delta\lambda}-\frac{1}{2}$$

由于通常谱线半宽远小于波长，即 $\Delta\lambda \ll \lambda$，所以上式的 $\frac{1}{2}$ 可以忽略，因此干涉条纹重叠级数为

$$k\approx\frac{\lambda}{\Delta\lambda}$$

其对应的光程差 δ 可以写成

$$\delta_{\mathrm{m}}=\frac{\lambda^2}{\Delta\lambda}$$

通常也把该光程差称为**相干长度**。显然，光源的单色性越好（$\Delta\lambda$ 就越小），相干长度越长，光源的相干性就越好。

复 习 题

一、思考题

1．两盏独立的钠光灯发出相同频率的光照射到同一点时，两束光叠加之后能否产生干涉现象？若以同一盏钠光灯的不同两个部分作为光源，照射到同一点时呢？

2．在杨氏双缝实验中，为什么采用白光作光源引起的干涉条纹比单色光引起的干涉条纹要多？

3．在杨氏双缝实验中，下述情况能否看到干涉条纹？

（1）使用同样频率的两个单色光源分别照射双缝；

（2）使用白色照明光源，其中一个狭缝前放置红色滤光片，另一个狭缝前放置绿色滤光片；

（3）使用白色照明光源，将一块蓝色的滤光片放置在双缝前面。

4．在杨氏双缝干涉实验中，下述情况将引起干涉条纹的什么样的变化？

（1）将 532nm 波长的激光光源换成 589nm 的钠光灯；

（2）将屏幕向远离双缝的方向移动；

（3）将单缝向双缝的方向移动；

（4）将双缝实验的装置浸入水中；

（5）将两缝的距离靠近。

5．吹肥皂泡时，随着肥皂泡的体积变大，肥皂泡将呈现出颜色，当肥皂泡快要破裂时，膜上将出现黑色，请问这是为什么。

6．为什么在观察窗户上的玻璃时没有看到干涉现象？

7．在劈尖干涉实验中，若将劈尖上方的玻璃向上平移，干涉条纹将发生什么样的变化？若增大劈尖的角度呢？

8．在劈尖干涉实验中，劈尖上方玻璃为标准平板玻璃，下方为待测样品，看到如图 13-29 所示的条纹图样，请问样品的表面为什么发生弯曲？

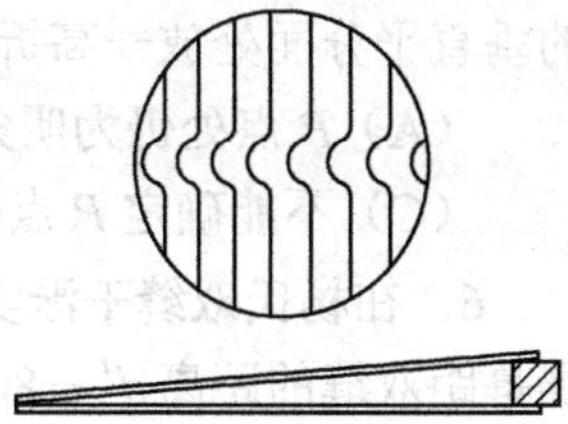

图 13-29 思考题 8

9．在牛顿环实验中，将平凸透镜向上移动，则看到的条纹会发生怎样的变化？为什么？

二、习题

1．单色平行光垂直照射在薄膜上，经上下两表面反射的两束光发生干涉，如图 13-30 所示，若薄膜的厚度为 e，$n_1<n_2$ 且 $n_3<n_2$，λ_1 为入射光在 n_1 中的波长，则两束反射光的光程差为（ ）。

（A）$2n_2e$ （B）$2n_2e-\lambda_1/(2n_1)$ （C）$2n_2e-\lambda_1n_1/2$ （D）$2n_2e-\lambda_1n_2/2$

2．如图 13-31 所示，$n_1>n_2>n_3$，则两束反射光在相遇点的位相差为（ ）。

（A）$4\pi n_2e/\lambda$ （B）$2\pi n_2e/\lambda$ （C）$4\pi n_2e/\lambda+\pi$ （D）$2\pi n_2e/\lambda-\pi$

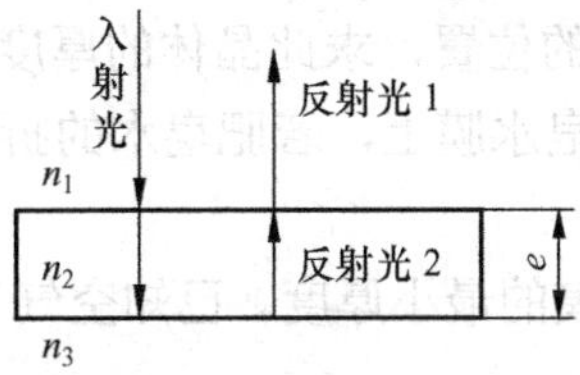

图 13-30 习题 1

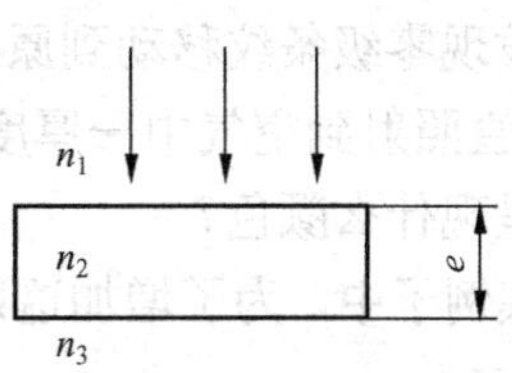

图 13-31 习题 2

3．如图 13-32 所示，S_1、S_2 是两个相干光源，它们到 P 点的距离分别为 r_1 和 r_2，路径 S_1P 垂直穿过一块厚度为 t_1，折射率为 n_1 的介质板，路径 S_2P 垂直穿过厚度为 t_2，折射率为 n_2 的另一介质板，其余部分可看作真空，这两条路径的光程差等于（ ）。

（A）$(r_2+n_2t_2)-(r_1+n_1t_1)$ （B）$[r_2+(n_2-1)t_2]-[r_1+(n_1-1)t_2]$

（C）$(r_2-n_2t_2)-(r_1-n_1t_1)$ （D）$n_2t_2-n_1t_1$

4．如图 13-33 所示，两个直径有微小差别的彼此平行的滚柱之间的距离为 L，夹在两块平晶的中间，形成空气劈形膜，当单色光垂直入射时，产生等厚干涉条纹。如果滚柱之间的距离 L 变小，则在 L 范围内干涉条纹的（ ）。

（A）数目减少，间距变大 （B）数目不变，间距变小

（C）数目增加，间距变小 （D）数目减少，间距不变

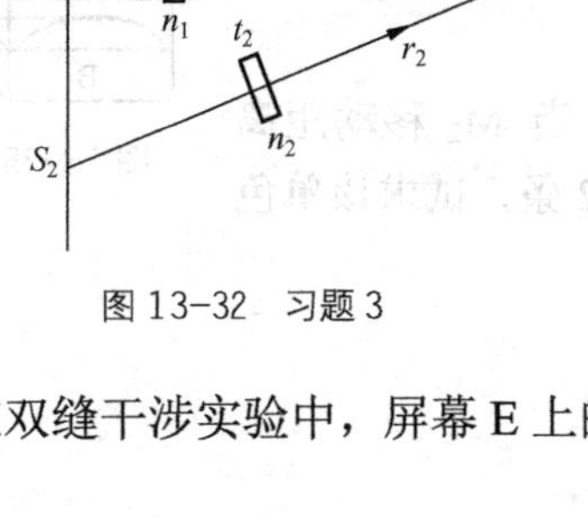

图 13-32 习题 3

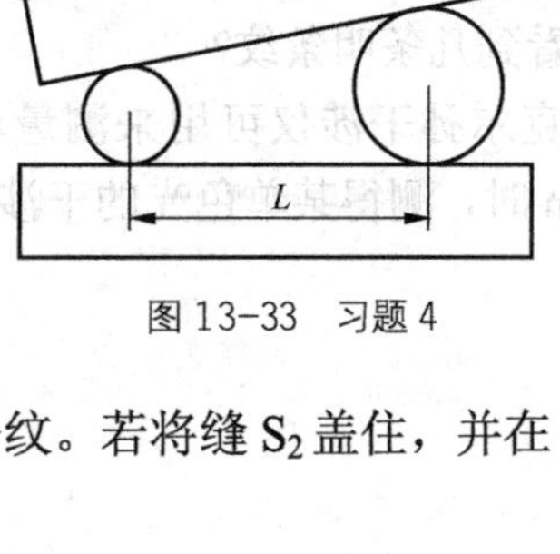

图 13-33 习题 4

5．在双缝干涉实验中，屏幕 E 上的 P 点处是明条纹。若将缝 S_2 盖住，并在 S_1、S_2 连线

的垂直平分面处放一高折射率介质反射面 M，如图 13-34 所示，则此时（　　）。

（A）P 点处仍为明条纹　　（B）P 点处为暗条纹

（C）不能确定 P 点处是明条纹还是暗条纹　　（D）无干涉条纹

6．在杨氏双缝干涉实验中，用波长λ=589.3nm 的钠灯作光源，屏幕距双缝的距离 $d'=800$ nm，问：

（1）当双缝间距 1 mm 时，两相邻明条纹中心间距是多少？

（2）假设双缝间距 10mm，两相邻明条纹中心间距又是多少？

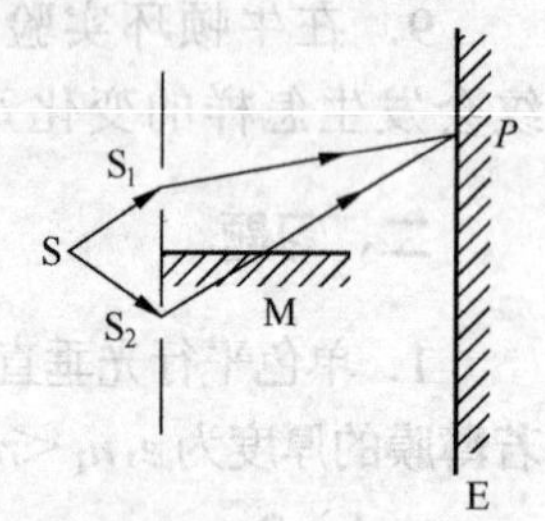

图 13-34　习题 5

7．在杨氏双缝干涉实验装置中，屏幕到双缝的距离 D 远大于双缝之间的距离 d，对于钠黄光（λ=589.3nm）产生的干涉条纹，相邻两条明条纹的角距离（即相邻两明纹对双缝处的张角）为 0.200°。对于什么波长的光，这个双缝装置所得相邻两条纹的角距离比用钠黄光测得的角距离大 10%?

8．在杨氏双缝干涉实验中，采用的单色光光源波长为 550nm。若用一片晶体挡在其中一条狭缝上，发现零级条纹移动到原先的第 7 条明纹的位置，求此晶体的厚度。

9．白光垂直照射到空气中一厚度为 380nm 的肥皂水膜上，若肥皂水的折射率为 1.33，试问水膜表面呈现什么颜色？

10．增透膜例子中，为了增加透射率，求氟化镁膜的最小厚度。已知空气 n_1=1.00，氟化镁 n_2=1.38，λ=550nm。

11．使用单色光来观察牛顿环，测得某一明环的直径为 3.00mm，在它外面第 5 个明环的直径为 4.60mm，所用平凸透镜的曲率半径为 1.03m，求此单色光的波长。

12．在半导体元件生产中，为了测定硅片上 SiO_2 薄膜的厚度，将该膜的一端腐蚀成劈尖状，已知 SiO_2 的折射率 n=1.46，用波长λ=5 893×10^{-10}m(Å)的钠光照射后，观察到劈尖上出现 9 条暗纹，且第 9 条在劈尖斜坡上端点 M 处，Si 的折射率为 3.42。试求 SiO_2 薄膜的厚度。

13．将一个平凸透镜的顶点和一块平晶玻璃接触，用某波长的单色光垂直照射，观察反射光形成的牛顿环，测得中央暗纹向外第 k 个暗纹半径为 r_1，将透镜和玻璃板浸入某种折射率小于玻璃的液体中，第 k 个暗纹半径为 r_2，求该液体的折射率？

14．一柱面平凹透镜 A，曲率半径为 R，放在平玻璃片 B 上，如图 13-35 所示。现用波长为λ的单色平行光自上方垂直往下照射，观察 A 和 B 间空气薄膜反射光的干涉条纹，如空气膜的最大厚度 $d=2\lambda$，求：

（1）分析干涉条纹的特点（形状、分布、级次高低），作图表示明条纹；

（2）求明条纹距中心线的距离；

（3）共能看到多少条明条纹；

（4）若将玻璃片 B 向下平移，条纹如何移动?若玻璃片移动了$\lambda/4$，问这时还能看到几条明条纹?

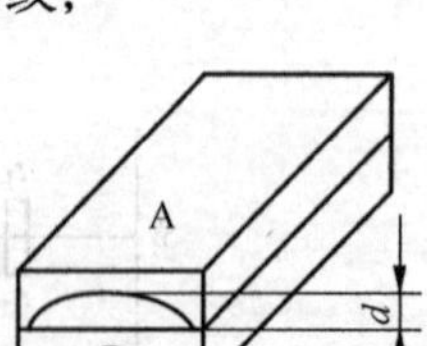

图 13-35　习题 14

15．迈克尔孙干涉仪可用来测量单色光的波长，当 M_2 移动距离 d=0.322 0mm 时，测得某单色光的干涉条纹移过 N=752 条，试求该单色光的波长。

第 14 章 光的衍射

【学习目标】

- 了解惠更斯—菲涅尔原理及其对光的衍射现象的定性解释。
- 了解用半波带法分析单缝夫琅禾费衍射条纹分布规律的方法，会分析缝宽及波长对衍射条纹分布的影响。
- 掌握光栅衍射公式，能够确定光栅衍射谱线的位置，理解缺级现象的物理意义，会分析光栅常数及波长对光栅衍射谱线分布的影响。
- 了解衍射对光学仪器分辨能力的影响。

与干涉一样，衍射也是光的波动性的典型特征。因此，研究光的衍射特性，有助于更好地了解光的波动性质。

14.1 惠更斯—菲涅尔原理

菲涅尔在惠更斯原理上加入了新的假设，从而可以解释光衍射时发生的现象。我们先从这些现象入手。

14.1.1 光的衍射现象

同机械波和电磁波能够发生衍射现象一样，光因其波动性也能够发生衍射现象。当光遇到与其波长相近的障碍物时，能够绕开障碍物向前传播，这就是**光的衍射**。图 14-1 所示为当光分别遇到（a）圆孔、（b）圆盘、（c）方孔、（d）狭缝时所产生的衍射条纹。

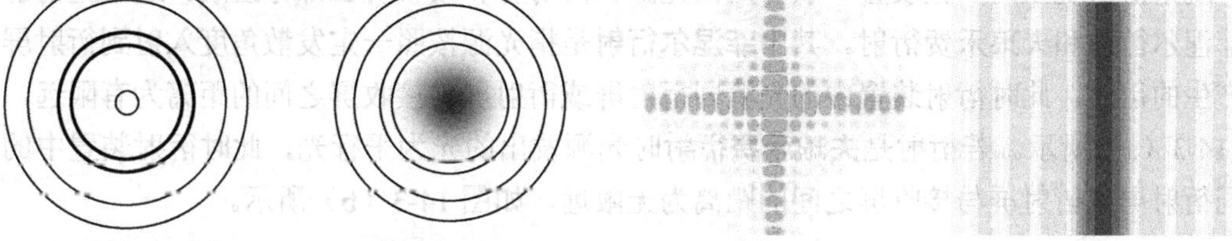

(a) 圆孔的衍射条纹　(b) 圆盘的衍射条纹　(c) 方孔的衍射条纹　(d) 狭缝的衍射条纹

图 14-1　衍射条纹

14.1.2　惠更斯—菲涅尔原理

利用惠更斯原理可以定性地解释光的衍射现象，但在解释衍射条纹分布时遇到了困难。菲涅尔在惠更斯原理的基础上，提出了一个新的假定：**波在传播的过程中，从同一波阵面上各点发出的子波，在空间某一点相遇时，产生相干叠加**。这一假设发展了惠更斯原理，更好地解释了衍射的过程，称为**惠更斯—菲涅尔原理**。

菲涅尔还给出了光线传播时振幅的变化规律。如图 14-2 所示，某一波阵面 S 上一面元 $\mathrm{d}S$ 发出的子波在波阵面前方某点 P 所引起的光振动的振幅大小与面元 $\mathrm{d}S$ 的面积成正比，与面元到 P 点的距离 r 成反比，并且随面元法线与 r 间的夹角 θ 增大而减小。因此，计算整个波阵面上所有面元发出的子波在 P 点引发的光振动的总和，就可以得到 P 点处的光强。

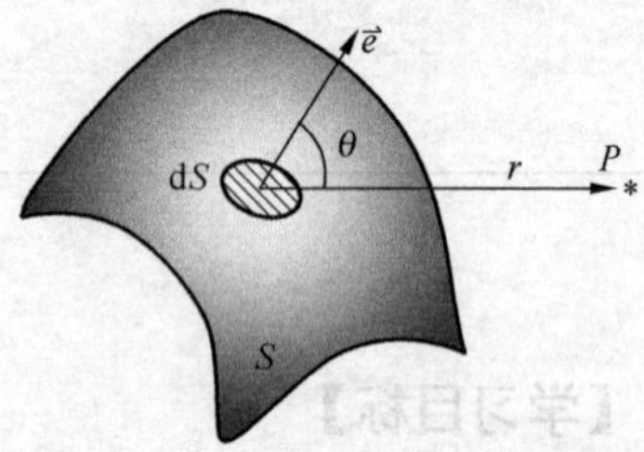

图 14-2　惠更斯—菲涅尔原理

设 $t=0$ 时刻波阵面上各点相位为零，则波阵面上某面元 $\mathrm{d}S$ 发出的光经时间 t 照射在 P 点处引起的振动为

$$\mathrm{d}E = CK(\theta)\frac{\mathrm{d}S}{r}\cos(\omega t - \frac{2\pi r}{\lambda}) \tag{14-1}$$

式中，C 为比例系数，$K(\theta)$ 为一随法线与 r 夹角 θ 变化而变化的函数，称为**倾斜因子**，其值随着 θ 的增大而缓慢减小。菲涅尔指出，沿法线方向传播的子波振幅最大，即 $\theta=0$ 时 $K(\theta)$ 取最大值。同时，由于光线无法向后传播，因此当 $\theta \geqslant \frac{\pi}{2}$ 时，$K(\theta)$ 应为零。而 $\mathrm{d}S$ 在 P 点引起振动的相位则与两者之间的光程有关。

整个波阵面在 P 点引起的振动就可以写为

$$E(P) = \int_S \frac{CK(\theta)}{r}\cos(\omega t - \frac{2\pi r}{\lambda})\,\mathrm{d}S \tag{14-2}$$

这就是惠更斯－菲涅尔原理的数学表达式。一般的衍射问题都可利用它来解决。然而式（14-2）的计算是较为复杂的，简单的情况下可以求解，对于较为复杂的情况则需要利用计算机进行数值运算。

14.1.3　菲涅尔衍射和夫琅禾费衍射

观察衍射现象的实验装置一般都是由光源、衍射屏和接收屏三部分组成。通常把衍射分为菲涅尔衍射和夫琅禾费衍射。其中**菲涅尔衍射**是指光源按照一定发散角度入射到衍射屏上时产生的衍射，此时衍射装置中的光源同衍射屏或衍射屏与接收屏之间的距离为有限远，如图 14-3（a）所示。若衍射是**夫琅禾费衍射**时光源发出的光为平行光，此时衍射装置中的光源同衍射屏或衍射屏与接收屏之间的距离为无限远，如图 14-3（b）所示。

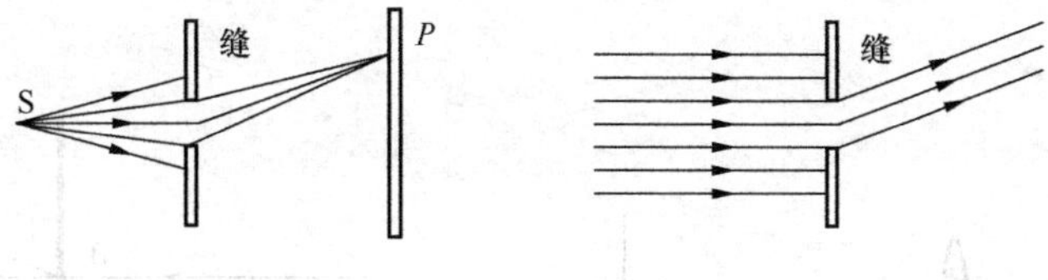

(a) 菲涅尔衍射 (b) 夫琅禾费衍射

图 14-3 两种衍射

由于夫琅禾费衍射对于理论和实际应用都十分重要，而且其实验装置（见图 14-4）和分析计算都较为简便，因此后面的内容主要介绍夫琅禾费衍射。

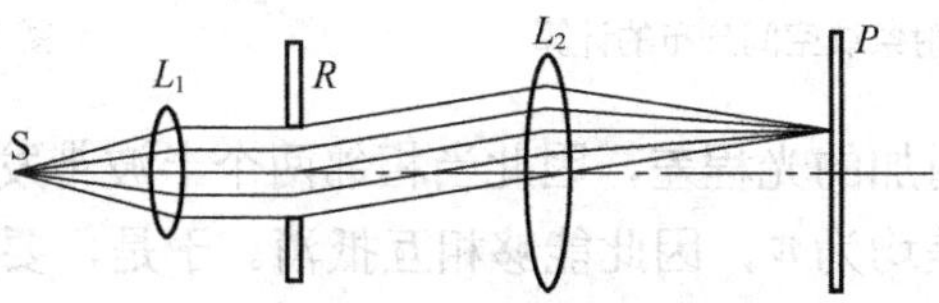

图 14-4 夫琅禾费衍射实验装置

14.2 单缝衍射

作为一种基本的衍射现象，单缝衍射反映了光的衍射的基本特征和实质。

14.2.1 单缝夫琅禾费衍射

单缝夫琅禾费衍射的实验装置如图 14-5 所示，线光源 S 发射的光，经焦平面上的透镜聚焦形成平行光束，该平行光束经狭缝 G 形成缝光源，根据惠更斯—菲涅尔原理，该缝光源为相干光源。该缝光源发射的光经透镜聚焦后，在屏幕上形成明暗相间的条纹。

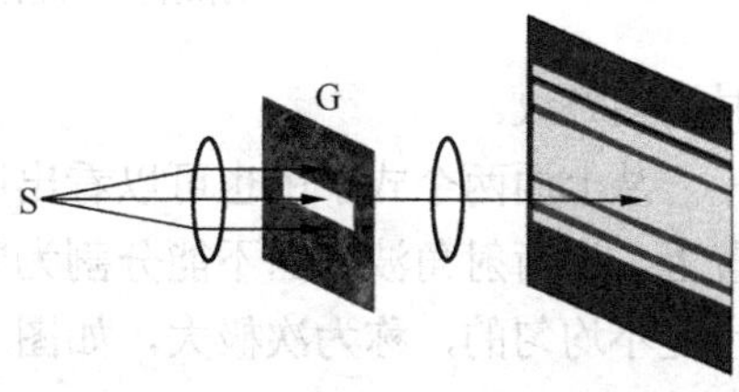

图 14-5 单缝夫琅禾费衍射实验

实验观测到的单缝夫琅禾费衍射条纹的中央为明条纹，两侧条纹宽度逐渐减小，条纹的间距逐渐增加。通常使用菲涅尔半波带法来解释单缝夫琅禾费衍射条纹分布规律。

14.2.2 单缝衍射的条纹空间分布

如图 14-6 所示，两狭缝两边 A，B 之间宽度为 a，光线经过狭缝后沿不同的方向进行传播，其中某一传播方向与屏幕（屏幕与狭缝所在平面本身）法线之间夹角为 θ，称为**衍射角**。沿衍射角 θ 传播的光线经透镜聚焦后，将在屏幕上 P 点叠加。

此时，条纹的明暗与缝的两个边缘 A、B 处光线到达 P 点时的光程差 δ 有关，光程差 δ 可以写成

$$\delta = a\sin\theta$$

根据惠更斯－菲涅尔原理，可以将同一波阵面分割成许多等面积的小波阵面，每一个波阵面都可以看作是相干光源。在单缝夫琅禾费衍射中，可将狭缝处的波阵面分割成多个条状波阵面带，使每个波阵面带上下两边缘发出的光在屏上 P 处的光程差为 $\lambda/2$，此带称为**半波带**，

如图 14-7 所示。

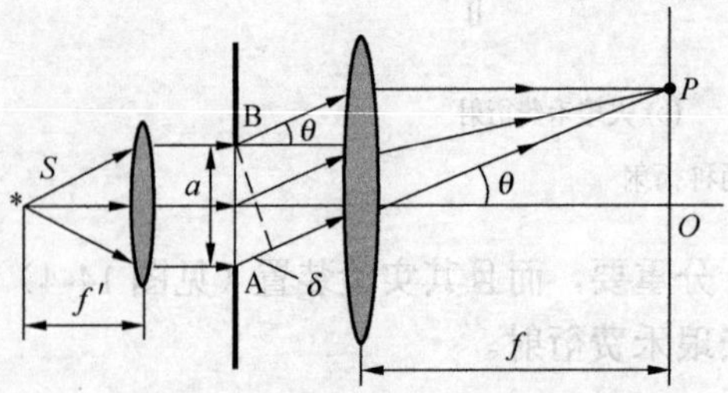

图 14-6　单缝夫琅禾费衍射条纹空间分布的计算

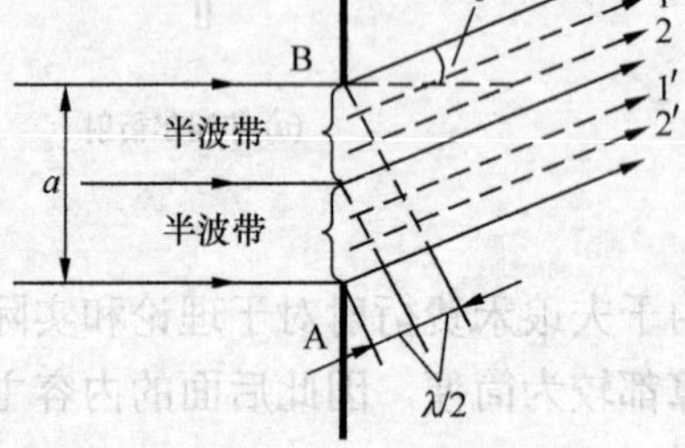

图 14-7　半波带

由于透镜并不能引起附加的光程差，因此当相邻两个半波带发射的光线在屏幕上相叠加时，所有光线对应的相位差均为π，因此能够相互抵消。于是，要判断屏幕上 P 点处条纹是明是暗，只需分析 P 点对应半波带的情况即可。

对应于某一衍射角θ，总光程差δ为偶数个半波长时，能够分为偶数个半波带，在屏幕上 P 点形成暗条纹；总光程差δ为奇数个半波长时，能够分为奇数个半波带，在屏幕上 P 点形成明条纹，即当

$$a\sin\theta = \pm 2k\cdot\frac{\lambda}{2} \qquad (k=1,2,3,\cdots) \tag{14-3}$$

时为暗条纹；当

$$a\sin\theta = (2k+1)\cdot\frac{\lambda}{2} \qquad (k=\pm1,\pm2,\pm3,\cdots) \tag{14-4}$$

时为明条纹。

从上面两个式子中也可以看出明暗条纹在空间上交替分布。而在相邻明暗条纹之间的位置上，为衍射角波阵面不能分割为整数倍的半波带，所以其亮度在明暗条纹之间，且其强度也是不均匀的，称为次极大，如图 14-8 所示。

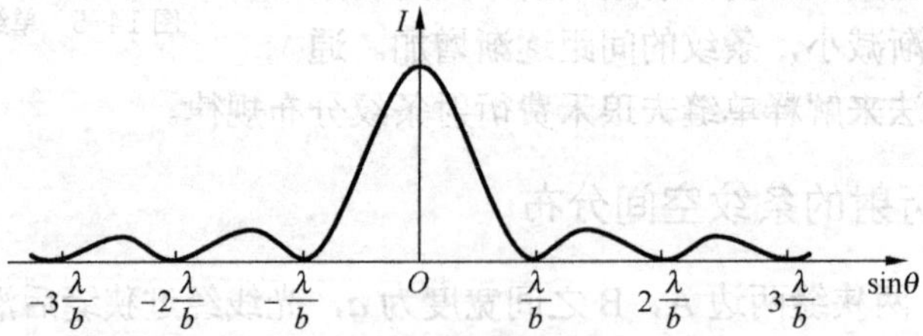

图 14-8　单缝夫琅禾费衍射光强分布

可见，中央明纹处强度最大。两侧明纹的强度逐渐减小，这是由于随着衍射角θ的增大，狭缝处波阵面分割成的半波带数量越来越多，对应波阵面面积也越来越小的缘故。

通常把 $k=\pm1$ 时，两条暗纹中心对应的角度称为中央明纹的**角宽度**。对于暗纹，$k=1$ 时对应的衍射角为θ_1，称为**半角宽度**，可以写成

$$\theta_1 = \arcsin\frac{\lambda}{a}$$

当θ_1很小时

$$\theta_1 \approx \frac{\lambda}{a}$$

$2\theta_1$即中央明纹所对应的**角宽度**，为

$$\theta_0 = 2\theta_1 \approx 2\frac{\lambda}{a}$$

于是可得中央明纹的宽度为

$$\Delta x_0 = 2f \cdot \tan\theta_1 \approx 2f \cdot \theta_1 = 2f \cdot \frac{\lambda}{a} \propto \frac{\lambda}{a}$$

这里 f 为透镜焦距。

通过计算，也可求出各级次极大对应的宽度

$$\Delta x = f \cdot \frac{\lambda}{a} = \frac{1}{2}\Delta x_0$$

为中央明纹宽度的一半。

式（14-3）和式（14-4）可以说明，对于特定波长的单色光来说，狭缝宽度 a 越大，各级条纹对应的θ角越小，即各级条纹将向中心靠拢。若a值较大（$a >> \lambda$）时，各级衍射条纹将聚在一起形成一条亮线。这是从单缝射出的平行光束沿直线传播所引起的，也就是几何光学中所描述的光沿直线传播的现象。其形成原因是由于障碍物尺寸远大于光波长的时候，其衍射现象并不明显的情况。

需要说明的是，上面的描述都是在单色光的情况下做出的。当入射光为白光的时候，从狭缝发射出各种波长的光到达屏幕中央光程差相同，所以在屏幕中央看到的是白色的明条纹。中央明纹两侧，由式（14-3）和式（14-4）所示，$\sin\theta$ 同λ成正比。所以，不同波长的同一级明条纹会略微错开分布。每一级明条纹中，靠近中心的为波长最短的紫色条纹，最远的为波长最长的红色条纹。

【例 14-1】 使用波长为 632.8nm 的激光器作为光源垂直入射到宽为 0.3mm 的狭缝上，进行单缝衍射实验，狭缝后设置一个焦距为 30cm 的透镜，求衍射条纹中中央明纹的宽度是多少？

解：根据单缝衍射特点，相邻两条暗纹之间的距离即明条纹的宽度，暗条纹公式为

$$a\sin\theta = \pm 2k \cdot \frac{\lambda}{2} \qquad (k = 1,2,3,\cdots)$$

中央明纹两侧为 k 取值 1 时对应的暗条纹，得

$$a\sin\theta \approx a\theta = \pm\lambda$$

因此，中央明纹对应的半角宽度为

$$\theta = \frac{\lambda}{u}$$

所以中央明条纹的宽度 W 为

$$W = 2(\tan\theta)f \approx \frac{2\lambda}{a}f$$

代入数值，得$W=1.264\text{mm}$。

14.2.3 *单缝衍射的光强计算

通常使用振幅矢量法来计算单缝衍射的光强。如图 14-9 所示。

将单缝衍射实验中缝 AB 处的波阵面分割成 N 个等大的波阵面元，每个小面元相当于子波的波源。由于面元的宽度较小，可以认为子波沿衍射角 θ 到达屏幕上某点处的振幅相等，设为 ΔA。可以得相邻两个面元发出的子波到达屏幕上时光程差 δ' 为

$$\delta'=\frac{a\sin\theta}{N}$$

对应的相位差为

$$\Delta\varphi=\frac{2\pi}{N\lambda}a\sin\theta$$

根据惠更斯－菲涅尔原理，各个子波叠加的振动合振幅等于每个子波振幅矢量的合成。也就是 N 个频率相同、振幅相同、相位差依次增加 $\Delta\varphi$ 的振动矢量的合成。即

$$\vec{A}=\vec{A}_1+\vec{A}_2+\vec{A}_3+\cdots=\sum_{i=1}^{N}\vec{A}_i$$

也可以按照多边形法则作图求得，如图 14-10 所示。

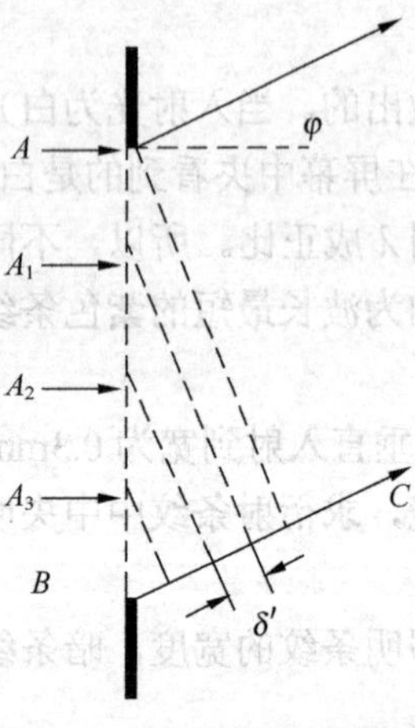

图 14-9 单缝衍射条纹光强计算

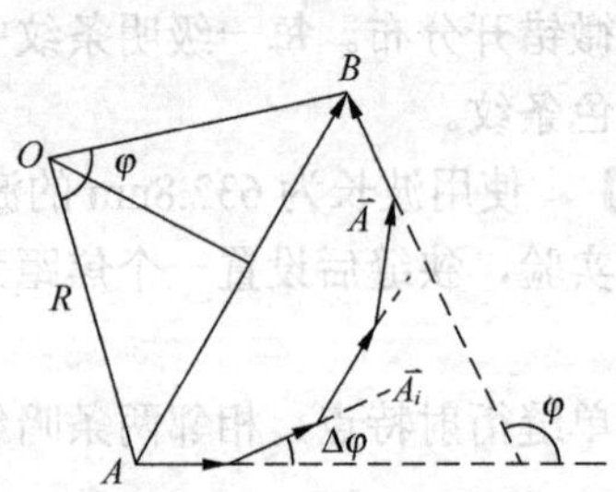

图 14-10 振动矢量合成

合成振幅 A 为

$$A=\Delta A\frac{\sin N\dfrac{\Delta\varphi}{2}}{\sin\dfrac{\Delta\varphi}{2}}$$

通常 $\Delta\varphi$ 值较小，所以有 $\sin\dfrac{\Delta\varphi}{2}=\dfrac{\Delta\varphi}{2}$，故

$$A=\Delta A\frac{\sin N\frac{\Delta\varphi}{2}}{\frac{\Delta\varphi}{2}}=\Delta AN\frac{\sin N\frac{\Delta\varphi}{2}}{N\frac{\Delta\varphi}{2}}$$

引入$u=N\frac{\Delta\varphi}{2}=\frac{\pi a\sin\theta}{\lambda}$，则

$$A=\Delta AN\frac{\sin u}{u}$$

当$\theta=0$时，$u=0$，$\frac{\sin u}{u}=1$，有$A=A_0=N\Delta A$，即中央条纹中心处振幅为A_0，因此任意一点的振幅为

$$A=A_0\frac{\sin u}{u}$$

光强也可以写成

$$I=I_0(\frac{\sin u}{u})^2 \tag{14-5}$$

式（14-5）表明，随着衍射角的变化，屏幕上各点光强相对于中央明条纹光强的变化关系。

根据式（14-5）可得，当$\theta=0$时，单缝衍射条纹的强度最大为I_0，此处为中央明条纹的中心，也称为主极大。当

$$u=\pm k\pi \qquad (k=1,2,3,\cdots)$$

即

$$a\sin\theta=\pm 2k\cdot\frac{\lambda}{2} \qquad (k=1,2,3,\cdots) \tag{14-6}$$

时，$I=0$，即为暗条纹的中心位置。

在相邻两个条纹的中心位置为次级的明条纹。由

$$\frac{\mathrm{d}}{\mathrm{d}u}(\frac{\sin u}{u})=0$$

可以求得$\tan u=u$，解此方程可以求得

$$a\sin\theta=\pm 1.43\lambda,\pm 2.46\lambda,\cdots$$

上式就是各次级明条纹的位置。对应的各次级明条纹的强度满足

$$I_0=0.471I_0,0.0165I_0,\cdots$$

即各次级明条纹光强随着级次的增大而迅速减小。

通过上述分析也可以发现，由半波带法得到的条纹位置相当准确，说明半波带法是一种较好的近似方法。

14.3 圆孔衍射

下面讨论另外一种衍射——圆孔衍射。

14.3.1 圆孔衍射

如图 14-11 所示，如果将单缝夫琅禾费衍射中的狭缝换成圆孔，同样可以看到衍射现象。此时在透镜的聚焦平面上的中央将出现亮斑，周围是以亮斑为圆心，明暗交替的环状条纹。

圆孔衍射条纹的中央亮斑称为**爱里斑**。设圆孔衍射中，圆孔直径为 D，透镜的焦距为 f，使用波长为 λ 的单色光入射，爱里斑的直径为 d，对应透镜光心的张角为 2θ，如图 14-12 所示。

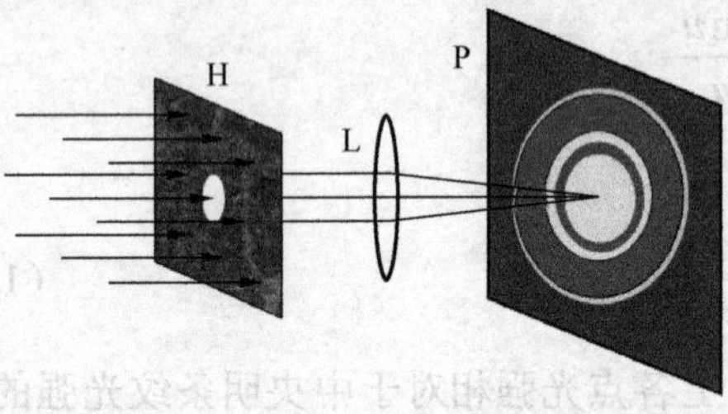

图 14-11 圆孔夫琅禾费衍射实验

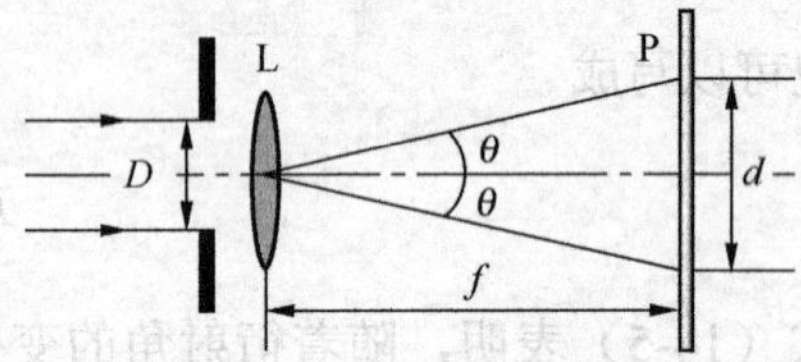

图 14-12 爱里斑的计算

通过计算可以得到

$$\theta \approx \sin\theta = 0.61\frac{\lambda}{d} = 1.22\frac{\lambda}{D} \tag{14-7}$$

因此，可以得到爱里斑的直径 d 表示为

$$d = 2\theta f = 2.44\frac{\lambda}{D}f$$

也就是说，单色光波长 λ 越大，或圆孔直径 D 越小，衍射现象越明显；反之，当圆孔直径 D 非常大（$\frac{\lambda}{D} << 1$）时，衍射现象就可以忽略，此时就为几何光学所描述的“光沿直线传播”现象。

14.3.2 光学仪器的分辨能力

受到衍射现象的影响，光学仪器存在着分辨能力的问题。从波动光学的角度来看，点光源所发出的光经过仪器的圆孔或者是狭缝之后，能够发生衍射现象。即点光源所发射出来的光经透镜系统所成的像将不再是一个点，而是一组弥散的衍射条纹。若是两个点光源的距离很近，而形成的衍射光斑又比较大，就很容易重叠在一起很难分辨开来。

两个非相干点光源经光学系统所成的像如图 14-13 所示。当其中一个点光源的爱里斑中心恰好与另一个点源的爱里斑的边缘重合时，可认为两个光源恰好能够分辨，如图 14-13（b）所示。此时，两个衍射图样相重叠部分的中心光强为单个点光源爱里斑的 0.8 倍。若点光源的爱里斑之间的距离更远，则认为两个点光源能够被光学仪器所分辨，如图 14-13（a）所示。

反之若两个点光源的爱里斑之间的距离更近，则认为两个点光源不能被光学仪器所分辨，如图 14-13（c）所示。这种判断两个点光源能否被人眼或者光学仪器所分辨的判断方法称为**瑞利判据**。恰好能够分辨的情况下点光源对透镜光心的张角 θ_0 称为**最小分辨角**，可以表示为

$$\theta_0 = 1.22\frac{\lambda}{D}$$

由上式可以看出，最小分辨角与波长 λ 成正比，与光仪孔径 D 成反比。通常把光学仪器最小分辨角的倒数称为**分辨率**，所以分变率与波长λ成反比，与光仪孔径 D 成正比。这也就是天文望远镜上采用大直径（最大的反射式望远镜的孔径能够达到 10m）的透镜的原因。

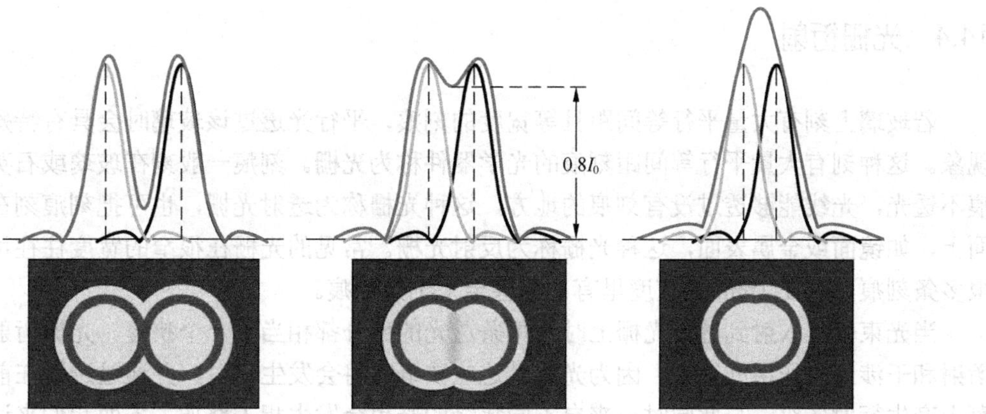

(a) 能够分辨　(b) 恰能分辨　(c) 不能分辨

图 14-13　光学仪器的分辨能力

当然，上述讨论是在两个点光源非相干的前提下进行的，若是点光源为相干光，则应先考虑干涉效应。

显微镜同望远镜有所不同。由于显微镜的焦距较短，通常把被观测的物体被放在物镜的焦距之外，经物镜形成放大实像后再经目镜放大。通常用最小分辨距离来表示显微镜的分辨极限，表示为

$$\Delta y = \frac{0.61\lambda}{n\sin u}$$

式中，n 为物方折射率，u 为孔径对物点张角的一半。$n\sin u$ 称为显微镜的数值孔径。因此，显微镜的分辨能力表示为

$$R = \frac{1}{\Delta y} = \frac{n\sin u}{0.61\lambda}$$

上式表明，要提高显微镜的分辨本领，应该减小光波的波长λ，或增加物方折射率 n，从而增大显微镜的数值孔径。电子显微镜就是利用电子束的波动性，通过加高压的方法使电子束的波长达到 0.1nm 的数量级，从而提高分辨率的。而高倍率的显微镜经常使用油浸镜头，就是通过在载物片和物镜之间滴一滴油，使数值孔径增大到 1.5nm 左右从而使分辨的最小距离减小。通常显微镜的数值孔径总是小于 1。

【例 14-2】　在迎面驶来的汽车上，两盏前灯相距 1.2m。试问汽车离人多远的地方，眼睛才可能分辨这两盏前灯?假设夜间人眼瞳孔直径为 5.0mm，而入射光波长 $\lambda = 550.0\text{nm}$ 。

解：根据瑞利判据，最小分辨角为

$$\theta_0 = 1.22\frac{\lambda}{D}$$

当角度很小时，有

$$\theta_0 = \frac{\Delta x}{l} = 1.22\frac{\lambda}{D}$$

代入数值，可得 $l = \dfrac{D\Delta x}{1.22\lambda} = 8.94\times10^3\,\text{m}$。

14.4 光栅衍射

若玻璃上刻有大量平行等间距且等宽度的刻痕，平行光透过该玻璃时会具有特殊的衍射现象。这种刻有大量平行等间距刻痕的光学器件称为**光栅**。刻痕一般刻在玻璃或石英上，刻痕不透光，光线能够透过没有刻痕的地方，这种光栅称为透射光栅，也可把刻痕刻在反射界面上，如镜面或金属表面，这种光栅称为反射光栅。常见的光栅在很窄的宽度往往可以刻有很多条刻痕，如在 1mm 的宽度里有几百甚至上千条刻痕。

当光束垂直入射到透射光栅上时，每条透光的部分都相当于一个狭缝。光栅衍射相当于衍射和干涉同时作用的结果。因为光透过这些狭缝时将会发生衍射，并通过透镜在前方的屏幕上产生衍射条纹；与此同时，来自不同狭缝的光也会发生相干叠加。下面我们来讨论光栅衍射条纹的分布。

如图 14-14 所示，若光栅相邻两条刻痕之间透光的部分宽度为 a，一条刻痕的宽度为 b，则把它们的和 $(a+b)=d$ 称为光栅常数。

从干涉的角度出发，若从两相邻狭缝发出的光束之间光程差为波长的整数倍，即相位差为 2π 的整数倍时，在屏幕上叠加，将会干涉相长，产生明条纹。所以，产生干涉明条纹的条件为

$$(a+b)\sin\theta = \pm k\lambda \qquad (k=0,1,2,3,\cdots) \tag{14-8}$$

或

$$\frac{2\pi(a+b)\sin\theta}{\lambda} = \pm 2k\pi \qquad (k=0,1,2,3,\cdots) \tag{14-9}$$

式（14-9）称为**光栅方程**，满足光栅方程的明条纹称为**主明条纹或主极大**。

在两相邻主极大之间，会有暗条纹和次级的明条纹，这些条纹可以用振动合成的方法进行解释。

产生暗条纹的条件是参与叠加的振动矢量能够组成一个闭合的多边形，如图 14-15 所示。

所以当光栅有 N 条狭缝时，满足暗条纹的条件为

$$N\varphi = \pm 2m\pi \qquad (m=1,2,3,\cdots)$$

需要注意的是，m 取值时并不能包括 N 或 N 的整数倍。相位差 $\Delta\varphi$ 可以表示为

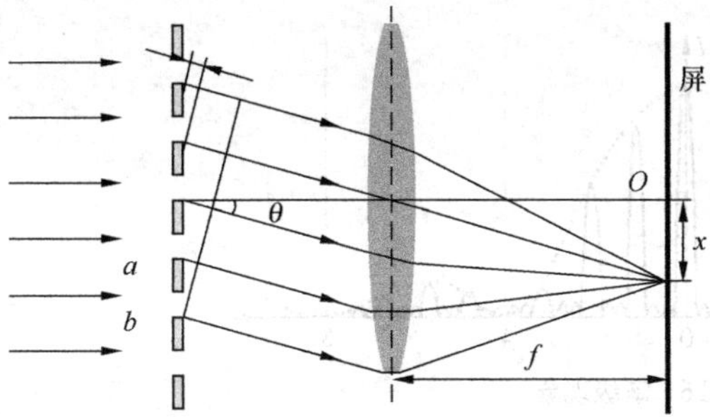

图 14-14 光栅衍射

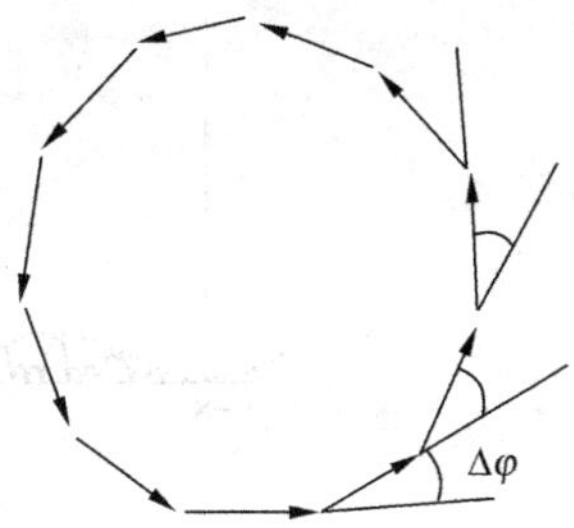

图 14-15 多峰振动合成形成暗条纹

$$\Delta\varphi=\frac{2\pi(a+b)\sin\theta}{\lambda}$$

于是可以得到产生暗条纹的条件为

$$(a+b)\cdot\sin\theta=\frac{\pm m}{N}\lambda$$

式中，m 的取值为 $m=1,2,3,\cdots,(N-1),(N+1),\cdots,(2N-1),(2N+1),\cdots$。从条纹的位置来看，在两个相邻的主极大之间，会有 $N-1$ 条暗条纹。

既然在相邻的两个主极大之间有 $N-1$ 条暗条纹，那么，除了主极大的明条纹之外，在暗条纹之间一定还存在着 $N-2$ 条明条纹。但是实际上，这些条纹是振动没有完全抵消的较暗的条纹，其亮度是主极大的几十分之一，因此不是很明显。这些条纹称为**次级明纹或次极大**。由于光栅的条纹数很多，且次极大的强度很低，所以通常观察到的光栅衍射条纹是亮度较大而宽度较窄的主极大明条纹，以及存在于主极大之间由次极大和暗条纹构成的亮度很低的背景构成的。

根据前面的分析，光栅衍射条纹是由每条狭缝的衍射光相互干涉形成的，也就是说必须先有衍射光才能形成干涉，这也就是通常称为"光栅衍射"而不是"光栅干涉"的原因。在单缝衍射中已经分析过，当狭缝衍射角满足一定条件时，衍射光将形成暗条纹。当发生光栅衍射时，若衍射角满足单缝衍射的暗纹条件（式（14-3））的同时，又满足光栅衍射的主极大的条件（式（14-9）），将只能形成暗条纹。这种现象称为**缺级现象**。联立两式

$$\frac{2\pi(a+b)\sin\theta}{\lambda}=\pm 2k\pi \qquad (k=0,1,2,3,\cdots)$$

$$a\sin\theta=\pm 2k'\cdot\frac{\lambda}{2} \qquad (k'=1,2,3,\cdots)$$

所以在缺级处有

$$\frac{a+b}{a}=\frac{k}{k'} \tag{14-10}$$

即，若光栅常数 $a+b$ 与光栅的缝宽 a 的比值可以化为整数之间的比值时，就会发生缺级现象。例如若 $a+b$ 与 a 的比值为 4：1，则在 k 取值 4、8、12…时发生缺级，此时将无法观测到这

些级次的主极大，如图 14-16 所示。

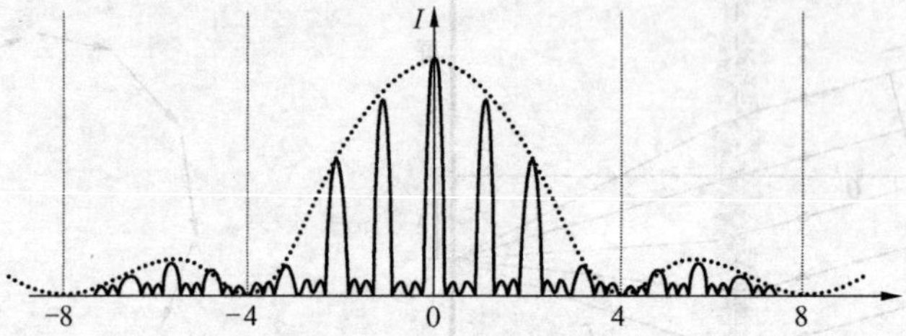

图 14-16　缺级现象

利用光栅衍射时衍射条纹的衍射角与波长有关，且具有主极大条纹亮度较高而宽度较窄的特点。可以用光栅来制成光谱仪，其结构如图 14-17 所示。光源发出的光进入光谱仪狭缝后，经透镜转换为平行光入射到光栅 G 上，此时可使用光电倍增管或 CCD 等探测器来检测不同角度的光信号，最后按照角度和波长之间的关系，就可以计算出不同波长对应的光强度，即光谱数据。

若入射光为单色光，根据其各级主极大衍射角的不同就可计算出其波长。若入射光为复色光，由于不同波长的光同一级主极大（零级除外）对应的衍射角不同，所以可以将入射光按照波长分开，形成**光栅光谱**，如图 14-18 所示。但是需要注意的是，对应于较高级次的光栅衍射光谱中的波长，较长的部分可能会和下一级次的波长较短的部分产生重合。

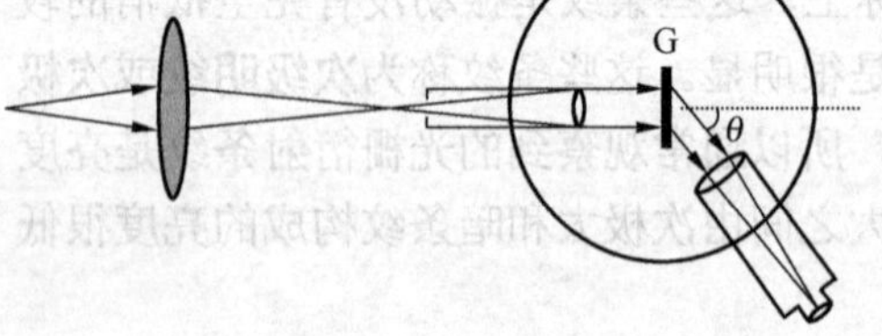

图 14-17　光谱仪结构

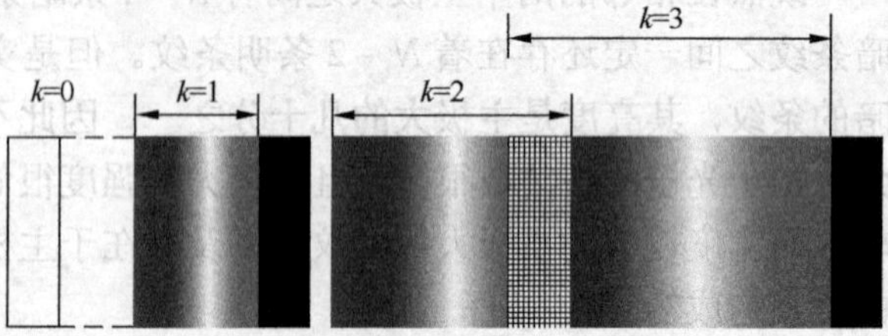

图 14-18　衍射光谱

光谱分析的应用较为广泛。比如，利用不同成分物体发出的光谱波长和强度特征，可以对物体中所含有的成分及其数量进行分析；或者通过光谱分析来确定物体的状态，如温度等。

【例 14-3】　在光栅衍射实验中，采用每厘米有 5 000 条缝的衍射光栅，光源采用波长为 590.3nm 的钠光灯，试回答下面的问题。

（1）若光线垂直入射，可以看到衍射条纹的第几级谱线，一共能看到几条条纹；

（2）若光线以 i=30° 角入射，最多可看到第几级谱线，共几条条纹；

（3）实际上钠光灯的光谱是由峰值波长为 $\lambda_1 = 589.0\text{nm}$ 和 $\lambda_2 = 589.6\text{nm}$ 的两条谱线组成的，求正入射时最高级条纹中此双线分开的角距离及在屏上分开的线距离。设光栅后透镜的焦距为 2m。

解：（1）根据光栅方程

$$(a+b)\sin\theta = \pm k\lambda \qquad (k = 0,1,2,3,\cdots)$$

得

$$k = \pm\frac{a+b}{\lambda}\sin\theta$$

按题意知，光栅常数为

$$a+b=\frac{1\times10^{-2}}{5\,000}=2\times10^{-6}\text{m}$$

当衍射角大于 90º 时，将无法看到衍射条纹，所以 k 可能的最大值对应于 $\sin\theta=1$，代入数值得 $k=\dfrac{2\times10^{-6}}{589.3\times10^{-9}}=3.4$，因 k 只能取整数，故取 $k=3$，即垂直入射时能看到第 3 级条纹。

（2）如图 14-19 所示，平行光以 θ' 角入射时，光程差的计算公式应作适当的调整，如图 14-19 所示。在衍射角的方向上，光程差为

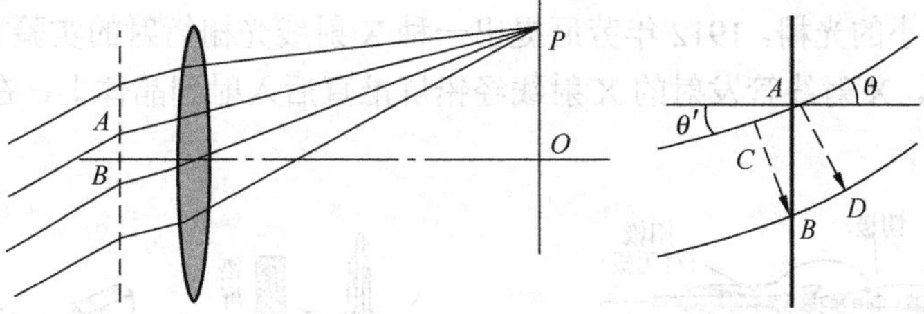

图 14-19 例 14-3

$$\delta=BD-AC=(a+b)\sin\theta-(a+b)\sin\theta'=(a+b)(\sin\theta-\sin\theta')$$

由此可得斜入射时的光栅方程为

$$(a+b)(\sin\theta-\sin\theta')=k\lambda \qquad (k=0,\pm1,\pm2,\cdots)$$

同理，k 可能的最大值对应于

$$\sin\theta=\pm1$$

在 O 点上方观察到的最大级次为 k_1，取 $\theta=90^\circ$ 得

$$k_1=\frac{(a+b)(\sin90^\circ-\sin30^\circ)}{\lambda}=\frac{2\times10^{-6}(1-0.5)}{589.3\times10^{-9}}=1.70\text{，取 }k_1=1\text{；}$$

而在 O 点下方观察到的最大级次为 k_2，取 $\theta=-90^\circ$ 得

$$k_2=\frac{(a+b)(\sin(-90^\circ)-\sin30^\circ)}{\lambda}=\frac{(a+b)(-1-0.5)}{589.3\times10^{-9}}=-5.09\text{，取 }k_2=-5\text{。}$$

所以斜入射时，总共有 −5、−4、−3、−2、−1、0、+1 共 7 条明条纹。

（3）对光栅公式两边取微分

$$(a+b)\cos\theta_k\mathrm{d}\theta_k=k\mathrm{d}\lambda$$

波长为 λ 及 $\lambda+\mathrm{d}\lambda$ 第 k 级的两条纹分开的角距离为

$$\mathrm{d}\theta_k=\frac{k}{(a+b)\cos\theta_k}\mathrm{d}\lambda$$

如问题（1）所得，当光线正入射时，最大级次为第 3 级，相应的角位置 θ_3 为

$$\theta_3=\sin^{-1}\left(\frac{k\lambda}{a+b}\right)=\sin^{-1}\left(\frac{3\times589.3\times10^{-9}}{2\times10^{-6}}\right)=62^\circ7'$$

对于波长 $\lambda_1=589.0\text{nm}$ 和 $\lambda_2=589.6\text{nm}$ 的两条谱线，有

$$d\theta_3 = \frac{3}{2\times10^{-6}\times\cos 62°7'}(589.6-589.0)\times10^{-9}\,\text{rad} = 1.93\times10^{-9}\,\text{rad}$$

钠双线分开的线距离 $f\mathrm{d}\theta_3 = 2\times1.93\times10^{-3}\,\text{m} = 3.86\text{mm}$ 。

14.5 *X 射线衍射

1895 年伦琴发现，受到高速电子撞击的金属靶能够发出一种穿透能力很强的辐射，称为 X 射线或伦琴射线。图 14-20 所示是 X 射线管的结构原理图，整个 X 射线管包在真空玻璃管中。在阴极和阳极（也称为对阴极）两端加上高压之后，电子从阴极溢出并在电压作用下做加速运动，以较高动能撞击到阳极上，产生 X 射线。

X 射线本质上也是一种电磁波，其波长为 0.1nm 数量级。观察 X 射线的光栅衍射现象必须使用光栅常量更小的光栅。1912 年劳厄提出一种 X 射线光栅衍射的实验方法。劳厄实验装置如图 14-21 所示，X 射线管发射的 X 射线经铅屏准直后入射到晶体上，在晶体上散射，然后照射到底片上。

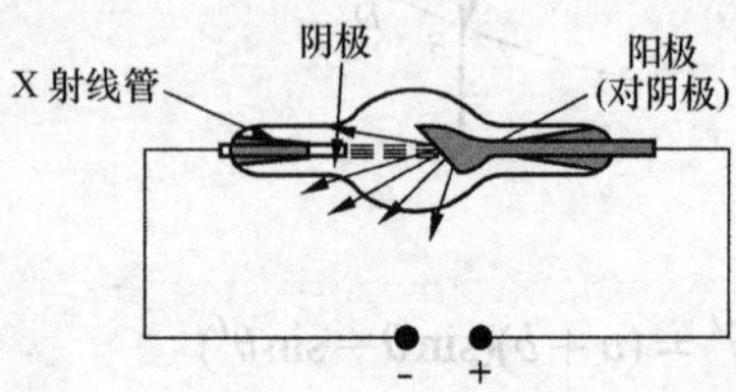

图 14-20　X 射线管

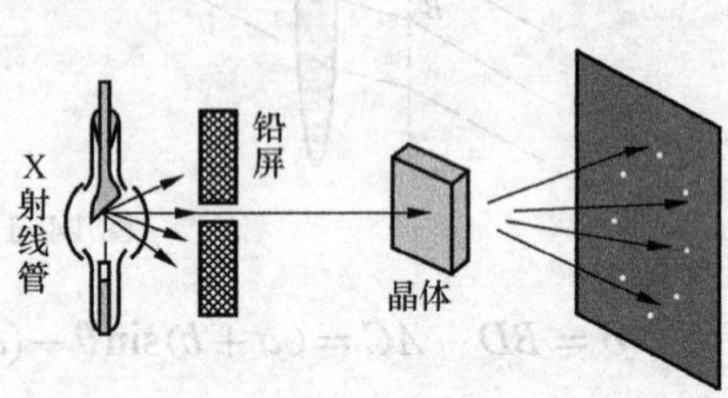

图 14-21　劳厄实验装置

劳厄法利用了晶体是一组有规则排列微粒的特点。当 X 射线照射在晶体上面时，组成晶体的每一个微粒相当于一个子波的中心，向各方向发出子波。这些子波相干叠加从而使得沿某些方向的传播光束加强，进而在底片上形成斑点，称为**劳厄斑**。通过对劳厄斑进行分析计算，就可以推断出晶体的结构。

1931 年布拉格父子提出了一种解释 X 射线的衍射方法，并做出了定量的计算。布拉格父子将晶体结构简化成由一系列彼此相互平行的原子组成的。如图 14-22 所示，当 X 射线照射到晶体上时，在原子上发生反射，从而形成子波波源。

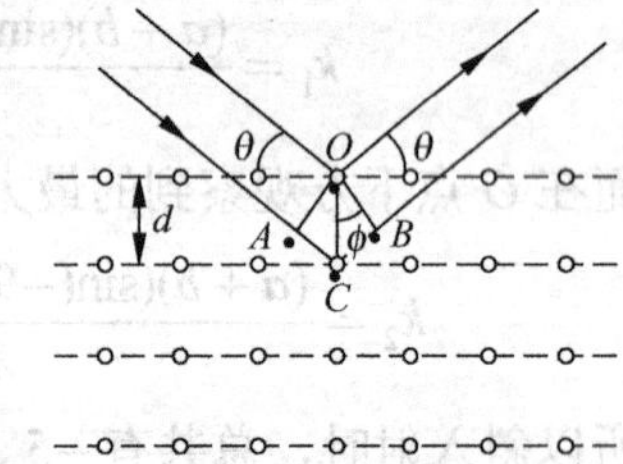

图 14-22　布拉格反射

设晶面之间的距离为 d，称为晶面间距。当一束单色平行 X 射线以角度 θ 入射到晶面上时，将在各层的原子上发生反射，相邻两层原子发生的反射时的光程差 δ 为

$$\delta = AC + BC = 2d\sin\theta$$

形成亮点的条件为

$$2d\sin\theta = k\lambda \quad (k = 0,1,2,\cdots)$$

上式称为**布拉格公式**，满足上述条件的入射角称为布拉格角。

因此，在已知晶体的具体结构时，利用 X 射线衍射可以计算入射 X 射线的波长；或者在已知 X 射线波长时，可测定晶体的晶格结构。以此为基础的 X 射线光谱分析等相关技术也在很多领域得到了应用。

复习题

一、思考题

1．衍射现象和干涉现象有什么不同？

2．光波和无线电波同为电磁波，为什么无线电波能够绕过大山或建筑物，而光波则不能？

3．在单缝夫琅禾费衍射中，下列情况将导致衍射条纹发生什么样的变化？

（1）单缝沿着垂直透镜光轴的方向上下移动；

（2）单缝沿着透镜光轴的方向前后移动；

（3）单缝的宽度变窄；

（4）入射光的波长变长。

4．若将单缝夫琅禾费衍射的整个装置浸入水中，调整屏幕使其保持屏幕在焦平面上，则衍射条纹将发生怎样的变化？

5．单缝衍射和光栅衍射有什么不同？为什么光栅衍射的强度更强一些？

6．衍射光栅的刻痕为什么要非常密集？刻痕之间为什么需要具有相同的距离？

7．光栅衍射的光谱和棱镜光谱有什么不同？

二、习题

1．根据惠更斯—菲涅耳原理，若已知光在某时刻的波阵面为 S，则 S 的前方某点 P 的光强度决定于波阵面 S 上所有面积元发出的子波各自传到 P 点的（　　）。

（A）振动振幅之和　　（B）光强之和

（C）振动振幅之和的平方　　（D）振动的相干叠加

2．波长为 λ 的单色平行光垂直入射到一狭缝上，若第一级暗纹的位置对应的衍射角为 $\theta=\pm\frac{\pi}{6}$，则缝宽的大小为（　　）。

（A）$\lambda/2$　　（B）λ　　（C）2λ　　（D）3λ

3．对某一定波长的垂直入射光，衍射光栅的屏幕上只能出现零级和一级主极大，欲使屏幕上出现更高级次的主极大，应该（　　）。

（A）换一个光栅常数较小的光栅　　（B）换一个光栅常数较大的光栅

（C）将光栅向靠近屏幕的方向移动　　（D）将光栅向远离屏幕的方向移动

4．波长 $\lambda=550\text{nm}$（$1\text{nm}=10^{-9}\text{m}$）的单色光垂直入射于光栅常数 $d=2\times10^{-4}\text{cm}$ 的平面衍射光栅上，可能观察到的光谱线的最大级次为（　　）。

（A）2　　（B）3　　（C）4　　（D）5

5．设光栅平面、透镜均与屏幕平行。则当入射的平行单色光从垂直于光栅平面入射变为斜入射时，能观察到的光谱线的最高级次 k（　　）。

（A）变小　　（B）变大　　（C）不变　　（D）改变无法确定

6．一束波长为 $\lambda=500\text{nm}$ 的平行光垂直照射在一个单缝上。$a=0.5\text{mm}$，$f=1\text{m}$。如果在屏幕上离中央亮纹中心为 $x=3.5\text{mm}$ 处的 P 点为一亮纹，试求：

（1）P 点处亮纹的级数；

（2）从 P 点看，对该光波而言，狭缝处的波阵面可分割成几个半波带？

7．毫米波雷达发出的波束比常用的雷达波束窄，这使得毫米波雷达不易受到反雷达导弹的袭击。

（1）有一毫米波雷达，其圆形天线直径为 55cm，发射频率为 220GHz 的毫米波，计算其波束的角宽度。

（2）将此结果与普通船用雷达发射的波束的角宽度进行比较，设船用雷达波长为 1.57cm。圆形天线直径为 2.33m。

8．某一单色光源波长未知，但发现其单缝衍射的第 3 级明纹恰好与波长为 532nm 的激光的第 2 级明纹位置重合，求这一光波的波长。

9．利用单缝衍射的原理可以进行位移等物理量的测量。把需要测量位移的对象和一标准直边相连，同另一固定的标准直边形成一单缝，这个单缝宽度变化能反映位移的大小，如果中央明纹两侧的正、负第 k 级暗（明）纹之间距离的变化为 $\mathrm{d}x_k$，证明：

$$\mathrm{d}x_k=-\frac{2k\lambda f}{a^2}\mathrm{d}a$$

式中，f 为透镜的焦距，$\mathrm{d}a$ 为单缝宽度的变化（$\mathrm{d}a<<a$）。

10．直径为 2mm 的氦氖激光束射向月球表面，其波长为 632.8nm。已知月球和地面的距离为 3.84×10^8m。试求：

（1）在月球上得到的光斑的直径有多大？

（2）如果这激光束经扩束器扩展成直径为 2m，则在月球表面上得到的光斑直径将为多大？在激光测距仪中，通常采用激光扩束器，这是为什么？

11．人眼在正常照度下的瞳孔直径约为 3mm，而在可见光中，人眼最敏感的波长为 550nm，问：

（1）人眼的最小分辨角有多大？

（2）若物体放在距人眼 25cm（明视距离）处，则两物点间距为多大时才能被分辨？

12．一束平行光垂直入射到某个光栅上，该光束有两种波长 λ_1=4 400Å，λ_2=6 600Å。实验发现，两种波长的谱线（不计中央明纹）第二级明纹重合于衍射角 φ=60° 的方向上，求此光栅的光栅常数 d。

13．单色光垂直入射到每毫米刻有 600 条刻线的光栅上，如果衍射条纹第 1 级谱线对应的角度为 20°。试问该单色光的波长是多少？其衍射条纹的第 2 级谱线的位置？

14．使用白光光源（波长范围 380～760nm）进行光栅衍射实验，选用的光栅每毫米刻有 400 条刻痕，问此光栅光可以产生多少个完整光谱？

15．使用白光垂直照射在每毫米有 650 条刻痕的平面光栅上，求其第 3 级光谱的张角。

16．试设计一个平面透射光栅的光栅常数，使得该光栅能将某种光的第 1 级衍射光谱展开 20.0°角的范围．设光波波长范围为 430 ~ 680nm。

17．试设计一光栅，要求：

（1）能分辨钠光谱的 5.890×10^{-7}m 和 5.896×10^{-7}m 的第 2 级谱线；

（2）第 2 级谱线衍射角，请计算之；

（3）第 3 级谱线缺级，请计算之。

第 15 章 光的偏振

【学习目标】

- 理解自然光与偏振光的区别。
- 掌握马吕斯定律和布儒斯特定律。
- 了解双折射现象。
- 了解线偏振光的获得方法和检验方法。

根据光的电磁理论，光矢量（即电矢量）的振动方向与光的传播方向相互垂直。但是，与光的传播方向相垂直的是一个平面，在这个平面上，光矢量有着不同的振动特性。有些光的光矢量都沿着某一个特定方向振动，有一些则在各个方向上的振动是相同的，还有一些光的光矢量振动方向并没有明显的规律。在机械振动中这种现象称为**偏振现象**，是一种只有横波才具有的现象。偏振光在很多方面得到应用和发展。

15.1 自然光 偏振光

光矢量只沿着垂直于其传播方向的某一个特定方向振动时，称为**线偏振光**。通常把振动方向和传播方向组成的平面称为振动平面。显然线偏振光的振动平面是一个固定的平面，所以有时也把线偏振光称为**平面偏振光**。

普通光源发出的光是由无数原子或分子发出的。虽然每一个原子或分子发出的某一个波列振动方向是固定的，相当于线偏振光。但是，原子发出的不同波列之间是相互独立的，其振动方向没有规律可寻，更不用说光源中其他原子或分子发出的波列。所以在宏观上观察，任何一个方向的振动都不会比其他方向有优势，即整个光矢量的振动在各个方向上的分布是均匀的，每个方向上的振幅也可以看作相同，如图 15-1（a）所示。这种没有偏振特点的光称为**自然光**，也称自然偏振光。

如图 15-1（b）所示，为了更方便地表示自然光，通常任意取垂直于光传播方向且相互垂直的两个方向，沿这两个方向将光矢量分解开来，把自然光总的振动转化成相互垂直两个方向的振动。根据自然光的特点，这两个振动必然是沿着相互独立、等振幅、相互垂直的方向振动。于是，光束被分解成两束相互独立、等强度、光矢量振动方向相互垂直的线偏振光。两束线偏振光的强度均等于自然光强度的一半。在光的偏振性的研究中，通常用短线段表示平行于纸面的振动，用圆点表示垂直纸面的振动，用单位长度上短线段或圆点的多少表示各自振动的强度大小。因此，自然偏振光就可以表示为图 15-1（c）。

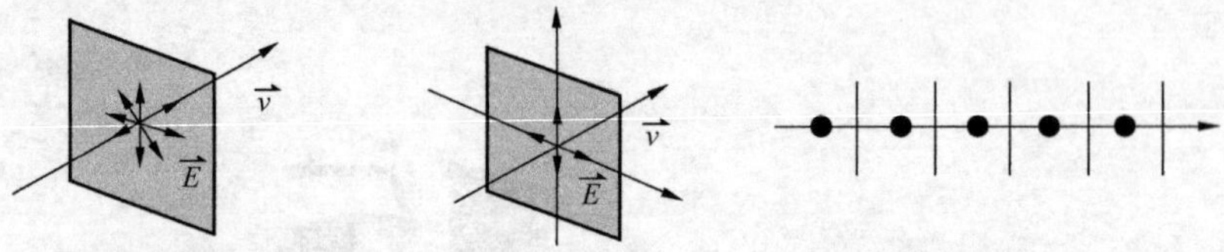

(a) 自然偏振光的振动　(b) 振动的分解　(c) 自然光的表示

图 15-1　自然偏振光及其表示

通过一些特殊的方法，可以将自然光两个分量中的一个消除，使自然光变为线偏振光。也可只消除自然光一个振动分量的一部分，此时光束两个振动方向上的分量强度不再相等，称为**部分偏振光**。线偏振光和部分偏振光的表示如图 15-2 所示。

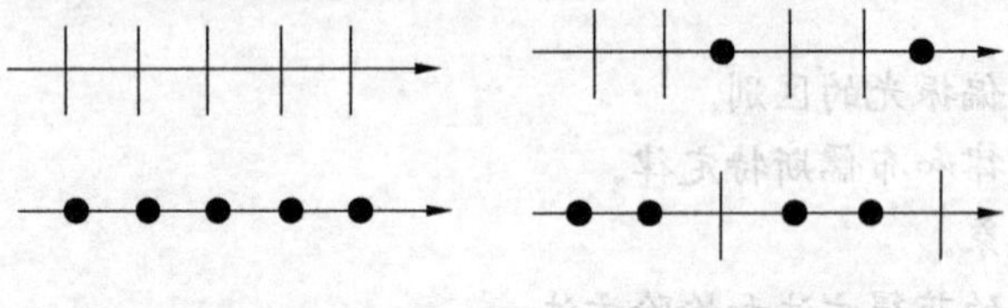

(a) 线偏振光　(b) 部分偏振光

图 15-2　线偏振光和部分偏振光的表示

15.2 偏振片 马吕斯定律

下面介绍一下如何由自然光获得偏振光。

15.2.1 偏振片

从自然光可以获得偏振光，这样的过程称为**起偏**。完成这样工作的光学器件称为**起偏器**。最常见的起偏器之一就是**偏振片**。偏振片用特殊物质（如硫酸金鸡钠硷）制成，使其能够对某一方向的光振动产生强烈的吸收，而让与之相垂直方向的振动最大限度地透过。通常把偏振片透光的方向称为偏振片的**偏振化方向或透振方向**。

自然光垂直入射到偏振片上，只有沿着偏振化方向的光分量能够通过，透射出来的光强度等于自然光的一半，如图 15-3 所示。

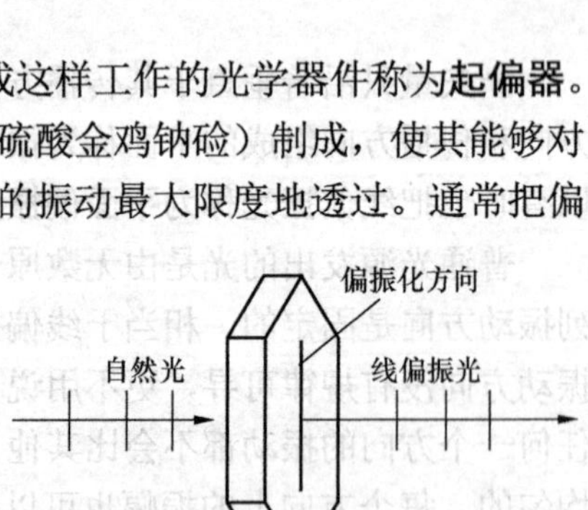

图 15-3　偏振片

偏振片也可用于检偏。在垂直于偏振光的传播方向上加入偏振片，如果线偏振光的振动方向与偏振片的偏振化方向相同，则偏振光能够最大限度地透过偏振片；若线偏振光的振动方向与偏振片的偏振化方向相垂直，则光线不能够透过偏振片；线偏振光的振动方向与偏振片的偏振化方向成一定角度时，只有部分偏振光透过偏振片。因此，根据一束光沿不同角度透过偏振片后的情况就可以判断该光是否为偏振光。

15.2.2 马吕斯定律

如图 15-4 所示，设自然光振幅 A_0，光强 I_0，经偏振片 P_1 后获得线偏振光，该线偏振光振幅 A_1，光强 I_1。根据上文分析，$I_0 = 2I_1$。线偏振光再经偏振片 P_2，其中偏振片 P_1 和 P_2 的偏振化方向夹角为α，透射出 P_2 的光振幅 A_2，光强 I_2。

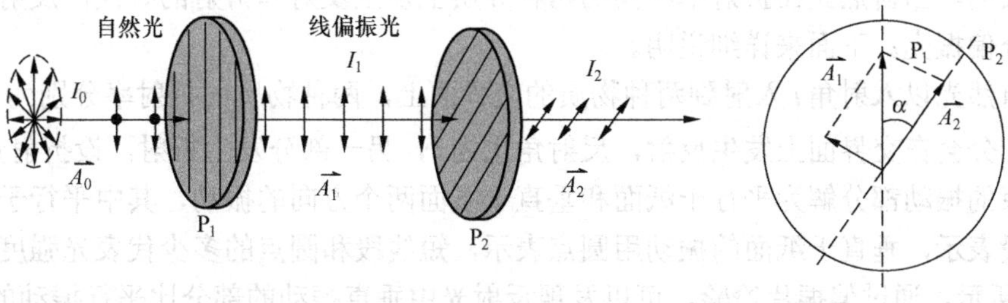

图 15-4 马吕斯定律

由于偏振片只允许平行于其偏振化方向的振动通过，所以有

$$A_2 = A_1 \cos\alpha$$

于是可以得出 I_1、I_2 之间的关系为

$$I_2 = I_1 \cos^2\theta \qquad (15\text{-}1)$$

式（15-1）表明，当线偏振光从偏振片透射出去后，光强与线偏振光振动方向和偏振片偏振化方向之间夹角余弦值的平方成正比，这一关系由马吕斯 1808 年发现，所以又称为**马吕斯定律**。

所以，可以得出结论：当两偏振片的偏振化方向平行，即 $\alpha = 0$ 或 $\alpha = \pi$ 时，光强最大，等于入射光强；当两偏振片的偏振化方向相垂直时，即 $\alpha = \pi/2$ 或 $\alpha = 3\pi/2$ 时，光强最小，等于零。

【例 15-1】 使自然光通过两个偏振化方向成 60° 角的偏振片，透射光强为 I。若在这两个偏振片之间再插入另一偏振片，其偏振化方向与前两个偏振片均成 30° 角，则透射光强为多少？

解：设自然光光强为 I_0，通过第 1 片偏振片后光强为

$$I_1 = \frac{1}{2} I_0$$

通过第 2 片偏振片后光强为

$$I_2 = I_1 \cos^2 60^\circ = \frac{1}{2} I_0 \cos^2 60^\circ = \frac{1}{8} I_0 = I$$

若再插入一片偏振片，则通过第 3 片后光强为

$$I_3' = I_1 \cos^2 30^\circ = \frac{1}{2} I_0 \cos^2 30^\circ = \frac{3}{8} I_0$$

通过第 3 片的光再通过第 2 片之后光强为

$$I_2' = I_3' \cos^2 30^\circ = \frac{9}{32} I_0$$

所以透射光强为 $I_2'=\frac{9}{32}I_0$。

15.3 反射光和折射光的偏振规律

实验表明，当自然光在折射率不同的两种介质上发生反射和折射的时候，反射光和折射光都是部分偏振光。下面来详细说明。

一束自然光以入射角 i 入射到两种物质的交界面上，两种物质的折射率分别为 n_1 和 n_2。光束的一部分会在交界面上发生反射，反射角也为 i，另一部分发生折射，设折射角为 γ。若把所有光束的振动都分解为平行于纸面和垂直于纸面两个方向的振动，其中平行于纸面的振动用短线段表示，垂直于纸面的振动用圆点表示，短线段和圆点的多少代表光强度的强弱。如图 15-5 所示，通过偏振片检验，可以发现反射光中垂直振动的部分比平行振动的部分强，折射光中的垂直振动的部分比平行振动的部分弱。也就是说，反射光和折射光都将成为部分偏振光。

实验还指出，如果使入射角 i 连续变化，反射光和折射光的偏振化程度都会随之变化。当入射角等于某一特定角度 i_0 时，反射光中只有垂直于传播平面方向的振动，而平行于传播平面方向的振动为零，这一规律称为**布儒斯特定律**，是由布儒斯特于 1815 年发现的。这一特殊的入射角 i_0 称为**起偏角**或**布儒斯特角**，如图 15-6 所示。此时有

$$\tan i_0=\frac{n_2}{n_1} \tag{15-2}$$

式（15-2）就是布儒斯特定律的数学表达式。

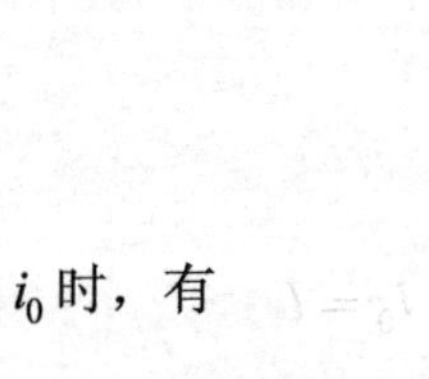

图 15-5　自然光的反射和折射

图 15-6　入射角为布儒斯特角

根据折射定律

$$\frac{\sin i_0}{\sin\gamma_0}=\frac{n_2}{n_1}$$

入射角为起偏角 i_0 时，有

$$\tan i_0=\frac{n_2}{n_1}$$

所以

$$\sin\gamma_0=\cos i_0$$

即

$$\gamma_0+i_0=\frac{\pi}{2} \tag{15-3}$$

也就是说，当入射角为起偏角 i_0 时，反射光和折射光相互垂直。根据光的可逆性，当入射光以 γ_0 角从折射率为 n_2 的介质入射于界面时，此 γ_0 角也为布儒斯特角。

因此，假设自然光从空气入射到折射率为1.5 的玻璃上，布儒斯特角为 56.3°；若是从玻璃入射到空气中，布儒斯特角为33.7°。若是从空气入射到折射率为1.33 的水面上，布儒斯特角为 53.1°。

15.4 双折射

与在各向同性介质中传播不同，光在各向异性晶体中传播时会发生一种特殊现象——双折射。

15.4.1 双折射现象

通常，一束光照射到两种物质的交界面上发生折射时，只会观察到一束折射光，并遵循折射定律

$$n_1 \sin i = n_2 \sin \gamma$$

式中，i 为入射角，γ 为折射角，n_1、n_2 分别为两种物质的折射率。

但是，若光入射到一些特殊的物质（如方解石晶体）表面上时，可以观察到折射光沿着不同的角度分解成两束，如图 15-7 所示。这种现象是由晶体的各向异性造成的，称为**双折射**，能够产生双折射现象的晶体称为**双折射晶体**。

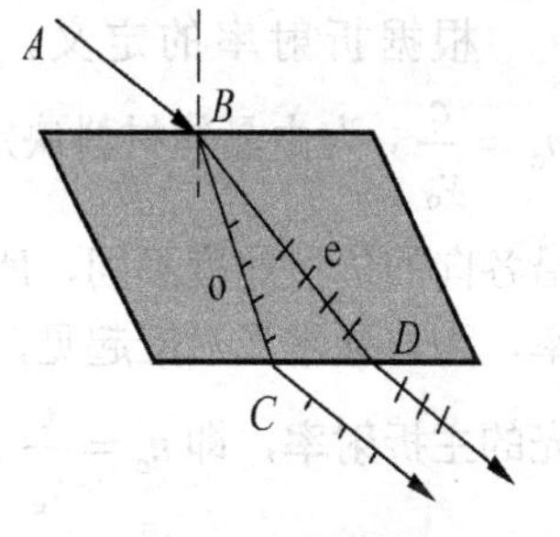

图 15-7 双折射现象

实验表明，当入射光沿着不同的方向入射时，其中一束折射光始终遵循折射定律，这部分光称为**寻常光（o 光）**；另一部分光则不遵循折射定律，其传播速度随着入射光方向的变化而变化，这部分光称为**非常光（e 光）**。实验证明，o 光和 e 光都是线偏振光。

15.4.2 光轴 主平面

光入射到双折射晶体表面并沿着某一个方向入射时，可以发现：晶体的内部总存在一个确定的方向，沿着这个方向传播时，寻常光和非寻常光并没有分开，即此时不发生双折射现象。这一方向称为晶体的**光轴**。

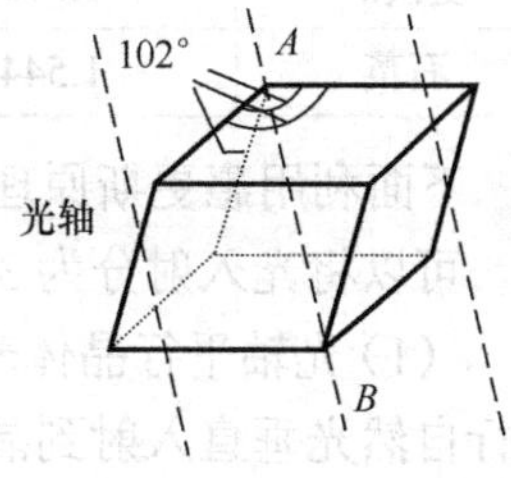

图 15-8 方解石晶体

以方解石晶体为例，方解石晶体为 6 面棱体和 8 个顶点，如图 15-8 所示。其中以 A、B 为顶点的各个角都是 102°，连接这两个顶点引出的直线就是光轴的方向。任何平行于该方向的直线都可以看作光轴。有的晶体只有一个光轴，称为**单轴晶体**；有的晶体有两个光轴，称为**双轴晶体**。在晶体中，把包含光轴和任一已知光线所组成的平面称为**主平面**。o 光的振动方向垂直于 o 光的主平面，e 光的振动方向则平行于 e 光的主平面。通常

o 光和 e 光的主平面成一定角度，但是夹角较小，所以，一般可以认为 o 光和 e 光的振动方向是相互垂直的。

15.4.3 双折射现象的解释

根据惠更斯原理，波阵面上任何一点可以看作子波波源。在各向同性的介质中，点光源沿各个方向传播的速率相同，所以子波的波阵面为球面波。在双折射晶体中，通常寻常光和非寻常光的传播速度不同。其中，寻常光在晶体中沿着各方向传播速度相同，所以其子波的波阵面为球面；而非寻常光在晶体中沿各方向传播速度都不相同，其中只有沿着光轴的方向传播时，非寻常光和寻常光的传播速度才是相同的，在垂直光轴的方向上，非寻常光和寻常光的传播速度差别最大。

对于有些晶体，o 光和 e 光沿垂直光轴的方向传播时，e 光的传播速度要小于 o 光的传播速度，即 $v_e < v_o$，这种晶体称为**正晶体**；也有一些晶体，o 光和 e 光沿垂直光轴的方向传播时，e 光的传播速度要大于 o 光的传播速度，即 $v_e > v_o$，这种晶体称为**负晶体**。无论是正晶体还是负晶体，e 光的子波波阵面都是旋转椭球面，而 o 光子波波阵面为球面。而由于沿着光轴方向，o 光和 e 光的传播速度都相同，所以 o 光和 e 光相切于光轴，如图 15-9 所示。

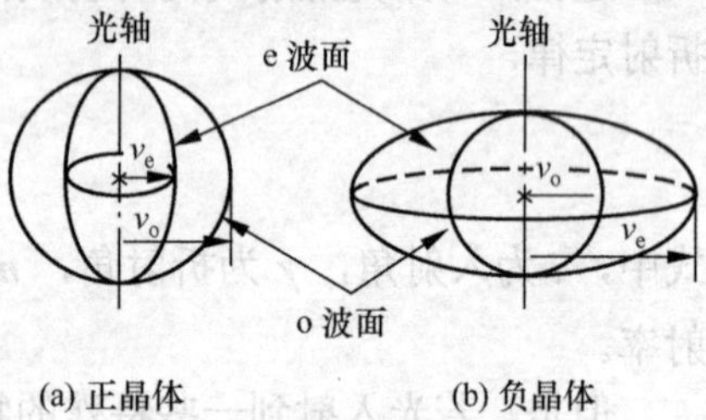

图 15-9 子波波阵面

根据折射率的定义，寻常光（o 光）的折射率 $n_o = \dfrac{c}{v_o}$，为由晶体材料决定的常数。而非寻常光（e 光）沿各向的传播速度不同，所以不存在一般意义上的折射率，为与寻常光对应起见，通常把光速与非寻常光沿垂直于光轴方向传播速率之比称为**非常光的主折射率**，即 $n_e = \dfrac{c}{v_e}$。如前所述，对于正晶体来说有 $n_e > n_o$，负晶体有 $n_e < n_o$。常见晶体的 n_e、n_o，如表 15-1 所示。

表 15-1 几种晶体中 o 光和 e 光主折射率

晶　体	n_o	n_e	晶　体	n_o	n_e
方解石	1.658	1.486	电气石	1.669	1.638
菱铁矿	1.875	1.635	白云石	1.681	1.500
石英	1.544	1.553	冰	1.309	1.313

下面利用惠更斯原理解释双折射现象。

可以将光入射分为 3 种情况。

（1）光轴平行晶体表面，自然光垂直入射。如图 15-10 所示，平行自然光垂直入射到晶体表面时，寻常光和非寻常光并不能分开，但是由于晶体内传播速度不同，进入晶体之后，两种光在同一点处的相位并不同。

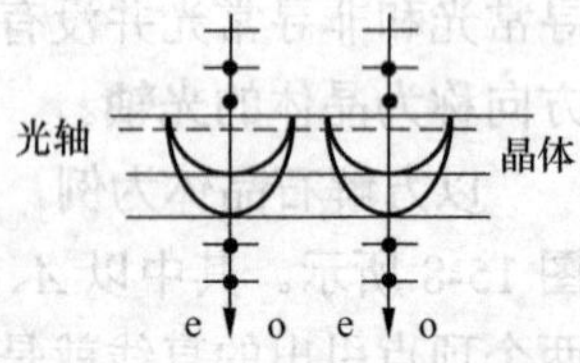

图 15-10 光轴平行晶体表面，平行自然光垂直入射

（2）光轴与晶体表面有一定夹角，平行自然光垂直入射。如图 15-11 所示，平行自然光垂直入射到晶体表面点并进入晶体继续传播。自 A 点和 B 点入射

的光的波阵面如图 15-11 所示，作直线交寻常光波阵面，连接 A、B 两点和交点，得寻常光传播方向。同理，作直线交非寻常光波阵面，连接 A、B 两点和交点，得非寻常光传播方向。

（3）平行自然光斜入射。如图 15-12 所示，平行自然光以入射角 i 入射到晶体表面 A 点并进入晶体继续传播，进入晶体经历 Δt 时间后，两束光的子波波阵面如图所示。此时自然光中的另一束恰好入射到晶体表面 B 点，自该点引两直线分别相切于自然光和非自然光的波阵面，连接 A 点和两交点所得两条直线就是寻常光和非寻常光的传播方向。

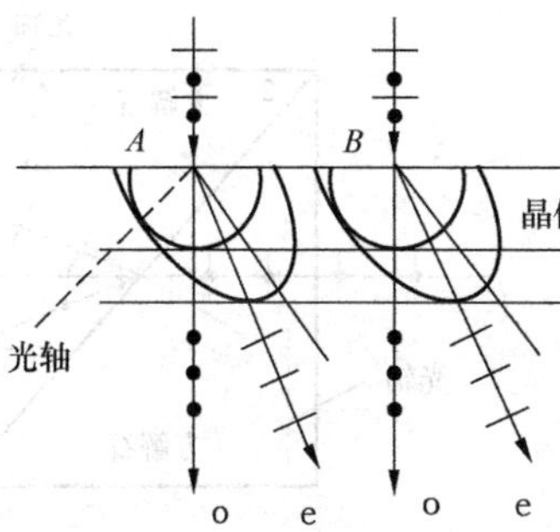

图 15-11　平行自然光垂直入射

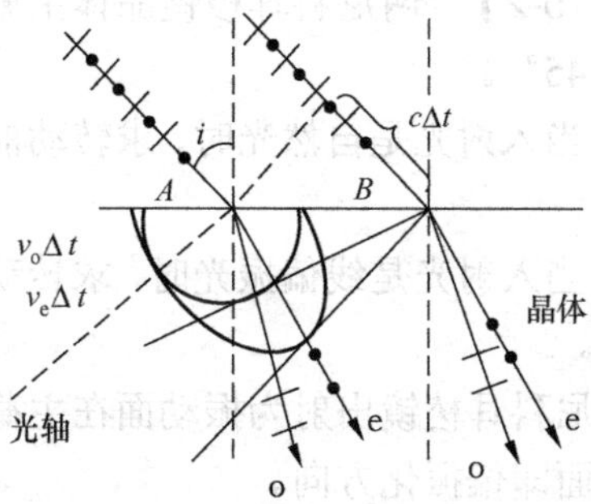

图 15-12　平行自然光斜入射

15.4.4　尼科耳棱镜

双折射现象可以将寻常光和非寻常光使用较厚的晶体分得更开。但是实际上，由于常见的天然晶体的厚度都非常薄，很难将两种光分开，所以通常使用尼科耳棱镜等偏振器件。尼科耳棱镜可以使一束光透射，另一束反射。尼科耳棱镜可以当作起偏器使用，也可以当作检偏器使用。

两块经特殊加工而成的方解石晶体，使用特殊的树胶材料粘在一起形成长方形柱状棱镜就是尼科耳棱镜，如图 15-13（a）所示。

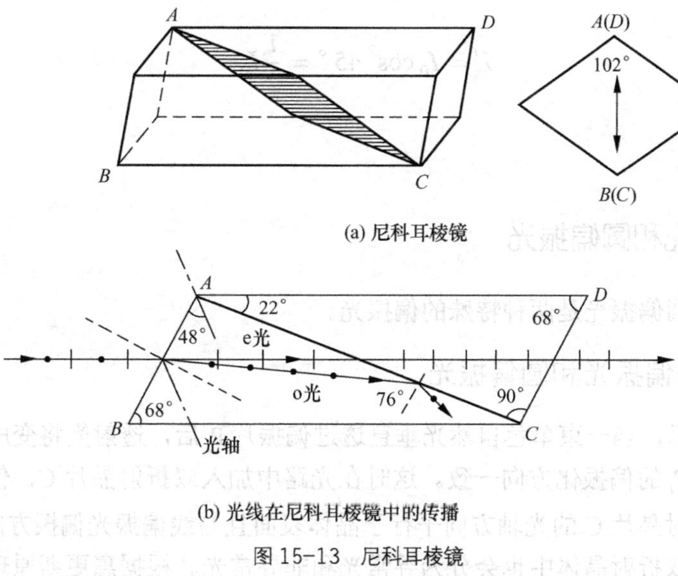

图 15-13　尼科耳棱镜

如图 15-13（b）所示，自然光从尼科耳棱镜的端面上入射进入晶体后分为两束，一束为寻常光，一束为非寻常光。由于方解石晶体中寻常光的折射率为1.658，非寻常光主折射率1.486，而尼科耳棱镜使用的树胶折射率为1.55，所以当光束照到方解石和树胶的界面时，寻常光的入射角超过临界角而发生全反射，而非寻常光则透射过树胶。最终寻常光照射到 BC 底面被涂黑的部分吸收，而非寻常光自透镜的另一个端面射出。

除了尼科耳棱镜外，沃拉斯特棱镜等也是由光轴相互垂直的两块方解石晶体黏合而成，如图 15-14 所示，沃拉斯特棱镜可获得两束分得很开的线偏振光。

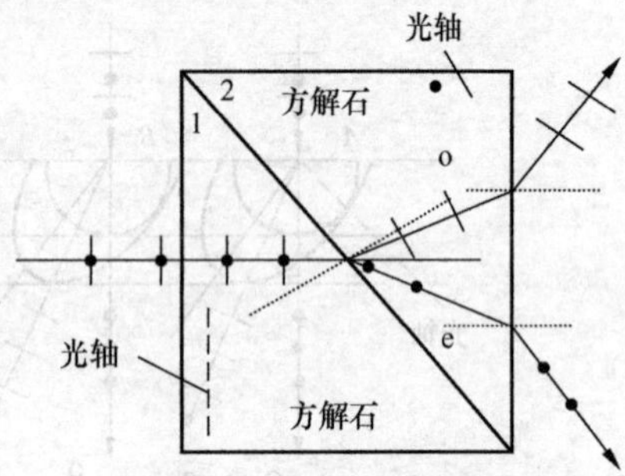

图 15-14　沃拉斯特棱镜

【例 15-2】　两尼科耳棱镜晶体主截面间的夹角由 30° 转到 45°。

（1）当入射光是自然光时，求转动前后透射光的强度之比；

（2）当入射光是线偏振光时，求转动前后透射光的强度之比。

解：尼科耳棱镜出射为振动面在主截面内的线偏振光。主截面即偏振化方向。

（1）入射光为自然光，夹角为 30° 时

$$I=\frac{I_0}{2}\cos^2 30^\circ=\frac{3}{8}I_0$$

夹角为 45° 时，

$$I'=\frac{I_0}{2}\cos^2 45^\circ=\frac{1}{4}I_0$$

得 $\frac{I}{I'}=\frac{3}{2}$。

（2）入射光为线偏振光，夹角为 30º 时

$$I=I_0\cos^2 30^\circ=\frac{3}{4}I_0$$

夹角为 45° 时，

$$I'=I_0\cos^2 45^\circ=\frac{1}{2}I_0$$

所以 $\frac{I}{I'}=\frac{3}{2}$。

15.5　椭圆偏振光和圆偏振光

椭圆偏振光和圆偏振光是两种特殊的偏振光。

15.5.1　椭圆偏振光和圆偏振光

如图 15-15 所示，当一束单色自然光垂直透过偏振片 P_1 后，透射光将变成线偏振光，其偏振方向同偏振片 P_1 的偏振化方向一致。这时在光路中加入双折射晶片 C，使所得的线偏振光垂直入射，双折射晶片 C 的光轴方向平行于晶体表面且与线偏振光偏振方向成 α 角。

线偏振光进入双折射晶体中也会分为寻常光和非寻常光。根据惠更斯原理对双折射现象的解释，可以知道寻常光和非寻常光在垂直入射时不会分开，如图 15-10 所示。但是由于折

射率不同，两种光射出双折射晶片 C 时，其相位会有所不同。假设寻常光和非寻常光的折射率分别为 n_o 和 n_e，双折射晶片 C 厚度为 d，则两束光透过晶片后的相位差为

$$\Delta\varphi = \frac{2\pi}{\lambda} d(n_o - n_e)$$

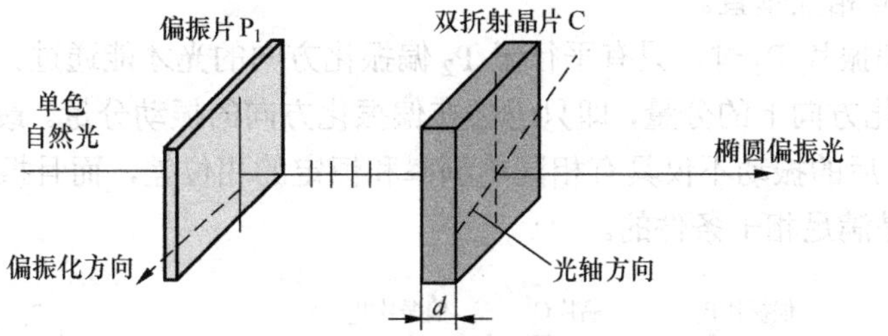

图 15-15　椭圆偏振光

如果晶片的厚度 d 恰好能使相位差 $\Delta\varphi = k\pi$，则寻常光和非寻常光叠加之后仍为线偏振光。若 $\Delta\varphi \neq k\pi$，则两束光叠加之后形成的振动轨迹为一个椭圆形，这样的光称为**椭圆偏振光**。

双折射晶片 C 的光轴方向决定了寻常光和非寻常光的振幅。两种光的振幅分别可以表示为

$$A_o = A\sin\alpha \qquad A_e = A\cos\alpha$$

因此如果两种光的振幅相同，即当 $\alpha = \pi/4$，且相位差 $\Delta\varphi = \pi/2$ 或 $\Delta\varphi = 3\pi/2$ 时，叠加后形成的振动轨迹为一个圆形，这样的光称为**圆偏振光**。

15.5.2　四分之一波片

根据上述的分析，要获得圆偏振光，晶片的厚度应使 o 光和 e 光产生 $\frac{\pi}{2}$ 的相位差，即

$$\Delta\varphi = \frac{2\pi}{\lambda} d(n_o - n_e) = \frac{\pi}{2}$$

由此可以得出

$$d = \frac{\lambda}{4(n_o - n_e)}$$

或写成两种光之间光程差的形式

$$\delta = d(n_o - n_e) = \frac{\lambda}{4}$$

即如果选择晶片的厚度使寻常光和非寻常光的相位差 $\Delta\varphi = \pi/2$，可以让寻常光和非寻常光在晶片中的光程差为四分之一个波长。满足上述条件的晶片称为**四分之一波片**。使用这种波片可以使两种光在晶片中的相位差为 $\pi/2$，若同时能够满足 $\alpha = \pi/4$，则透射出来的光为圆偏振光，否则仍为椭圆偏振光。应该注意的是，四分之一波片是针对某一特定波长而言的，若是使用其他波长的光则不能达到相同效果。

除了四分之一波片外，有些情况下也使用二分之一波片。这种波片使寻常光和非寻常光的相位差 $\Delta\varphi = \pi$。因此，线偏振光垂直入射到该波片上透射出来时仍为线偏振光。

15.5.3 偏振光的干涉

椭圆偏振光中寻常光和非寻常光源于同一束光，所以两种光具有相干性。如图 15-16（a）所示，若在椭圆偏振光的后面再加一个偏振片 P_2，使光束垂直入射到其表面。保持偏振片 P_2 同 P_1 的偏振化方向相互垂直。

两种光通过偏振片 P_2 时，只有平行于 P_2 偏振化方向的光才能通过。所以，可以只考虑两种光在 P_2 偏振化方向上的分量，即只考虑在偏振化方向的振动分量。最终寻常光和非寻常光透过偏振片 P_2 后的振动不仅具有相同的频率和恒定的相位差，而且振动的方向也是相同的，因此两束光是满足相干条件的。

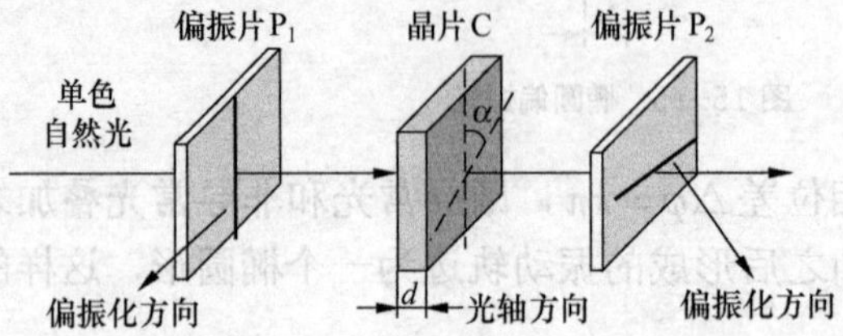

(a) 偏振光干涉光路

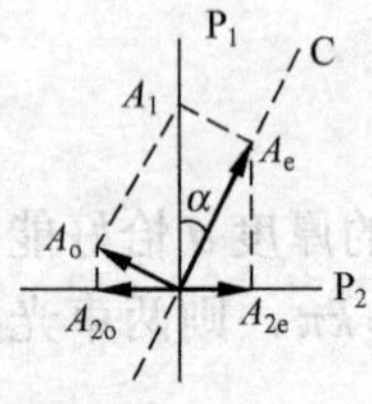

(b) 相干偏振光的振幅

图 15-16　偏振光的干涉

两束光在 P_2 偏振化方向上的振幅分量，如图 15-16（b）所示，有

$$A_{2o}=A_o\cos\alpha=A_1\sin\alpha\cdot\cos\alpha$$

$$A_{2e}=A_e\sin\alpha=A_1\sin\alpha\cdot\cos\alpha$$

因此，最终两束光不仅满足相干条件，而且振幅也是相等的。两束光之间除了要考虑与晶片厚度 d 有关的相位差外，还存在着一个附加的相位差π，所以相位差可以写为

$$\Delta\varphi=\frac{2\pi}{\lambda}d(n_o-n_e)+\pi$$

要使干涉相长，必须满足条件

$$\Delta\varphi=\frac{2\pi}{\lambda}d(n_o-n_e)+\pi=2k\pi\qquad(k=1,2,3,\cdots)$$

即只有当晶片的厚度 d 满足

$$d=\frac{(2k-1)}{2(n_o-n_e)}\lambda\qquad(k=1,2,3,\cdots)$$

时，干涉相长。

要使干涉相消，必须满足条件

$$\Delta\varphi=\frac{2\pi}{\lambda}d(n_o-n_e)+\pi=(2k-1)\pi\qquad(k=1,2,3,\cdots)$$

即只有当晶片的厚度 d 满足

$$d=\frac{k}{(n_o-n_e)}\lambda\qquad(k=1,2,3,\cdots)$$

时，干涉相消。

同时可以看出，干涉条件与入射光的波长有关，当采用的单色光波长不同时，产生的干涉效果也会不同。若使用白色自然光入射，当晶片厚度一定时，不同波长的光干涉效果不同，所以视场将会出现一定的色彩，这种现象称为**色偏振**。色偏振现象在实际生活上有着较为广泛地应用，如可用来鉴别矿石的种类。

15.6 *旋光现象

旋光现象是阿喇果于 1811 年发现的一种偏振现象，其特征是当偏振光通过某些透明的介质时，偏振光的振动面将以光传播的方向为轴旋转一定的角度，具有这种特性的物质称为**旋光物质**。常见的石英晶体、食糖溶液和酒石酸溶液都是较强的旋光性物质。

如图 15-17 所示，自然光透过偏振片 P_1 后生成线偏振光，线偏振光射到正交偏振片 P_2 上时将不能透过 P_2。此时，将厚度为 d 的石英晶体 C 置于两偏振片之间，可以观察到有光透过 P_2。如果以光传播的方向为轴旋转 P_2，可以发现当旋转到一定角度之后，就没有光透过了。这说明，透过石英晶体的偏振光仍是线偏振光，只不过其偏振化方向发生了变化。

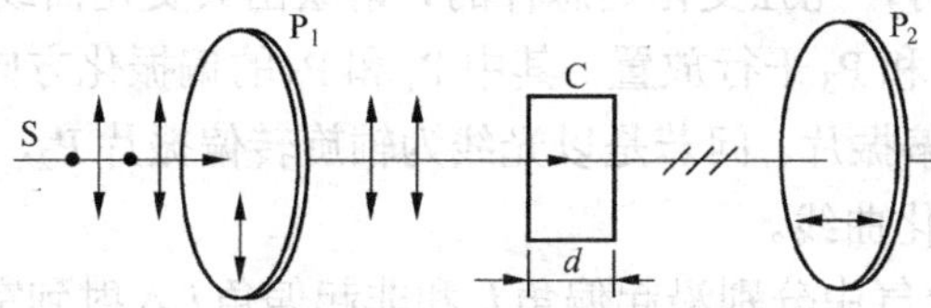

图 15-17　旋光现象实验装置

进一步的实验表明，有的旋光物质可以使偏振光的偏振化方向沿顺时针的方向旋转，这种物质称为**右旋光物质**；有的旋光物质可以使偏振光的偏振化方向沿逆时针的方向旋转，这种物质称为**左旋光物质**。

当选用厚度不同的旋光物质时，旋转的角度也不同。当选用厚度为 d 的旋光物质时，旋转角度 θ 为

$$\theta = \alpha d$$

式中，α 称为旋光率，与具体选用的旋光物质及入射光的波长有关。如果使用 1mm 厚的石英晶体片，可以使波长 405nm 的紫光旋转 45.9°，使 589nm 波长的钠黄光旋转 21.7°。

食糖溶液、松节油等液体也具有旋光特性，其旋转的角度与液体的厚度 l、旋光率 α、以及物质的浓度有关。图 15-18 所示为工业生产中测定糖溶液浓度使用的糖量计示意图，其中糖溶液被夹在两个玻璃片之间，当液体中食糖的浓度发生变化时，偏振片 P_2 的透射光也会发生变化，旋转 P_2 可以测出旋转的角度

$$\theta = \alpha l \Delta\rho$$

式中，$\Delta\rho$ 为食糖浓度的变化量。这种分析方法称为“量糖术”，在工业生产过程中常有使用。

使用人工的方法也可以产生旋光性，其中最常见的是磁致旋光现象，通常称为法拉第旋光效应。图 15-19 所示为磁致旋光实验装置，其中电磁铁中间的样品为玻璃、二硫化碳等物质。

对于给定的样品，旋转角与样品的长度 l 和磁感应强度 B 的大小成正比，即

$$\theta = VlB$$

式中，V 叫做费尔德常量。

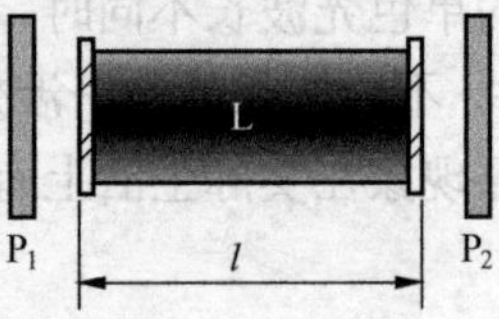

图 15-18 糖量计装置

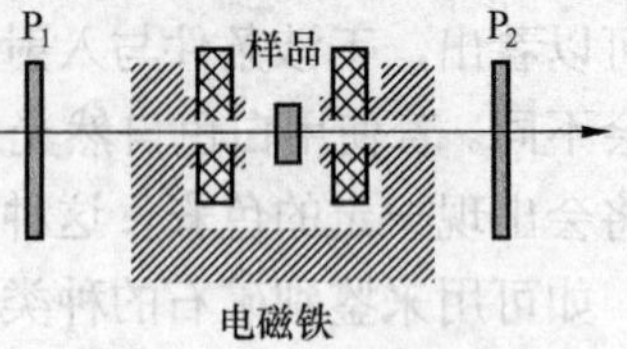

图 15-19 磁致旋光实验装置

复习题

一、思考题

1．两个偏振片 P_1 和 P_2 平行放置，一束自然光垂直入射并依次通过两个偏振片。若分别以光线为轴旋转两个偏振片，观察出射光强的变化。问：

（1）当只旋转偏振片 P_1 时，光强变化是怎样的？请绘出其变化曲线。

（2）当只旋转偏振片 P_2 时，光强变化是怎样的？请绘出其变化曲线。

2．3 个偏振片依次 P_1、P_2 和 P_3 平行放置，其中 P_1 和 P_3 的偏振化方向互相垂直，一束自然光垂直入射，依次通过 3 个偏振片。问若是以光线为轴旋转偏振片 P_2，则从 P_3 出射的光强的变化是怎样的？请绘出其变化曲线。

3．偏振特性不同的光自空气中分别沿起偏角 i_0 和非起偏角 i 入射到空气和水的界面，如图 15-20 所示，请绘出反射光线和折射光线的偏振方向？

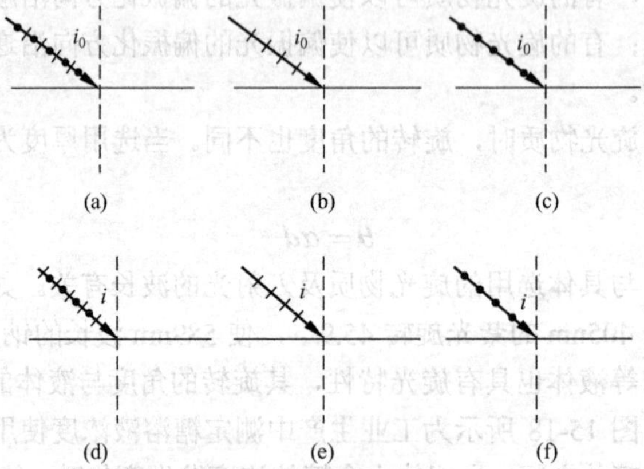

图 15-20 思考题 3

4．若阳光入射到平静湖面上的反射光为完全偏振光，请问太阳与地平线的夹角是多大？其反射光的电矢量的振动方向是怎样的？

5．现有 3 个光源分别能够发出自然光、线偏振光和部分偏振光，请问如何能够用实验来分辨这 3 种光源。

6．怎样分辨波片和四分之一波片？

7．试设计 3 种使偏振光的振动面转过 90° 的方法。

二、习题

1. 在双缝干涉实验中，用单色自然光，在屏上形成干涉条纹. 若在两缝后放一个偏振片，则（　　）。

（A）干涉条纹的间距不变，但明纹的亮度加强

（B）干涉条纹的间距不变，但明纹的亮度减弱

（C）干涉条纹的间距变窄，且明纹的亮度减弱

（D）无干涉条纹

2. 一束光是自然光和线偏振光的混合光，让它垂直通过一偏振片，若以此入射光束为轴旋转偏振片，测得透射光强度最大值是最小值的 5 倍，那么入射光束中自然光与线偏振光的光强比值为（　　）。

（A）1/2　　（B）1/3　　（C）1/4　　（D）1/5

3. 一束光强为 I_0 的自然光，相继通过 3 个偏振片 P_1、P_2、P_3 后，出射光的光强为 $I=I_0/8$，已知 P_1 和 P_3 的偏振化方向相互垂直，若以入射光线为轴，旋转 P_2，要使出射光的光强为零，P_2 最少要转过的角度是（　　）。

（A）30°　　（B）45°　　（C）60°　　（D）90°

4. 一束自然光自空气射向一块平板玻璃（见图 15-21），设入射角等于布儒斯特角 i_0，则在界面 2 的反射光（　　）。

（A）是自然光

（B）是线偏振光且光矢量的振动方向垂直于入射面

（C）是线偏振光且光矢量的振动方向平行于入射面

（D）是部分偏振光

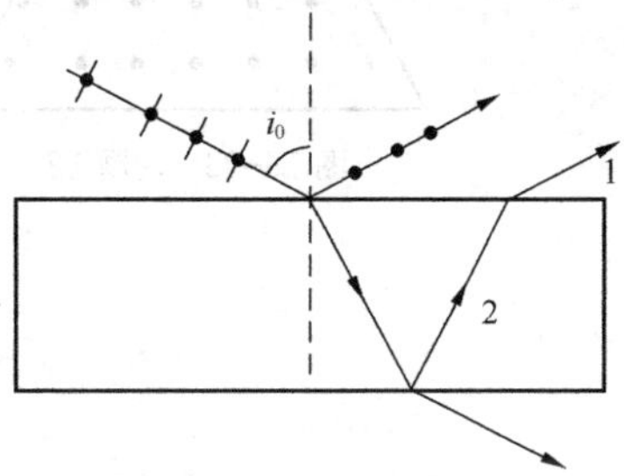

图 15-21　习题 4

5. 自然光以 60° 的入射角照射到某两介质交界面时，反射光为完全线偏振光，则可知折射光为（　　）。

（A）完全偏振光，且折射角是 30°

（B）部分偏振光，且只是在该光由真空入射到折射率为 $\sqrt{3}$ 的介质时，折射角是 30°

（C）部分偏振光，但须知两种介质的折射率才能确定折射角

（D）部分偏振光，且折射角是 30°

6. 自然光通过两个平行放置且偏振化方向成 60° 角的偏振片，透射光强为 I_2。今在这两个偏振片之间再插入另一偏振片，它的偏振化方向与前两个偏振片均成 30° 角，则透射光强为多少?

7. 一束光自然偏振光和线偏振光的混合光垂直入射到一片偏振片上时，发现透射光同偏振片的方向有关，沿光线为轴旋转偏振片，透射光强最强时为最弱时的 5 倍，求自然光光强是线偏振光的多少倍?

8. 通常使用起偏角测定不透明电介质的折射率。如测得珐琅表面釉质的起偏振角为 58°，试求它的折射率。

9. 如图 15-22 所示，一块折射率 n=1.50 的平面玻璃浸在水中，已知一束光入射到水面上时，反射光是完全偏振光，若要使玻璃表面的反射光也是完全偏振光，则玻璃表面与水平面的夹角 θ 应是多大?

10．使用方解石晶体制作适用钠光灯（波长 589.3nm）和汞灯（波长 456.1nm）光源的四分之一波片，求波片的最小厚度为多少？

11．两平行放置的偏振片的偏振化方向一致，在两偏振片之间放置一个垂直于光轴的石英晶片（石英晶片对钠黄光的旋光率为 21.7°/mm），问钠光灯垂直入射时，晶片的厚度为多少时光线不能通过？

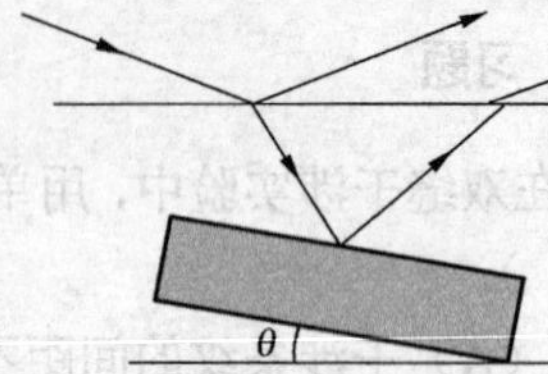

图 15-22　习题 9

12．将方解石切割成一个 60° 的正三角形，光轴方向垂直于棱镜的正三角形截面。非偏振光的入射角为 i，而 e 光在棱镜内的折射线与镜底边平行如图 15-23 所示，求入射角 i，并在图中画出 o 光的光路。已知 n_e=1.49，n_o=1.66。

13．图 15-24 所示的沃拉斯顿棱镜是由两个 45° 的方解石棱镜组成的，光轴方向如图所示，以自然光入射，求两束出射光线间的夹角和振动方向。已知 n_e=1.49，n_o=1.66。

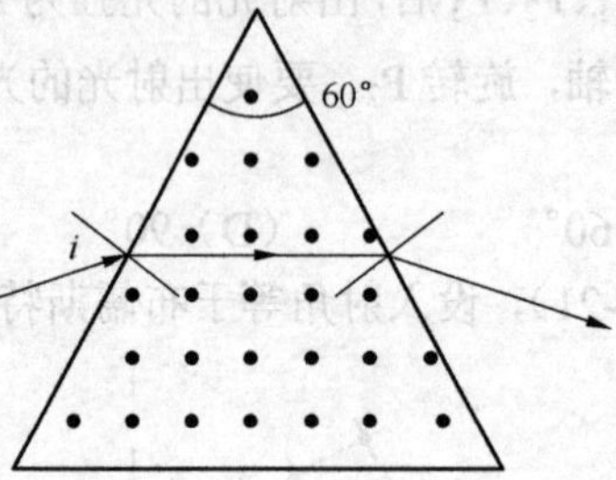

图 15-23　习题 12

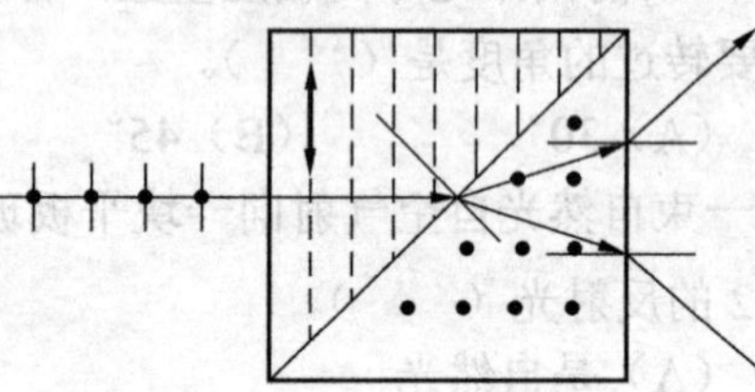
图 15-24　习题 13

模块6 近代物理

在第1模块中介绍了经典力学的运动学和动力学，经典力学是以牛顿定律为基础的，是宏观物体在低速情况下的运动规律的总结。经典力学认为在所有惯性系中，时间和空间都是不依赖参考系而绝对存在的，这在我们日常生活里面也得到了证实。19世纪以来，特别是当电磁场理论出现后，人们发现上述的理论在高速情况下（即接近于光速时）不再成立，对高速运动的问题，经典力学的理论不再适应，而代之以爱因斯坦建立的相对论力学。并由此而兴起了物理学一个新的学科——量子物理。本模块主要介绍关于相对论基础和量子物理的一些初步知识。

第16章 相对论基础

【学习目标】

- 了解迈克尔孙—莫雷实验。
- 理解狭义相对论的两条基本原理，掌握洛伦兹变换式。
- 理解同时的相对性，以及长度收缩和时间延缓的概念，掌握狭义相对论的时空观。
- 掌握狭义相对论中质量、动量与速度的关系，以及质量与能量间的关系。

本章将主要介绍高速情况下的洛伦兹变换式以及狭义相对论的时空观。并简单介绍广义相对论。

16.1 狭义相对论的基本原理 洛伦兹变换式

经典力学认为在所有的惯性系中，时间和空间都不依靠其他条件而独立存在，即时间和空间都是绝对的；我们可以从第 1 章的伽利略坐标变换中也可以看出，在所有相互做匀速直线运动的惯性系中，对于描写机械运动的规律来说是完全等价的。这种观点一直持续到 19 世纪末，直到被实验证实其具有局限性。这些实验就是寻找“以太”的实验。值得一提的是，这个结果是建立在寻找“以太”失败的基础上的。试图寻找“以太”的实验很多，其中以迈克尔孙和莫雷所做的迈克尔孙—莫雷实验最为著名。

16.1.1 迈克尔孙—莫雷实验

要了解迈克尔孙—莫雷实验，先得从认识“以太”开始。当麦克斯韦预言了电磁波的存在，以及赫兹通过实验确认了电磁波的存在之后，光作为电磁波的一部分，在理论和实验上也得到了证实，但其传播方式引起了广泛争议。从第 12 章我们知道，机械波的传播需要弹性介质。因此，在早期，人们认为光的传播也需要一种弹性介质。于是为了不和伽利略变换相矛盾，假想有这样一种介质存在：这种介质充满了整个空间，即使在真空里面也存在，并且可以渗透到一切物体的内部，透明且密度很小，并具有高弹性，这种假想的介质就叫做“以太”。并且把“以太”作为绝对静止的参考系，即在“以太”参考系中，光的速度在各个方向都是相同的，凡是相对于这个绝对静止参考系的运动都叫做绝对运动，以区别我们前面知道的相对运动，其速度即为绝对速度。并且断言，当时的新生事物——电磁场理论只在“以太”

参考系成立，电磁波在“以太”参考系中速率各向均为光速 c。根据以上观点，当时的科学家们设计了各种装置来寻找这种绝对静止的参考系。因为按照当时的理论，既然“以太”完全静止，地球相对于“以太”的速度就应当是地球的绝对速度，利用光在各个方向上传播速度的不同，就可以测出地球的绝对速度。

1887 年，迈克尔孙和莫雷在克里夫兰的卡思应用科学学校进行了非常仔细的实验。图 16-1 所示为当时的装置示意图。但他们并没有看到预期的结果，后来迈克尔孙和莫雷又将实验场地和条件不断变换，并进行了多次实验，但是结果却始终令人失望，“以太”并不存在（详见本书第 13 章内容）。

就这样，原本验证“以太”存在的实验却否定了“以太”的存在，迈克尔孙—莫雷实验是物理史上最有名的“失败的实验”，结果令人震惊。但是从某种意义上讲，这又是一个成功的实验，因为这个重大的否定性实验，动摇了经典物理学的基础。正是在这个条件下，狭义相对论的理论诞生了。值得一提的是，迈克尔孙在光谱研究和气象学方面取得了出色成果，1907 年，迈克尔孙因研制精密光学仪器而获得诺贝尔物理学奖，图 16-2 所示为迈克尔孙像。

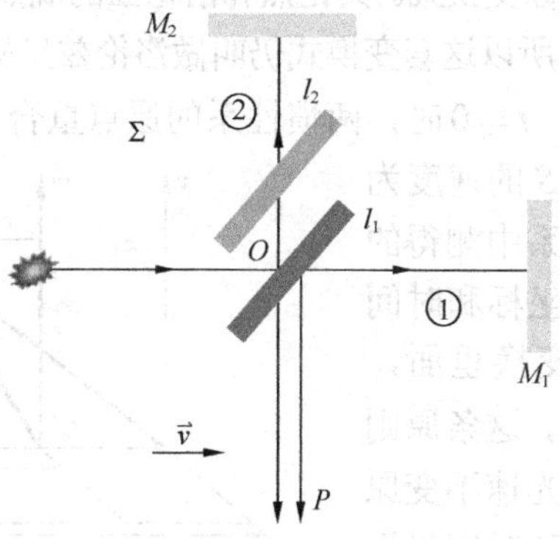

图 16-1 迈克尔孙干涉仪示意图

图 16-2 迈克尔孙

16.1.2 狭义相对论的基本原理

1905 年，一名在瑞士小城伯尔尼专利局供职的、留着一头乱蓬蓬头发的、刚由专利局的试用人员转为正式三级技术员半年的 26 岁的小公务员，提出了两条狭义相对论的基本原理。这个年轻人就是阿尔伯特 · 爱因斯坦，如图 16-3 所示。

图 16-3 爱因斯坦

下面我们看一下这两条足以颠覆摧毁经典物理学王朝的基本理论。

（1）**相对性原理：物理定律在所有惯性参照系中都具有相同的表达形式，换句话说，所有惯性参照系对于描述物理定律都是等价的。**

（2）**光速不变原理：真空中的光速是常量，它与光源或观察者的运动状态无关，即不依赖于惯性系的选择。**

可以看出，爱因斯坦的相对性原理是对伽利略相对性原理的发展，伽利略相对性原理只局限于力学定律，而爱因斯坦相对性原理则把这一等价性发展到力学、电磁学等一切自然规律上去。这样，也就推翻了“以太”假说。另外，爱因斯坦的相对性原理提出光速不变原理，即真空中的光速为一恒量，与惯性系的运动状态没有关系，而按照伽利略相对性原理，光速与观察者和光源的相对运动有关，爱因斯坦狭义相对论到底是否正确呢？

事实是检验真理的唯一标准，1964 年～1966 年，位于日内瓦附近法国与瑞士的边界的欧洲核子物理实验室通过一系列实验，直接验证了光速不变的原理：在同步加速器中产生的π^0介子以 0.999 75c 的速度高速飞行，并在飞行中发生衰变，辐射出能量为6×10^{19}电子伏的光子，测得光子的速度仍是光速 c。

16.1.3 洛伦兹变化式

迈克尔孙—莫雷实验作为物理史上最有名的“失败的实验”，致使“以太”这个概念作为绝对运动的代表、经典物理学和经典时空观的基础，被无情地否定，那就意味着整个物理世界马上会轰然崩塌。自牛顿以来，经典物理学所到之处势如破竹，其统治地位让多数人不敢怀疑，于是人们提出了许多折中的办法，荷兰物理学家洛伦兹（Hendrik Antoon Lorentz）为了弥合经典物理学所出现的缺陷，于 1904 年提出了一种假说，认为物体在运动的方向上会发生长度的收缩，从而使得“以太”的相对运动速度无法被测量到，这使得以太的概念得以继续保留。现在看来，前半部分是正确的，但是其理论基础却是不合理的。1905 年，爱因斯坦在狭义相对论的基础上，导出了一套新的坐标变换式，用以代替伽利略坐标变换式。其论点和洛伦兹的观点一致，但是却用相对论的思想来加以解释。为了纪念洛伦兹，所以这套变换式仍叫做洛伦兹坐标变换式。

如图 16-4 所示，设有两个惯性系S和S'，$t=0$时，两惯性系的原点重合。此两惯性系沿着xx'轴相互做匀速直线运动，设S'系相对S的速度为$\vec{v}$。某时刻在点P发生了一个事件，点P在S系中测得的坐标和时间为（x,y,z,t），而在S'系中测得的坐标和时间为（x',y',z',t'）。我们知道，在伽利略坐标变换里面，$t=t'$，即时间是绝对的，但是在狭义相对论中，这条原则不再成立。按照狭义相对论的相对性原理以及光速不变原理，可导出此事件在两个惯性参考系中的空间和时间坐标(x,y,z,t) 和（x',y',z',t') 之间的变换式为

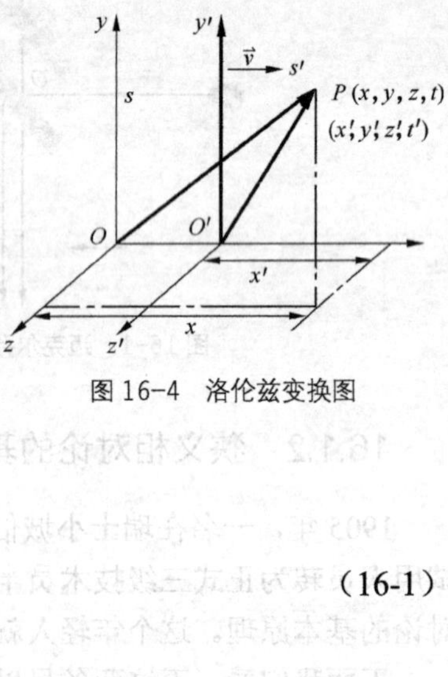

图 16-4　洛伦兹变换图

$$\left.\begin{aligned} x &= \frac{x'-vt'}{\sqrt{1-\beta^2}} \\ y &= y' \\ z &= z' \\ t &= \frac{t'-vx'/c^2}{\sqrt{1-\beta^2}} \end{aligned}\right\} \tag{16-1}$$

和

$$\left.\begin{aligned} x &= \frac{x'+vt'}{\sqrt{1-\beta^2}} \\ y' &= y \\ z' &= z \\ t &= \frac{t'+vx'/c^2}{\sqrt{1-\beta^2}} \end{aligned}\right\} \tag{16-2}$$

式中，$\beta=\frac{v}{c}$，c 为光速。式（16-1）和式（16-2）分别叫做**洛伦兹变换的正变换和逆变换**。可以看出，在洛伦兹变换式里面，时间 t 和 t' 都不再是绝对存在的，而是依赖于其空间坐标和两个惯性系之间的相对速度。这与牛顿力学里面的伽利略坐标变换截然不同。

当 $v<<c$ 时，即 $\beta=\frac{v}{c}$ 趋近于零时，两个惯性系之间做低速相对运动，此时的洛伦兹变换就可以转化为伽利略坐标变换，可以看出，洛伦兹变换式包含了伽利略变换，在低速和高速的情况下普遍适应；另外，当 $v>c$ 时，洛伦兹变换式就没有意义了。因此，真空中的光速为物体运动速度的极限。现代物理实验的例子也验证了这一观点。但是，随着科学的发展，能否发现运动速度高于光速的物体呢？如果确实存在这样的物体，那对于我们将来的意义将不言而喻，在那种情况下的坐标变换又将如何呢？

16.2 相对论速度变换式

上一节介绍了洛伦兹坐标变换，本节将学习相对论的速度变换式。同样，它也可以取代伽利略速度变换式。

仍然以图 16-4 为例，两个惯性系 S 和 S'，S' 系以相对 S 系为 $\vec{v}$ 的速度沿着 xx' 轴运动。$t=0$ 时，两惯性系的原点重合。我们考察一下 P 点在两个惯性系中的运动速度，设其在 S 中的速度为 $\vec{u}(u_x,u_y,u_z)$，而在 S' 中的速度为 $\vec{u}'(u_x',u_y',u_z')$。

按照速度的定义，S 系中的速度为

$$u_x=\frac{\mathrm{d}x}{\mathrm{d}t},u_y=\frac{\mathrm{d}y}{\mathrm{d}t},u_z=\frac{\mathrm{d}z}{\mathrm{d}t}$$

在 S' 系中的速度为

$$u_x'=\frac{\mathrm{d}x'}{\mathrm{d}t'},u_y'=\frac{\mathrm{d}y'}{\mathrm{d}t'},u_z'=\frac{\mathrm{d}z'}{\mathrm{d}t'}$$

从式（16-1）可以看出

$$\mathrm{d}x'=\frac{(\mathrm{d}x-v\mathrm{d}t)}{\sqrt{1-\beta^2}}$$

$$\mathrm{d}t'=\frac{(\mathrm{d}t-\frac{v}{c^2}\mathrm{d}x)}{\sqrt{1-\beta^2}}$$

所以可得

$$u_x'=\frac{\mathrm{d}x'}{\mathrm{d}t'}=\frac{\mathrm{d}x-v\mathrm{d}t}{\mathrm{d}t-\frac{v}{c^2}\mathrm{d}x}=\frac{u_x-v}{1-\frac{v}{c^2}u_x}$$

同样可得

$$u_y'=\frac{\mathrm{d}y'}{\mathrm{d}t'}=\frac{u_y\sqrt{1-\beta^2}}{1-\frac{v}{c^2}u_x}$$

$$u'_z = \frac{\mathrm{d}z'}{\mathrm{d}t'} = \frac{u_z\sqrt{1-\beta^2}}{1-\dfrac{v}{c^2}u_x}$$

即

$$\left.\begin{aligned} u'_x &= \frac{u_x - v}{1-\dfrac{v}{c^2}u_x} \\ u'_y &= \frac{u_y\sqrt{1-\beta^2}}{1-\dfrac{v}{c^2}u_x} \\ u'_z &= \frac{u_z\sqrt{1-\beta^2}}{1-\dfrac{v}{c^2}u_x} \end{aligned}\right\} \tag{16-3}$$

式（16-3）叫做相对论的速度变换式，或者叫做洛伦兹速度变换式。

同样可得其逆变换式为

$$\left.\begin{aligned} u_x &= \frac{u'_x + v}{1+\dfrac{v}{c^2}u'_x} \\ u_y &= \frac{u'_y\sqrt{1-\beta^2}}{1+\dfrac{v}{c^2}u'_x} \\ u_z &= \frac{u'_z\sqrt{1-\beta^2}}{1+\dfrac{v}{c^2}u'_x} \end{aligned}\right\} \tag{16-4}$$

同样可以看出，当$v << c$时，上式可以转化为伽利略速度变换式。即相对论速度变换式包含伽利略速度变换式。另外，相对论速度变换公式很好地遵循了光速不变原理。举个例子，一束沿着xx'轴运动的光对S'的速度为c，即$u'_x = c$，则根据相对论速度变换公式，可以计算光对S系的速度为

$$u_x = \frac{u'_x + v}{1+\dfrac{v}{c^2}u'_x} = \frac{c+v}{1+\dfrac{v}{c^2}c} = c$$

也就是说，光对于任意惯性系S和S'速度都是相等的。即使在$v_x = c$的极限情况下，光速仍然为c。

【例 16-1】 设想一飞船以$0.90c$的速度在地球上空飞行，如果这时从飞船上沿速度方向抛出一物体，物体相对飞船速度为$0.90c$。问：从地面上看，物体速度多大？

解：由题意，选地面参考系为S系，飞船参考系为S'系，如图 16-5 所示。

则$v = 0.90c$，$u'_x = 0.90c$。

所以，按照相对论速度变换式，可得$u_x=\dfrac{u_x'+v}{1+\dfrac{v}{c^2}u_x'}=\dfrac{0.90+0.90}{1+0.90\times0.90}c=0.994c$。

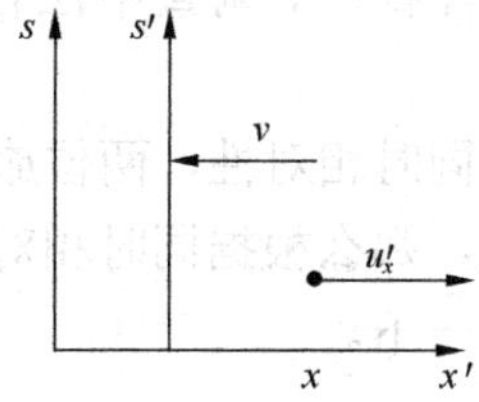

图 16-5 例 16-1

16.3 狭义相对论的时空观

按照经典物理，时间是绝对的，即在某个惯性系里面某个时间发生的事件，在另外一个与之做相对匀速直线运动的惯性系里观察，是同时发生的；而长度等也是绝对的。但是相对论认为，时间是相对的，空间也是相对的，与所选择的惯性系有关系。

16.3.1 关于“同时”的相对性

我们会经常涉及“同时”这一概念。在S系中同时发生了两个事件，被S中的观察者同时发现，也会被在S'系中的观察者同时发现。例如在站台上的人和在火车上的人看见火车上发生了某个事件是同时的。在日常生活经验中，这两件事情发生的时候我们表的指针都是在同一位置，其合理性也被生活经验所检验。但是，在高速情况下，以相对论的基本假设为基础，在一个惯性系中同时发生的事件，在另一惯性系中则不一定是同时发生的。这就是“同时”的相对性。

我们看一个理想情况下的例子。如图 16-6 所示，一列高速行进的火车（请注意“高速”二字，是指其速度接近光速）其车头B'，车尾A'分别放置信号接收器，而中点M'放置光信号发生器。选择地面为S系，火车为S'系。

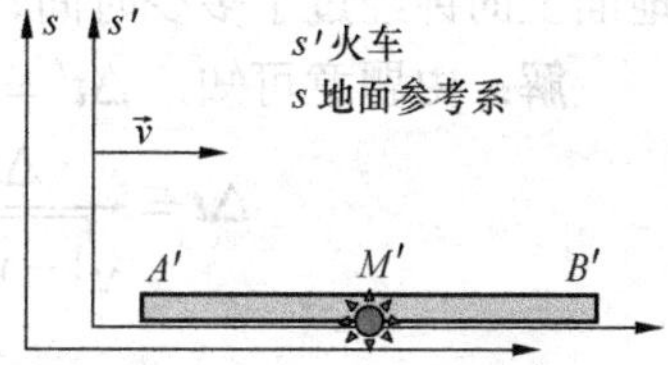

图 16-6 “同时”的相对性用图

火车在行进中，由M'点向两侧发一光信号，由于光速不变，而$A'M'=B'M'$，所以A'和B'同时接收到光信号，即A'接收光信号的事件 1、和B'接收光信号的事件 2 对于S'系是同时发生的。而在地面上，即S系的观察者看来，尽管光速不变，但是由于A'迎着光信号，所以应比B'早接收到光，即事件 1、2 对于S不是同时发生的。

下面我们证明一下。设S'系中两个事件同时发生，其时空坐标分别为(x_1',t_1')和(x_2',t_2')，则可知，在S'系中观测，有$\Delta t'=t_2'-t_1'=0$。而在S系中观测，其时空坐标分别为(x_1,t_1)和(x_2,t_2)。按照洛伦兹变换，可知

$$t_1=\frac{1}{\sqrt{1-\beta^2}}(t_1'+\frac{v}{c^2}x_1')\text{，}\quad t_2=\frac{1}{\sqrt{1-\beta^2}}(t_2'+\frac{v}{c^2}x_2')$$

因为有$t_2'-t_1'=0$，$x_2'-x_1'\neq 0$，所以有$\Delta t=t_2-t_1\neq 0$。

即得出结论：对于S'系来说异地同时发生的事件，对S系则是非同时发生的。

曾经有一个经典的犯罪问题，站台上两个人 A 和 B 相互开枪射击，枪击的火花恰好被两列相向经过的列车中部的旅客看见。调查中法官是否可以根据旅客的证词判定谁开枪呢？

假如 A、B 同时开枪，那么根据同时相对性，两位旅客的证词应该正好相反。假如 A、B 中一人是看到另一人开枪后才开枪，那么根据同时相对性，两位旅客的证词是否相反？法官该如何判定呢？读者不妨自己思考一下。

16.3.2 时间延缓

在狭义相对论中，两个事件发生的时间间隔和一个持续事件的过程间隔也不是绝对的。设在S系中某地坐标为x处发生了一个持续事件，在S系中观测，其起始时刻为t_1，结束时刻为t_2。所经历的时间为$\Delta t=t_2-t_1$。而在S'系中观测，其经历的时间为$\Delta t'=t_2'-t_1'$。根据洛伦兹变换式，可得

$$\begin{aligned}\Delta t'=t_2'-t_1'&=\frac{t_2-vx/c^2}{\sqrt{1-\beta^2}}-\frac{t_1-vx/c^2}{\sqrt{1-\beta^2}}\\&=\frac{t_2-t_1}{\sqrt{1-\beta^2}}=\frac{\Delta t}{\sqrt{1-\beta^2}}\end{aligned}\tag{16-5}$$

从上式可以看出，$\Delta t'>\Delta t$，即对于同一过程，在S'系中所记录的时间间隔，要大于在S系中所记录的时间间隔。由于S'系是运动的，也就是说，运动的时钟变慢了，这就是**时间延缓**效应，或者叫做**时间膨胀**效应。

【例 16-2】 飞机以$v=9\times10^3$ m/s 的速率相对于地面匀速飞行。飞机上的钟走了 5.00s，地面上的钟经过了多少时间？

解：由题意可知，$\Delta t'=5.00\text{s}$，

$$\Delta t=\frac{\Delta t'}{\sqrt{1-v^2/c^2}}=\frac{5}{\sqrt{1-\left(9\times10^3\Big/3\times10^8\right)^2}}=5.000\,000\,002\text{s}$$

可见，时间膨胀效应虽然是存在的，但是，由于我们目前的科技手段的限制，我们所能观测到的时间膨胀的值是很小的。

还有一个问题，留给读者思考：有一对双胞胎甲和乙，甲留在地球上，乙乘宇宙飞船周游太空，若干年后，乙返回地球，双胞胎重逢时哪一个更年轻呢？

16.3.3 长度收缩

与时间膨胀一样，在狭义相对论中，长度的测量也是随着参考系而变化的，并且在运动参考系中，将发生的效应是**长度收缩**。

为简单起见，设在S系中沿x轴固定一物体，在S系中测量其长度为$l=x_2-x_1$；而在S'系中某时刻t'测量，其长度为$l'=x_2'-x_1'$。按照洛伦兹变换式，可以写出

$$l = x_2 - x_1 = \frac{1}{\sqrt{1-\beta^2}}(x_2' + vt') - \frac{1}{\sqrt{1-\beta^2}}(x_1' + vt') = \frac{x_2' - x_1'}{\sqrt{1-\beta^2}} = \frac{l'}{\sqrt{1-\beta^2}} \tag{16-6}$$

即从动参考系中测得的沿速度方向的物体长度l'，相比在与物体相对静止的参考系中测得的长度要短，这个效应就是长度收缩效应。但是在和相对速度垂直的方向上则没有这个变化，因为按照洛伦兹变换式，有$y' = y$和$z' = z$。

16.3.4 相对性与绝对性

我们先看一个很有意思的例子，一列高速穿越隧道的列车，列车静止长度等于隧道静止长度，车头将出洞时在隧道入口和出口同时出现雷击，问列车能躲过雷击吗?

地面上的人认为：车长缩短，不会被雷击；在列车上的人认为：隧道缩短，会被雷击。下面我们分析一下，对地面这个参考系来说，雷击是同时异地事件，列车长度小于隧道静止长度，所以列车能躲过雷击；对列车这个动的参考系，按照"同时"的相对性可知雷击不是同时发生的，出口处雷击在先，此时车头仍在隧道内；而入口雷击较迟，此时车尾又已进洞内，所以结果也是能躲过雷击。

可见，不同参考系，对运动过程的（时空）描述不同，是相对的。但是事实的结论是一致的，是绝对的!

16.4 狭义相对论动力学基础

在经典力学中，牛顿第二定律$\vec{F} = m\vec{a}$，认为物体质量是不变的。牛顿运动方程对于伽利略变换来说是不变的，但是在狭义相对论中，牛顿运动方程对洛伦兹变换不是不变的。在高速运动的情况下，物体的质量将不是不变的。我们知道洛伦兹变换在低速的情况下会转换为伽利略变换，我们也需要找到一个新的方程，使之适应于高速情况，而且在低速情况下可以转换为牛顿运动方程。

16.4.1 相对论力学的基本方程

由于动量守恒定律是自然界普遍规律之一，因此，在狭义相对论中，根据动量守恒定律和相对论的速度变换式，可以证明，物体的质量不是不变的，而是根据速度而变化的，运动时的质量和静止时的质量之间存在如下关系

$$m = \frac{m_0}{\sqrt{1 - \frac{v^2}{c^2}}} \tag{16-7}$$

式中，m是物体对观测者有相对速度v时测得的质量，m_0是物体在相对静止的惯性系中测得的质量，叫做静止质量。可以看出，当速度v趋近于零时，物体的质量约等于静止质量。式（16-7）揭示了运动和质量的不可分割性。由式（16-7）可知，在相对论中，物体的动量表达式为

$$\vec{P}=m\vec{v}=\frac{m_0\vec{v}}{\sqrt{1-v^2/c^2}} \tag{16-8}$$

此时，相对论力学的动力学方程为

$$\vec{F}=\frac{\mathrm{d}}{\mathrm{d}t}[\frac{m_0}{\sqrt{1-\frac{v^2}{c^2}}}\vec{v}] \tag{16-9}$$

从上式可以看出，当速度 v 趋近于零时，式（16-9）可以转换为牛顿第二定律的微分形式 $\vec{F}=m_0\frac{\mathrm{d}\vec{v}}{\mathrm{d}t}$。一般来说，宏观物体由于其运动速度有限，因此几乎看不出其质量的变化；而对于质子、中子等微观粒子，当其速度被加速到接近光速时，其质量的变化会很明显，例如，当电子被加速到 $v=0.98c$ 时，其质量

$$m=\frac{m_0}{\sqrt{1-0.98^2}}=5m_0$$

16.4.2 质量和能量的关系

下面将学习著名的爱因斯坦质能关系式。

设有一质量为 m_0 的质点从静止开始，在变力作用下，沿 x 轴做一维运动，根据动能定理，当质点有元位移 $\mathrm{d}x$ 时，有

$$E_\mathrm{k}=\int_0^x F_x\mathrm{d}x=\int_0^x\frac{\mathrm{d}p}{\mathrm{d}t}\mathrm{d}x=\int_0^p v\mathrm{d}p$$

又知 $\mathrm{d}(pv)=p\mathrm{d}v+v\mathrm{d}p$，所以上式可变形为

$$E_\mathrm{k}=pv-\int p\mathrm{d}v$$

$$=\frac{m_0v^2}{\sqrt{1-v^2/c^2}}-\int_0^v\frac{m_0v}{\sqrt{1-v^2/c^2}}\mathrm{d}v$$

上式右面第二项积分后，可得

$$E_\mathrm{k}=\frac{m_0v^2}{\sqrt{1-v^2/c^2}}+m_0c^2\sqrt{1-v^2/c^2}-m_0c^2$$

$$=\frac{m_0c^2}{\sqrt{1-v^2/c^2}}-m_0c^2$$

而 $\frac{m_0}{\sqrt{1-v^2/c^2}}=m$，所以得

$$E_\mathrm{k}=mc^2-m_0c^2 \tag{16-10}$$

式（16-10）为相对论的动能表达式。式中 m_0c^2 叫做物体的静止能量，而把 mc^2 叫做物体运动时的能量。我们分别用 E_0 和 E 表示，于是有

$$E_0 = m_0c^2, E = mc^2 \tag{16-11}$$

式（16-11）就叫做**质能关系式**。

质能关系指出，物质的质量和能量之间有密切的联系。惯性质量的增加和能量的增加相联系，能量的改变必然导致质量的相应变化。若物体有 Δm 的质量变化，则必伴随着 $\Delta E = (\Delta m)c^2$ 的能量变化，这是相对论的又一极其重要的推论。

16.4.3 动量和能量的关系

在经典物理里面，认为质量是不变的，在第 3 章的学习中，我们知道，动量和能量有如下关系

$$E_k = \frac{1}{2}mv^2 = \frac{p^2}{2m}$$

根据狭义相对论原理，在高速情况下，质量不再是不变量，所以动量和能量的关系也不再如同上式那么简单。此时动量和能量分别写作

$$p = mv = \frac{m_0 v}{\sqrt{1 - v^2/c^2}}, \quad E = mc^2 = \frac{m_0 c^2}{\sqrt{1 - v^2/c^2}}$$

其中，后者是根据狭义相对论的质能关系式。

上面两个式子联立之后消掉变量 v，可得

$$p^2c^2 = \frac{m_0^2c^4}{1 - v^2/c^2}\left(\frac{v^2}{c^2} - 1 + 1\right) = E^2 - m_0^2c^4$$

于是可以得到狭义相对论动量和能量的关系式

$$E^2 = p^2c^2 + m_0^2c^4 = E_0^2 + p^2c^2 \tag{16-12}$$

式（16-12）揭示了动量和能量的不可分割性。它对于洛伦兹变换式是不变的。在低速情况下，对于动能为 E_k 的粒子，$m \approx m_0$，它可以转化为 $E_k = \dfrac{p^2}{2m}$；而对于高速运动的粒子，由于其能量 E 要远远大于其静止能量 E_0，则式（16-12）可以近似地写作 $E \approx pc$。对于频率为 ν 的光子，其能量为 $h\nu$，于是可以得到

$$p = \frac{E}{c} = \frac{h\nu}{c} = \frac{h}{\lambda}$$

从而验证了在光学中学到的知识：光子的动量和光的波长成反比。

【例 16-3】 已知质子和中子的质量分别为

$$M_P = 1.000\,728\text{u}$$

$$M_n = 1.000\,866\text{u}$$

当两个质子和两个中子组成一氦核 ${}_2^4\text{He}$，实验测得它的质量为 $M_A = 4.00120\text{u}$，试计算形成一个氦核时放出的能量。（$1\text{u} = 1.660 \times 10^{-27}\,\text{kg}$）

解：两个质子和两个中子组成氦核之前，总质量为

$$M = 2M_{\mathrm{P}} + 2M_{\mathrm{n}} = 4.003\,188\ \mathrm{u}$$

而从实验测得氦核质量 M_{A} 小于质子和中子的总质量 M，差额 $\Delta M = M - M_{\mathrm{A}}$ 为原子核的质量亏损。对于 ${}_{2}^{4}\mathrm{He}$ 核，有

$$\Delta M = M - M_{\mathrm{A}} = 0.030\,38\mathrm{u} = 0.030\,38 \times 1.660 \times 10^{-27}\,\mathrm{kg}$$

根据 $\Delta E = (\Delta m)c^2$ 可知，当质子和中子组成原子核时，将有大量的能量放出，该能量就是原子核的结合能。所以形成一个氦核时所放出的能量为

$$\Delta E = 0.030\,38 \times 1.660 \times 10^{-27} \times \left(3 \times 10^{8}\right)^{2}\,\mathrm{J} = 0.453\,9 \times 10^{-11}\,\mathrm{J}$$

16.5 *广义相对论简介

狭义相对论认为，在所有惯性坐标系中，物理学定律都具有相同的表达式。那么，在非惯性系中，这些物理规律又将如何呢？爱因斯坦在创立狭义相对论理论之后，又从非惯性系入手，建立了研究引力本质和时空理论的广义相对论。广义相对论是爱因斯坦在黎曼非欧几何的基础上，于 1916 年建立的引力理论。本书将只对广义相对论作简单介绍。

我们清楚，在力学中，引力和惯性力具有等效性。即在非惯性系中，我们可以引入惯性力的概念，来分析物体的运动情况。如果一个实验者的实验室是在一个引力场内的话，他将会观察到所有他用来做实验而没有受到别的力作用的物体都受到一个共同的加速度，实验者由此可以推断到他的实验室是在一个引力场内。但是这个推论并不是对于所观察到的共同加速度这一现象的唯一可能的解释。

爱因斯坦认为，在任何物理实验中，引力和惯性力在物理效果上完全没有区别，即在一个封闭空间的观察者，无论用什么方法也无法确定他究竟是静止于一个引力场中，还是处在没有引力场却在做加速运动的空间中，这就是广义相对论的**等效原理**。

下面通过一个例子来解释这个原理。

假设有一可在远离引力场的自由空间中运行的电梯，当其以加速度 $\vec{a} = -\vec{g}$ 向上运行时，处于电梯中的人受到向下的惯性力，大小为 mg，此人在电梯里称量自己的体重为 mg，其大小和在地面上称量此人体重时的结果是一样的，如图 16-7 所示。由于电梯为一封闭空间，则在电梯中的人难以判断其究竟是在地面上还是在处于远离引力场加速上升的电梯里。因此说，惯性力可以“抵消”引力，即惯性力和引力是等效的。

而当此电梯以加速度 $\vec{a} = \vec{g}$ 在引力场中加速下降时，以电梯为参考系，处于电梯中的人受到重力和向上的惯性力的作用，而这两个力大小相等、方向相反，可以互相抵消。这种情况和其处于远离引力场的自由空间做匀速运动的电梯中的受力情况是一致的，如图 16-8 所示。也可以看出，在这里，惯性力仍旧可以“抵消”引力。引力和惯性看来并非物质内部不同性质，而仅仅是一切物质的一个更基本的普遍特性两个不同的方面。

当然，由于地球各处的重力加速度不是完全一样的，即存在多个局部惯性系，而等效于

某物体引力场的加速度，其大小和方向应当是空间坐标的函数。

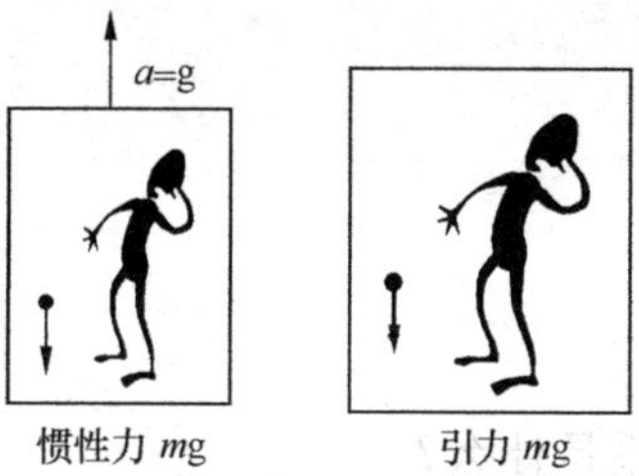

(a) (b)

图 16-7 等效原理用图（1）

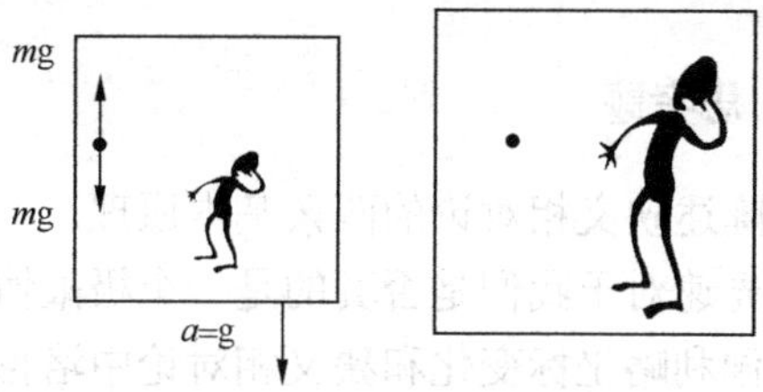

(a) (b)

图 16-8 等效原理用图（2）

所以，在任何引力场中任一时空点，人们总可以建立一个自由下落的局域参考系，在这一参考系中狭义相对论所确立的物理规律全部有效。

而事实上，目前没有哪一类实验能够把匀加速运动同引力场的存在区别开来，这就是爱因斯坦提出的广义相对论的基础。这个原理要求一切物理定律必须写成和参考系的运动状态无关的形式。

按照广义相对论，在任意参考系内，存在引力，引力的存在会导致时空扭曲，因而时空是四维弯曲的非欧黎曼空间。爱因斯坦认为，时空的扭曲结构原因在于物质能量密度以及动量密度在时间空间中的分布，而时空的扭曲反过来又会决定物体的运动轨道。在引力不强、时空扭曲很小的情况下，广义相对论的预言与牛顿万有引力定律和牛顿运动定律的预言趋于一致；而在引力较强、时空扭曲较大的情况下，两者才有显著的区别。

例如，当光束通过引力场时，根据等效原理，它的轨道应当弯曲。星光经过太阳边缘时，我们应当可以观察到光束的“位移”，当然这种位移只有在日蚀时才可能发现。

1919 年日全食期间，国际考察团对此进行了考察，考察人员在日食时刻拍摄了星空的照片，然后将这些照片与没有太阳时这同一部分星空的照片相比较，发现星的位置移动了。这就证实了爱因斯坦关于光束从太阳近旁通过时要发生偏移的预言（角度上午偏移大约为 1.75″）。

广义相对论的提出，预言了水星近日点反常进动、光频引力红移、光线引力偏折以及雷达回波延迟，都被天文观测或实验所证实。近年来，关于脉冲双星的观测也提供了有关广义相对论预言存在引力波的有力证据。

广义相对论，这一在创立之初，被科学家戏称为“世界上只有三个人能看懂”的理论，由于不断被令人叹服的证实其正确性，很快便得到人们的承认和赞赏。但是由于牛顿引力理论对于绝大部分引力现象已经足够精确，广义相对论只是对其做了某些小部分的修正，在我们的日常生活中，即引力时空扭曲都很不明显的情况下，人们并不太需要它，因此，广义相对论建立以后的半个世纪，并没有受到充分重视，也没有得到迅速发展。直到 20 世纪 60 年代，情况才发生变化，当发现了中子星和 $3K$ 宇宙背景辐射后，才使得广义相对论的研究蓬勃发展起来。随着中子星的形成和结构、黑洞物理和黑洞探测、引力辐射理论和引力波探测、大爆炸宇宙学、量子引力以及大尺度时空的拓扑结构等问题的研究正在深入，广义相对论也成为物理研究的重要理论基础。

复 习 题

一、思考题

1．陈述狭义相对论的两条基本原理。

2．光速对于我们是否真的是一个极限情况？

3．伽利略坐标变化和狭义相对论中洛伦兹变换的关系是什么？

4．简述经典力学相对性原理与狭义相对性原理的区别。

5．对某观察者来说，发生在某惯性系中同一地点、同一时刻的两个事件，对于相对该惯性系做匀速直线运动的其他惯性系中的观察者来说，它们是否同时发生？在某惯性系中同一时刻、不同地点的两个事件，它们在其他惯性系中是否同时发生？

6．关于下列说法，哪些是正确的？

（1）所有惯性系对物理规律都是等价的。

（2）在任何惯性系中，真空中光的速度与光的频率、光源的运动状态无关。

（3）在任何惯性系中，光在真空中沿任何方向的传播速度都相同。

7．原子质量亏损与原子能的释放有什么关系？

8．乘坐飞机出行的旅客在下飞机后是否需要对手表时间进行修正？

9．两个标准时钟，分别放置于两个惯性系 A、B 中，则分别从 A、B 两个惯性系观察时钟走的快慢，会得出什么结论来？为什么？

10．什么条件下粒子的动能可以认为等于 $\frac{1}{2}mv^2$？

11．下列说法是否正确？

（1）一切运动物体相对于观察者的速度都不能大于真空中的光速。

（2）质量、长度、时间的测量结果都是随物体与观察者的相对运动状态而改变的。

（3）在一惯性系中发生于同一时刻、不同地点的两个事件在其他一切惯性系中也都同时发生。

（4）惯性系中的观察者观察一个与他做匀速相对运动的时钟时，会看到这时钟比与他相对静止的相同的时钟走得慢些。

二、习题

1．设有一门宽为 l，今有一固有长度为 $l_0(l_0>l)$ 的水平细杆，在门外贴近门的平面内沿其长度方向匀速运动，若站在门外的观察者认为此杆的两端可同时被拉进此门，则该杆相对于门的运动速度 v 至少为多少？（　　）

（A）$v=c\sqrt{1-\frac{l^2}{{l_0}^2}}$　　（B）$v=c\sqrt{1-\frac{{l_0}^2}{l^2}}$

（C）$v=c\sqrt{1-\frac{l}{l_0}}$　　（D）$v=c\sqrt{l-\frac{l^2}{{l_0}^2}}$

2. 一飞船相对于地面以速度 v 做匀速直线运动，某时刻位于飞船头部的宇航员向尾部发出一个光信号，经过时间 Δt（飞船上的时钟）后，被尾部的接收器收到，则由此可知飞船的固有长度为（　　）。

（A）$c\Delta t$　　（B）$v\Delta t$

（C）$c\Delta t(1-v^2/c^2)^{1/2}$　　（D）$v\Delta t/(1-v^2/c^2)^{1/2}$

3. 边长为 a 的正方形薄板静止于惯性系 S 的 Oxy 平面内，且两边分别与 x 轴、y 轴平行。今有惯性系 S' 以 $0.8c$（c 为真空中光速）的速度相对于 S 系沿 x 轴做匀速直线运动，则从 S' 系测得薄板的面积为（　　）。

（A）$0.6a^2$　　（B）$0.8a^2$　　（C）a^2　　（D）$a^2/0.6$

4. c 为真空中光速，某时刻某地发生两件事，静止位于该地的甲测得时间间隔为 4s，若相对于甲做匀速直线运动的乙测得时间间隔为 5s，则乙相对于甲的运动速度是（　　）。

（A）$\frac{4}{5}c$　　（B）$\frac{3}{5}c$　　（C）$\frac{2}{5}c$　　（D）$\frac{1}{5}c$

5. 质子在加速器中被加速，当其动能为静止能量的 4 倍时，其质量为静止质量的（　　）。

（A）4 倍　　（B）5 倍　　（C）6 倍　　（D）8 倍

6. 在惯性系 S 中，相距 $\Delta x=5\times10^6\,\mathrm{m}$ 的两地两事件时间间隔 $\Delta t=10^{-2}\mathrm{s}$，在相对 S 系沿 x 轴正向匀速运动的 S' 系测得这两事件却是同时发生的，求：S' 系中发生这两事件的地点间距 $\Delta x'$。

7. π^+ 介子是一种不稳定的粒子，在其自身参考系中测得其平均寿命为 $2.6\times10^{-8}\mathrm{s}$。

（1）如果 π^+ 介子相对于实验室以 $0.8c$ 的速度运动，那么实验室坐标系中测得其寿命为多长？

（2）π^+ 介子在衰变前运动了多长距离？

8. 一原子核以 $0.5c$ 的速度离开一观察者。原子核在它运动方向上向前发射一电子，该电子相对于核有 $0.8c$ 的速度；此原子核又向后发射了一光子指向观察者。对静止观察者来讲，

（1）电子具有多大的速度；

（2）光子具有多大的速度。

9. 在 S 系中观察到的两事件发生在空间同一地点，第二事件发生在第一事件以后 2s。在另一相对 S 系运动的 S' 系中观察到第二事件是在第一事件 3s 之后发生的，求在 S' 系中测量两事件之间的位置距离。

10. 某人测得一根静止棒长度为 l、质量为 m，于是求得棒的线密度为 $\rho=\frac{m}{l}$。假定棒以速度 v 沿棒长方向运动，此人再测此棒的线密度应为多少？若棒在垂直于长度方向上运动，它的线密度又为多少？

11. 地球上一观察者，看见一飞船 A 以 $2.5\times10^3\,\mathrm{m/s}$ 的速度从他身边飞过，另一飞船 B 以速度 $2.0\times10^8\,\mathrm{m/s}$ 跟随 A 飞行。求：

（1）A 上的乘客看到 B 的相对速度；

（2）B 上的乘客看到 A 的相对速度。

12. 设 m_0 为电子的静止质量，一观察者测出电子质量为 $2m_0$，问电子速度为多少？

13. 静止质量为 m_0、带电荷量为 q 的粒子，其初速为零，在均匀电场 E 中加速，

（1）经过时间 t 后它所获得的速度是多少？

（2）如果不考虑相对论效应，它的速度又是多少？

（3）这两个速度间有什么关系？讨论之。

14．在什么速度下粒子的动量比非相对论动量大两倍？在什么速度下的动能等于它的静止能量？

15．质量为 m_0 的一个受激原子，静止在参考系 S 中，因发射一个光子而反冲，原子的内能减少了 ΔE，而光子的能量为 $h\nu$。试证：$h\nu = \Delta E(1-\frac{\Delta E}{2m_0c^2})$。

第 17 章 量子物理

【学习目标】

- 了解斯特藩—玻尔兹曼定律和维恩位移定律，以及经典物理理论在说明热辐射的能量按频率分布曲线时所遇到的困难，理解普朗克量子假设。
- 了解经典物理理论在说明光电效应的实验规律时所遇到的困难，理解爱因斯坦光量子假设，并掌握其方程。
- 掌握康普顿散射效应的实验规律，以及光子理论对这个效应的解释；理解光的波-粒二象性。
- 理解氢原子光谱的实验规律和玻尔的氢原子理论。
- 了解德布罗意假设；了解实物粒子的波粒二象性；理解描述物质波动性的物理量，波长和频率与描述粒子性的物理量，动量和能量之间的关系。
- 了解一维坐标动量不确定关系。
- 了解波函数及其统计解释；了解一维定态的薛定谔方程，以及量子力学中用薛定谔方程处理一维无限深势阱等微观物理问题的方法。

本章将介绍近代物理。近代物理是在牛顿经典物理的基础上建立起来的，其最初目的是为了解释经典物理不能解释的问题。1900 年，普朗克为了解决经典物理在解释黑体辐射方面遇到的困难，引入能量子这一概念，标志着量子理论的诞生。此后，光量子的概念、光电效应、康普顿效应、玻尔的氢原子理论、德布罗意波、不确定度关系、薛定谔方程等概念陆续问世。值得一提的是，1926 年薛定谔在提出波动力学概念后，与海森堡、波恩的矩阵力学一起统一为量子力学。量子力学提出后，比较系统地解决了一系列在经典物理中被认为解释不了的问题。

由于系统地介绍量子物理要涉及较深的内容和烦琐的数学计算，按照本课程的要求以及篇幅的限制，我们只能沿着量子物理发展的历史，介绍量子物理一些基础性的知识和重要结论。

17.1 黑体辐射 普朗克的量子假设

量子物理的发展之初首先是从黑体辐射问题上得到突破的。量子物理之前，由于受到经典物理的影响，人们普遍认为能量是连续不可分割的。直到 1900 年，普朗克解决黑体辐射问题。下面，先介绍黑体和黑体辐射的概念。

17.1.1　黑体 黑体辐射

任何物体，在任何的时候都要向外以电磁波的形式辐射能量。这种现象叫做**热辐射**，辐射的能量叫做**辐射能**。热辐射的本质是物体中的原子、分子等受到热激发，因此，温度不同时，物体的辐射能的波长也不一样，图 17-1 所示为人体在某温度下辐射能量的情况。

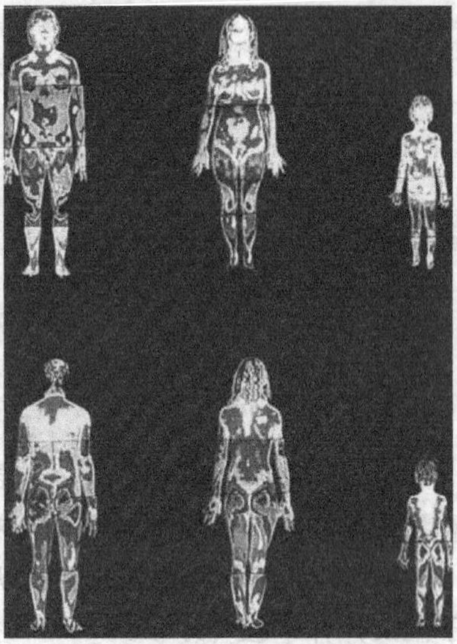

图 17-1　人体辐射

我们把单位时间内，温度为 T 的物体单位面积上发射的波长在 λ 到 $\lambda+\mathrm{d}\lambda$ 范围内的辐射能量 $\mathrm{d}M_{\lambda}(\lambda,T)$ 与波长间隔 $\mathrm{d}\lambda$ 的比值叫做**单色辐出度**，用 $M(\lambda,T)$ 表示。即

$$M(\lambda,T)=\frac{\mathrm{d}M_{\lambda}(\lambda,T)}{\mathrm{d}\lambda} \tag{17-1}$$

单色辐出度是波长 λ 和温度 T 的函数，反映了不同温度物体辐射能按波长分布的情况。而单位时间内，从物体单位面积上所发射的各种波长的总辐射能，称为物体的**辐射出射度**，简称**辐出度**。即

$$M(T)=\int_0^{\infty}M(\lambda,T)\,\mathrm{d}\lambda \tag{17-2}$$

从式（17-2）可以看出，辐出度包含了全部波长，因此辐出度只是物体温度的函数。

在向外辐射能量的同时，物体还吸收其他物体辐射的能量。换言之，其他物体辐射的能量到达该物体时，除一部分要被界面反射掉外，其余部分的能量将被吸收。当辐射和吸收的能量恰好相等时称为热平衡。此时物体温度恒定不变。

实验表明，如果一个物体吸收其他物体辐射的本领强时，其向他物体辐射能量的本领也越强，反之亦然。即表明，好的辐射体也是好的吸收体。但是，在实际情况中，没有哪种物体能全部吸收外界辐射的能量。通常人们认为吸收性最好的煤烟也只能吸收外界辐射的百分之九十几。为了研究物体的辐射，我们假设存在一种理想物体，它能将外界辐射到其表面的能量完全吸收，这种假想的物体成为**绝对黑体**，简称**黑体**，如图 17-2 所示。当然，黑体只是一种理想情况，真实的黑体是不存在的。但是，我们可以让物体的性质尽可能和黑体靠近，比如用一些不透明的材料制成带小孔的形状不规则的空腔，小孔的孔径比整个空腔的线度要小得多，这样，从小孔进入空腔的来自外界的辐射能，在空腔内可经过腔壁的多次反射，由于每次反射都伴随着吸收，所以多次反射后，经由小孔出去的辐射能已经很小，可以忽略不计。这种空腔可近似看做黑体。研究黑体辐射的规律是了解一般物体热辐射性质的基础。此时，在某个温度下，由小孔发射出来的辐射能，就可以看做是黑体的辐射，即黑体在此温度下的辐出度。

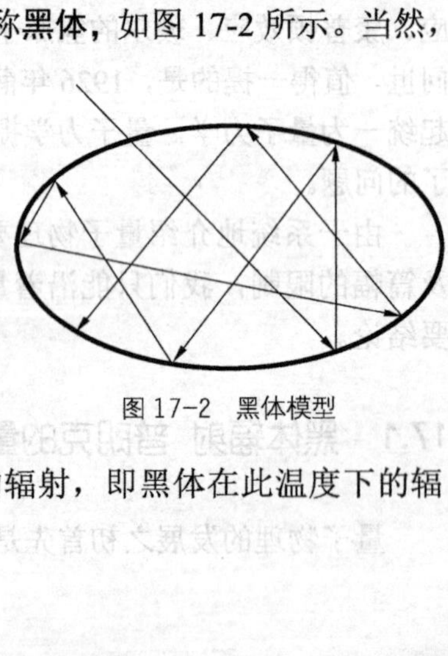

图 17-2　黑体模型

17.1.2 黑体辐射的实验定律

在一定温度下，黑体的单色辐出度和波长有一定的关系，而单色辐出度的最大值随着温度的变化而发生变化。19 世纪末期，科学家们对黑体的这一性质进行了深入研究，得出了一系列的理论，其中以斯特藩—玻尔兹曼定律和维恩位移定律最有代表性。

1．斯特藩（J.Stefan）—玻尔兹曼（L.Boltzmann）定律

1879 年，奥地利物理学家斯特藩通过实验，得出了表征黑体的总辐出度和温度之间关系的曲线，并根据曲线总结出一条定律；1884 年玻尔兹曼也得出了同样的结论，所以叫做**斯特藩—玻尔兹曼定律**，其内容为：**黑体的辐出度 $M(T)$ 和黑体的热力学温度 T 的四次方成正比**，即

$$M(T) = \sigma T^4 \tag{17-3}$$

式中，$\sigma = 5.67\times10^{-8}\,\mathrm{W\cdot m^{-2}\cdot K^{-4}}$，叫做斯特藩—玻尔兹曼常数。本定律只适用于黑体。斯特藩得出了黑体的单色辐出度和波长之间的关系曲线，如图 17-3 所示，曲线下的面积即为黑体在此温度下的总辐出度。

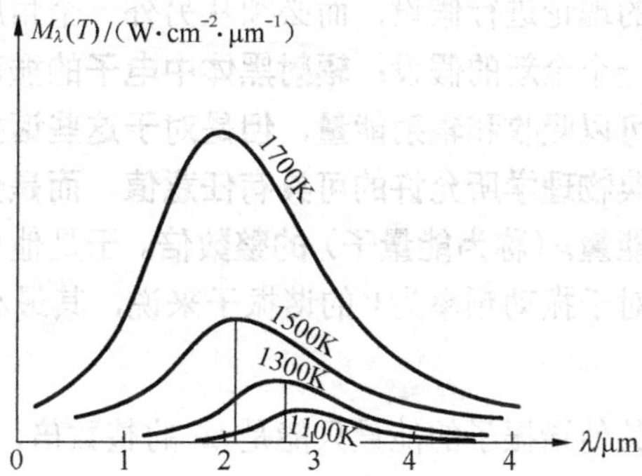

图 17-3 黑体的辐出度按波长分布曲线

2．维恩位移定律

德国物理学家维恩（W.Wien）于 1893 年得出了反映热力学温度 T 和最大单色辐出度所对应的波长 λ_m 之间关系的定律，称为**维恩位移定律**。其内容为：**热辐射的峰值波长随着温度的增加而向着短波方向移动**。数学表达式为

$$T\lambda_m = b \tag{17-4}$$

式中，$b = 2.897\times10^{-3}\,\mathrm{m\cdot K}$。

这两个定律反映了黑体辐射的一些性质。比如，温度不太高的物体的辐射能量的波长较长，而温度高的物体辐射能量的波长较短。这一结论被广泛应用在军事、宇航、工业等范围内。比较常见的如夜视仪。另外，见过冶铁过程的读者也能有感性的认识，当温度不太高的时候，火炉的光是接近红色的，当温度升高时，火炉的光则是蓝色的。

17.1.3 普朗克量子假设 普朗克黑体辐射公式

图 17-3 中的曲线是实验得到的结果，此后的很多科学家们试图从理论上找到与之相对应的函数表达式，他们尽管付出了相当大的努力，但是由于都是站在经典物理的角度上，所以最终都失败了。有一些甚至得出了与实验结果相去甚远的结论，其中以维恩公式和瑞利—金斯公式最具有代表性。下面我们分别来看一下。

1893 年，维恩得出的维恩公式为

$$M(T) = C_1\lambda^{-5}\mathrm{e}^{-\frac{C_2}{\lambda T}} \tag{17-5}$$

式中，C_1和C_2为两个常数。维恩公式在短波处与实验曲线啮合得很好，但是在波长较长的地方却相差迥异。而此后的1900年～1905年，瑞利（L.Rayleigh）和金斯（J.H.Jeans）经过努力，按照经典理论，也得出了一个理论公式，称为瑞利－金斯公式。其表达式为

$$M(T)=C_3\lambda^{-4}T \tag{17-6}$$

式中，C_3为常量。瑞利－金斯公式在波长较长的地方与实验曲线啮合的很好，但在短波区，按此公式，当波长趋近于零时，$M(T)$将趋近于无穷大。显然这一结果是荒谬的，史称“紫外灾难”。实验的结果显而易见，而却无法找到与之对应的理论支持，这不能不说是个很悲哀的结果。一时之间，消极的气氛弥漫着整个物理学界，物理学晴朗天空中“飘浮着两朵乌云”，其中之一指的是寻找以太失败的例子，另一朵指的就是这个事件。

图17-4　普朗克

这时，天才的德国科学家普朗克（Max Planck）（如图17-4所示）出现了，在总结了前人失败的经验后，他认为对待此类问题不能用经典的理论进行假设，而必须从另外一个角度进行思考，于是普朗克提出了一个全新的假设：**辐射黑体中电子的振动可以看作谐振子，这些谐振子可以吸收和辐射能量，但是对于这些谐振子来说，它们的能量不再像经典物理学所允许的可具有任意值，而是分立的。相应的能量是某一最小能量ε（称为能量子）的整数倍**。于是他引进了一个新的物理量，叫做普朗克常数，用h表示，对于振动频率为ν的谐振子来说，其最小能量为

$$\varepsilon=h\nu \tag{17-7}$$

其他谐振子的能量只能是$h\nu$的整数倍，即

$$\varepsilon=nh\nu \tag{17-8}$$

式中，$h=6.626\,075\,5\times10^{-34}\,\mathrm{J{\cdot}s}$，$n$为正整数，称为量子数。可以看出，对于能量子来说，其频率ν越大，能量越大。

在引进普朗克常数后，普朗克将维恩公式和瑞利－金斯公式衔接起来，得到了一个新的公式，称为普朗克公式，其表达式为

$$M_\lambda(T)=2\pi hc^2\lambda^{-5}\frac{1}{\mathrm{e}^{\frac{hc}{\lambda kT}}-1} \tag{17-9a}$$

或者可以用频率表示

$$M_\nu(T)=\frac{2\pi h\nu^3}{c^2}\frac{1}{\mathrm{e}^{h\nu/kT}-1} \tag{17-9b}$$

当波长很短或者较低温度时，普朗克公式可以转化为维恩公式，而在波长很长或者温度较高时，普朗克公式又可以转化为瑞利－金斯公式。并且还可以从普朗克公式推导斯特藩－玻尔兹曼定律及维恩位移定律。

通过图17-5所示可以看出，普朗克公式与实验结果符合得很好。

能量子的概念是非常新奇的，它冲破了传统经典物理的概念，揭示了微观世界中一个重要规律，开创了物理学的一个全新领域。由于普朗克发现了能量子，对建立量子理论做出了

卓越贡献，因此，他获得了 1918 年诺贝尔物理学奖。但是需要补充一点的是，普朗克后来长时间内还在为这种与经典物理格格不入的观念深感不安，只是在经过十多年的努力证明任何复归于经典物理的企图都以失败而告终之后，他才坚定地相信 h 的引入确实反映了新理论的本质。

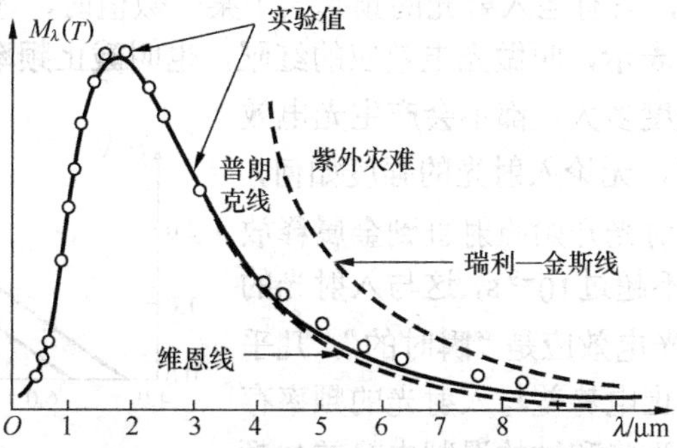

图 17-5　各种理论和实验结果比较图

17.2 光电效应 爱因斯坦光子理论

普朗克能量子理论的提出，使得许多用经典物理理论解决不了的问题迎刃而解，爱因斯坦也是能量子理论的受益者。1905 年，爱因斯坦发展了普朗克能量子的理论，提出了光量子的概念，从而对光电效应进行了合理的解释。

17.2.1 光电效应的实验规律

光电效应是由德国科学家鲁道夫·赫兹于 1887 年首先发现的。图 17-6 所示为光电效应实验装置的示意图。

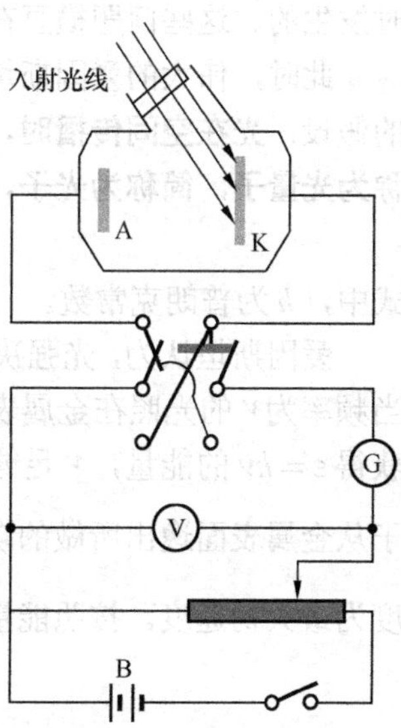

图 17-6　光电效应装置图

通过实验可以发现，若 K 接的是电源负极，而 A 接的是电源正极，当波长较短的可见光或紫外光照射到某些金属 K 表面上时，则会发现电路中有电流通过，即金属中的电子会从金属表面逸出，并在两板之间的加速电势差作用下，从 K 到达 A，并在电路中形成电流 I，这种电流叫做**光电流**，这种现象叫做**光电效应**，逸出的电子叫做**光电子**。可以看出，致使光电子逸出的能量来自入射光中。

实验还表明，在一定强度的单色光照射下，光电流随加速电势差的增加而增大，但当加速电势差增加到一定量值时，光电流达饱和值 I_H，如果增加光的强度，相应的 I_H 也增大。I_H 叫做**饱和电流**。显然，单位时间内，受光照的金属板释放出来的电子数和入射光的强度成正比。

另外，当将 K 接电源正极，而 A 接电源负极时，此时，K 和 A 之间有反向的电势差，当反向电势差的绝对值为某个值 U_0 时，由金属板 K 表面释放出的具有最大速度（即具有最大动能）v_m 的电子也刚好不能到达阳极，此时光电流便降为零，这时，此外加反向电势差U_0叫**遏止电势差**。实验表明，遏止电势差与光强度无关。但是可以看出，遏止电势差U_0和v_m以及电子最大动能之间存在如下关系

$$E_{k\max}=\frac{1}{2}mv_m^{\ 2}=eU_0 \tag{17-10}$$

此外，对于某种金属，只有当入射光的频率大于某一数值时，才会有电子逸出，即有光电流存在，这一数值用ν_0表示，叫做光电效应的**红限**，也叫**截止频率**。而当入射光的频率小于ν_0时，不管照射光的强度多大，都不会产生光电效应。而当其频率大于ν_0时，无论入射光的强度如何，都会有光电流产生。从入射光开始照射直到金属释放出电子的这段时间很短，不超过10^{-9} s，这与入射光的强度没有关系，可以说，光电效应是“瞬时的”，几乎没有弛豫时间。而且，遏止电势差与入射光的频率存在线性关系。图 17-7 所示为铯和钠的遏制电势差与频率的关系。

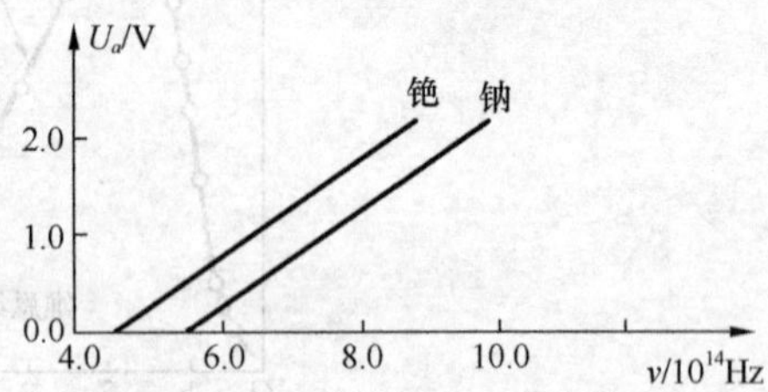

图 17–7　遏止电势差与频率的关系

17.2.2　爱因斯坦光子理论

光电效应被发现后，当时的科学家们试图用经典物理中光的波动说来解释它，但是都是失败而归。因为，按照光的波动说，光电子的初动能应决定于入射光的光强，即决定于光的振幅而不决定于光的频率，只要光的强度足够大，就会有足够的光电子逸出金属表面；而实际情况是，如果入射光的频率小于红限时，无论其强度多大，都不会产生光电效应。另外，按照经典物理中波动光学的理论，电子需要积累足够的能量后才能从金属表面逸出，这就需要一个时间，但是实验表明，从光的入射到光电子的逸出，中间的时间间隔极短，几乎是同时发生的。这些问题横亘在大家面前，使之成为经典物理无法穿越的鸿沟。

此时，伟大的爱因斯坦在普朗克能量子理论的基础上赋予了光新的内容，提出了光量子的假设：**光在空间传播时，也具有粒子性。一束光是一束以光速c运动的粒子流，这些粒子称为光量子，简称为光子，每一光子的能量为**

$$\varepsilon=h\nu \tag{17-11}$$

式中，h为普朗克常数。

爱因斯坦认为，光强决定于单位时间内通过单位面积的光子数N。单色光的光强是$Nh\nu$。当频率为ν的光照在金属表面时，光子的能量可以被电子吸收，电子只要吸收一个光子就会获得$\varepsilon=h\nu$的能量，ν足够大时，电子即可从金属表面逸出，所以无须时间的累积。设使电子从金属表面逸出所做的功为W，叫做逸出功，此时电子具有最大初动能$\frac{1}{2}mv^2$，对应的速度为最大初速度。按照能量守恒定律，则有

$$h\nu=\frac{1}{2}mv^2+W \tag{17-12}$$

式（17-12）叫做**爱因斯坦光电效应方程**。

当光子的频率为ν_0时，电子的初动能为零，此时ν_0即为红限，$h\nu_0=W$，因此可得：$\nu_0=W/h$。从光电效应方程也可以看出，只有当$h\nu>W$，即$\nu>\nu_0$时才会产生光电效应。当

$\nu > \nu_0$时，随着光强增大，则光子数增加，金属在相同时间内所能吸收的光子数也增多，所以释放的光电子越多，光电流也越大。

爱因斯坦凭借光子假说成功地说明了光电效应的实验规律，获得了 1921 年诺贝尔物理学奖。

17.2.3 光的波—粒二象性

光子不仅具有能量，而且还具有质量和动量。其质量可由相对论的质能公式求得，即

$$m = \frac{\varepsilon}{c^2} = \frac{h\nu}{c^2} \tag{17-13}$$

光子的动量为

$$p = mc = \frac{h\nu}{c} = \frac{h}{\lambda} \tag{17-14}$$

结合光子的能量$\varepsilon = h\nu$，可以看出，表征粒子性的物理量（能量和动量）与表征波动性的物理量（波长和频率）很好地结合起来，而连接它们的桥梁就是普朗克常数h。可见，光在具有波动性的同时还具有粒子性，光的这种性质叫做光的波-粒二象性。光的衍射、干涉等为光的波动性的表征，而光电效应以及我们将要学到的康普顿效应所表征的则是光的粒子性。

【例 17-1】 波长λ=4.0×10^{-7}m 的单色光照射到金属铯上，铯原子红限频率ν_0=4.8×10^{14}Hz，求铯所释放的光电子最大初速度。

解： 据爱因斯坦光电效应方程，有

$$h\nu = \frac{1}{2}mv^2 + W$$

利用关系$\nu = c/\lambda, W = h\nu_0$，代入已知数据，得最大初速度$v = 6.50 \times 10^5$ m/s。

17.2.4 光电效应的应用

光电效应应用非常广泛，光电管就是应用最普遍的一种光电器件。

光电管的类型很多，图 17-8（a）所示是其中的一种。玻璃泡里的空气已经抽出，有的管里充有少量的惰性气体（如氩、氖、氦等）。管的内半壁涂有逸出功小的碱金属作为阴极 K，管内另有一阳极 A。使用时照图 17-8（b）所示那样把它连在电路里，当光照射到光电管的阴极 K 时，阴极发射电子，电路里就产生电流。光电管不能受强光照射，否则容易老化失效。光电管产生的电流很弱，应用时可以用放大器把它放大。

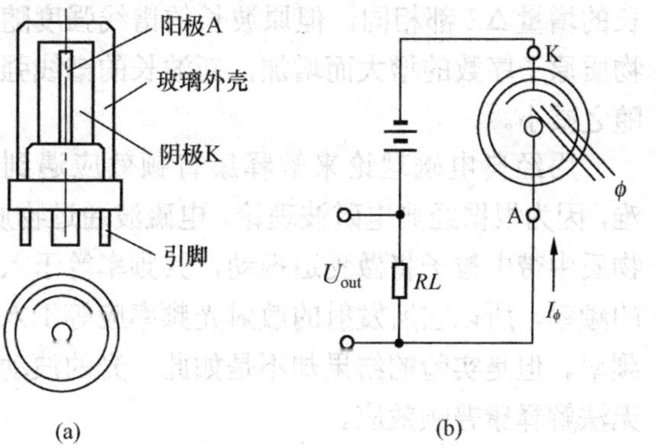

图 17-8 光电管

我们之所以能够看到声音和影像完全配合一致的有声电影，也是因为有了光电管。在影片摄制完成后，要进行录音。录音时通过专门的设备使声音的变化转变成光的变化，从而把声音的“像”摄制在影片的边缘上，形成宽窄变化的暗条纹，这就是影片边上的音道。放映电影时，利用光电管把“声音的照片”还原成声音。方法是：在电影放

映机中用强度不变的极窄的光束照射音道，由于影片上各处的音道宽窄不同，所以在影片移动的过程中，通过音道的光的强度也就不断变化；变化的光射向光电管时，在电路中产生变化的电流，把电流放大后，通过喇叭就可以把声音放出来。

另外，根据光电效应的原理还可以做成光控继电器，用于自动控制等方面。

17.3 康普顿效应

图 17-9 所示为康普顿散射的实验装置示意图，由 X 光管发射出一束 X 射线，经过光阑后投射到散射物质上（散射物质一般是石墨），用 X 光检测器可以探测到不同散射角所对应的 X 射线的波长和相对强度。

1923 年，美国物理学家康普顿（见图 17-10）在研究波长为 λ_0 的 X 射线通过实物发生散射的实验时，发现了一个新的现象，即散射光中除了有原波长为 λ_0 的 X 射线外，还产生了波长为 $\lambda > \lambda_0$ 的 X 射线，这种现象称为**康普顿效应**。我国物理学家吴有训也曾为康普顿散射实验做出了杰出的贡献。

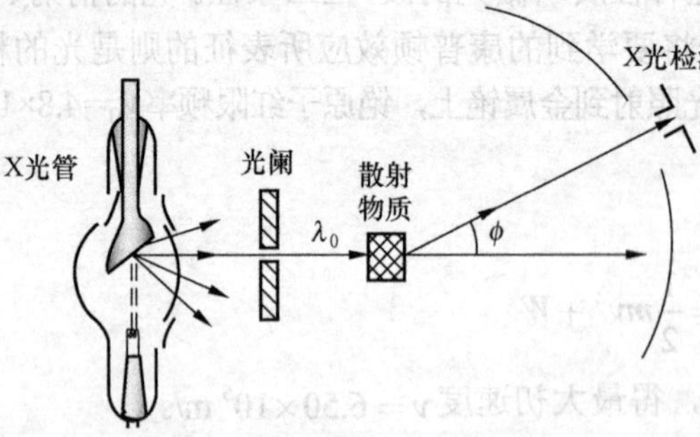

图 17-9 康普顿散射实验装置示意图

图 17-10 康普顿

同时，在实验中发现了下列具体现象。

（1）波长的增量 $\Delta\lambda = \lambda - \lambda_0$ 随散射角 ϕ 而异：当散射角增大时，波长的偏移也随之增加，而且随着散射角的增大，原波长的谱线强度减小，而新波长的谱线强度增大，如图 17-11 所示。

（2）在同一散射角下，对于所有散射物质，波长的增量 $\Delta\lambda$ 都相同，但原波长的谱线强度随散射物质原子序数的增大而增加，新波长的谱线强度则随之减小。

用经典电磁理论来解释康普顿效应遇到了困难，因为根据经典电磁波理论，电磁波通过物质时，物质中带电粒子将做受迫振动，其频率等于入射光的频率，所以它所发射的散射光频率应等于入射光频率。但是实验的结果却不是如此，光的波动理论无法解释康普顿效应。

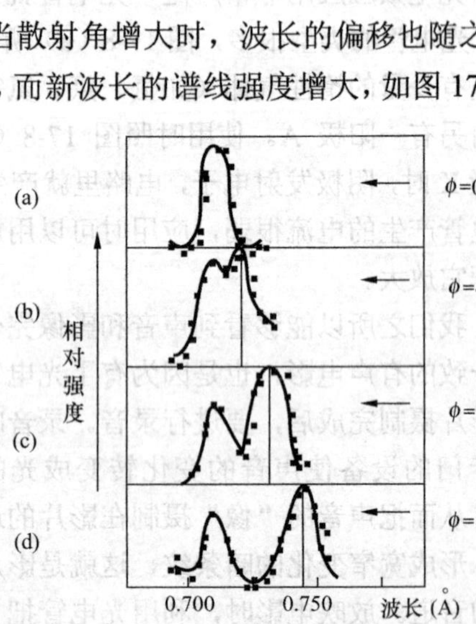

图 17-11 康普顿散射和散射角的关系

康普顿借助于爱因斯坦的光子理论，认为康普顿效应是光子和自由电子做弹性碰撞的结果，从光子与电子碰撞的角度对此实验现象进行了圆满的解释。

在前面学习动量守恒的时候我们知道，碰撞中交换的能量和碰撞的角度有关，所以在康普顿散射中，频率ν的改变和散射角有关，即波长的改变和散射角有关。若光子和外层电子相碰撞，光子将与电子发生能量交换并在此后沿着某个方向行进，这个方向就是康普顿散射的方向；光子的能量有一部分传给电子，散射光子的能量减少，即散射光子的频率减小，于是散射光的波长大于入射光的波长。若光子和束缚很紧的内层电子相碰撞，光子将与整个原子交换能量，由于光子质量远小于原子质量，根据碰撞理论，碰撞前后光子能量几乎不变，波长不变。

下面定量分析康普顿散射。如图 17-12 所示，设有一频率为ν_0的光子与电子发生碰撞。碰撞前设电子是自由并且是静止的，光子具有能量$h\nu_0$和动量为$\frac{h\nu_0}{c}\vec{e}_0$，碰撞后光子发生散射，其方向与原来方向呈角度$\phi$，此时，光子的能量和动量分别为$h\nu$和$\frac{h\nu_0}{c}\vec{e}$。在这里，$\vec{e}_0$和$\vec{e}$分别为沿光子运动方向的单位矢量。在碰撞后，原先静止的电子也将沿着某方向飞出。碰撞前，电子是静止的，其能量为m_0c^2，动量为零；碰撞后，电子能量变为mc^2，动量为$m\vec{v}$，其中m_0为电子的静止质量，$m=\frac{m_0}{\sqrt{1-(\frac{v}{c})^2}}$为电子的质量。

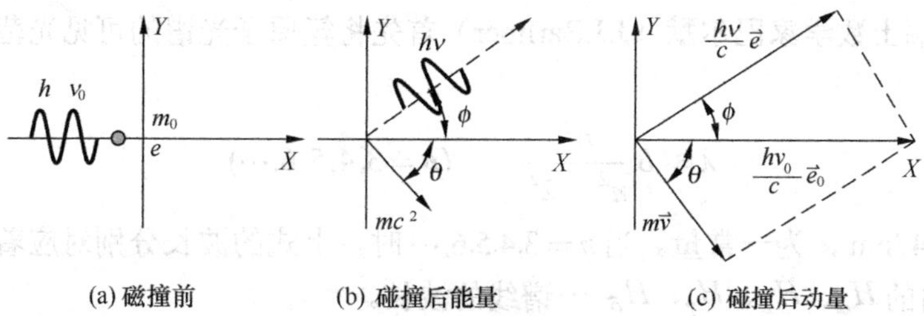

图 17-12 光子和电子的碰撞

由能量守恒可得

$$h\nu_0+m_0c^2=h\nu+mc^2$$

由动量守恒可得

$$(mv)^2=(\frac{h\nu_0}{c})^2+(\frac{h\nu}{c})^2-2(\frac{h\nu_0}{c})(\frac{h\nu}{c})\cos\phi$$

上两式联立，最后可解得

$$\Delta\lambda=\lambda-\lambda_0=\frac{2h}{m_0c}\sin^2\frac{\phi}{2}=2\lambda_c\sin^2\frac{\phi}{2} \tag{17-15}$$

式中，$\lambda_c=\frac{h}{m_0c}=2.43\times10^{-12}$ m 叫做**电子的康普顿波长**。式（17-15）表明，波长改变与散射物质无关，仅决定于散射角；波长的改变随散射角增大而增加。

X 射线的散射现象，理论与实验符合得很好，康普顿效应为光的量子性提供了有力证据。

在这个实验里，起作用的不仅是光子的能量，而且还有它的动量，康普顿散射实验继爱因斯坦用光量子说解释光电效应（只涉及光子的能量）后，对光的量子说做了进一步的肯定。

【例 17-2】 在康普顿散射中，若入射光子与散射光子的波长分别为 λ 和 λ'，求反冲电子获得的动能 E_{k}。

解： 根据能量守恒定律有

$$m_0c^2 + h\nu = mc^2 + h\nu'$$

则

$$E_{\mathrm{k}} = mc^2 - m_0c^2 = h\nu - h\nu'$$

$$= \frac{hc}{\lambda} - \frac{hc}{\lambda'} = \frac{hc(\lambda' - \lambda)}{\lambda\lambda'}$$

17.4 氢原子光谱 玻尔的氢原子理论

早期的原子发光光谱是从氢原子光谱开始的，因此，本节先介绍关于氢原子光谱的内容。

17.4.1 近代关于氢原子光谱的研究

1885 年，瑞士数学家巴尔默（J.J.Barlmer）首先将氢原子光谱的可见光范围内的波长规律作了总结

$$\lambda = B\frac{n^2}{n^2 - 2^2} \qquad (n = 3,4,5,6,\cdots) \tag{17-16a}$$

式中，$B = 365.47\mathrm{nm}$，为一常量。当 $n = 3,4,5,6,\cdots$ 时，上式的波长分别对应着氢原子光谱中在可见光范围内的 H_α、H_β、H_γ、H_δ …谱线的波长。

在光谱学中，除了可以用波长表示光谱外，频率或者波数也可以用来表示光谱。波数的意义是：单位长度内所包含的波的数目，一般用符号 $\tilde{\nu}$ 表示，$\tilde{\nu} = \frac{1}{\lambda}$。这样，上式也可写成

$$\tilde{\nu} = \frac{1}{\lambda} = \frac{4}{B}\left(\frac{1}{2^2} - \frac{1}{n^2}\right) \qquad (n = 3,4,5,6,\cdots) \tag{17-16b}$$

上述两个公式称为**巴尔默公式**。

1890 年，瑞典物理学家里德伯格（J.R.Rydberg）将巴尔默公式进行了整理，他将巴尔默公式中的数字 2 用其他数字代替，得到

$$\tilde{\nu} = R\left(\frac{1}{k^2} - \frac{1}{n^2}\right) \qquad (k = 1,2,3,\cdots; n = k+1, k+2, k+3,\cdots) \tag{17-17}$$

式中，$R = \frac{4}{B} = 1.096\ 776 \times 10^7\,/\,\mathrm{m}$，称为里德伯格常数。这样，氢原子光谱的其他谱线也可以用式（17-17）表示出来，不光有可见光谱线，还有处于红外和紫外区域内的谱线，它们分属不同的谱线系，如表 17-1 所示。

表 17-1 氢原子的谱线系

k&n 取值	所属谱线系	发现年代	谱线波段
k=1,n=2,3,…	莱曼系	1914 年	紫外区
k=2,n=3,4,…	巴尔默系	1885 年	可见光区
k=3,n=4,5,…	帕邢系	1908 年	红外区
k=4,n=5,6,…	布拉开系	1922 年	红外区
k=5,n=6,7,…	普丰德系	1924 年	红外区
k=6,n=7,8,…	哈夫莱系	1953 年	红外区

氢原子光谱系规律的发现，揭示了原子内部结构存在着规律性，从而也为提示其他原子规律打下了基础。这期间，科学家们又陆续发现了碱金属等其他元素原子的光谱也存在着类似的规律，微观世界向人们打开了大门。

17.4.2 玻尔的氢原子理论及其缺陷

在揭示了原子光谱的一系列规律后，人们开始对原子的具体结构开始了研究，曾经建立了不少的模型，其中英籍新西兰物理学家卢瑟福（E.Rutherford）（如图 17-13 所示）于 1911 年建立的模型得到了大多数人的认可。卢瑟福原子模型是这样的：原子中的全部正电荷和几乎全部质量都集中在原子中央一个很小的体积内，称为原子核，原子中的电子在核的周围绕核转动。但是问题随之产生了，电子在绕核转动的过程中应该向外发射电磁波，其频率应该和电子绕核转动的频率相等；由于能量辐射，系统的能量将逐渐减少，频率也应该不断地连续减小，按照这个理论，原子光谱应该是连续的；而且，由于能量的减小，电子将最终落到原子核上，最终整个原子结构将会垮塌。困难再一次横亘在科学家们面前。

为了解决上述困难，科学家们再一次想到了求助于量子理论。1913 年，丹麦物理学家玻尔（N.Bohr）（如图 17-14 所示）在卢瑟福原子模型的基础上，提出了三条假设。

图 17-13 卢瑟福

图 17-14 玻尔

（1）定态假设

原子系统只能处在一系列不连续的能量状态，在这些状态中，电子虽然做加速运动，但并不辐射电磁波，这些状态称为原子的稳定状态（简称定态），并各自具有一定的能量。

（2）频率条件

当原子从一个能量为 E_k 的定态跃迁到另一能量为 E_i 的定态时，就要发射或吸收一个频率为 ν_{ik} 的光子。并且

$$h\nu_{ik} = \left|E_k - E_i\right| \tag{17-18}$$

上式称为**玻尔频率公式**。

（3）量子化条件

在电子绕核做圆周运动中，其稳定状态必须满足电子的角动量$\vec{L}$的大小等于$\frac{h}{2\pi}$的整数倍的条件，即

$$L = n\frac{h}{2\pi} \quad (n=1,2,3,\cdots) \tag{17-19}$$

上式叫做**角动量量子化条件**，简称**量子化条件**，h为普朗克常数，n叫做主量子数。

按照上述假设，玻尔认为，当氢原子的电子围绕原子核做圆周运动时，其向心力为氢原子的原子核与核外电子之间的库仑力，根据电子绕核做圆周运动的模型及角动量量子化条件可以计算出氢原子处于各定态时的电子轨道半径。

因为

$$\frac{mv^2}{r} = \frac{e^2}{4\pi\varepsilon_0 r^2}$$

以及

$$L = mvr = n\frac{h}{2\pi} \quad (n=1,2,3,\cdots)$$

可得

$$r = n^2\left(\frac{\varepsilon_0 h^2}{\pi m e^2}\right)$$

考虑到半径r是和各定态相对应，所以可以用r_n代替r。设r_n为原子中第n个稳定状态轨道的半径，于是上式可以写成

$$r_n = n^2\left(\frac{\varepsilon_0 h^2}{\pi m e^2}\right) \quad (n=1,2,3,\cdots) \tag{17-20}$$

当$n=1$时，即可得到氢原子核外电子的最小稳定轨道半径，$r_1 = 0.529\times10^{-10}\,\text{m}$，叫做**玻尔半径**。从式（17-20）也可以看出，其他核外电子的轨道半径不能连续变化，只能取某些特定的数值。电子轨道半径与量子数的平方成正比。用此方法得到的数值与其他方法得到的是一致的，另外，核外电子绕核运动的轨道半径不是等间距的，内层轨道分布较密，外层轨道分布较疏。

当氢原子电子在核外轨道上运动时，原子核与电子组成的系统的能量为系统的静电能和电子动能之和。设无穷远处的静电势能为零，电子所在的轨道半径为r_n，则可计算出氢原子系统的能量E_n为

$$E_n = \frac{1}{2}mv_n^2 + \left(-\frac{e^2}{4\pi\varepsilon_0 r_n}\right)$$

将轨道半径公式代入上式，得

$$E_n = -\frac{1}{n^2}\left(\frac{me^4}{8\varepsilon_0^2 h^2}\right) = -\frac{13.6}{n^2}\text{eV} \quad (n=1,2,3,\cdots) \tag{17-21}$$

可以看出，受 n 取值所限，原子系统的能量也是不连续的，即量子化的，这种量子化的能量称为**能级**。$n=1$时，$E_1=-13.6\text{eV}$，叫做氢原子的基态能级。$n>1$时的各稳定态称为**激发态**。原子的能级间隔规律正好与轨道半径间隔规律相反：低能级间的间隔较疏，高能级间的间隔较密。当$n\to\infty$时，$r_n\to\infty$，$E_n\to 0$，电子不受核的束缚而脱离原子核成为自由电子，能级趋于连续，此时原子处于电离状态。因此，各级轨道上的能量为负值，而各级轨道的电离能为正值。能级和半径一样，与用其他方法得出的值符合得也非常好。图 17-15 所示标出了氢原子的能级图。

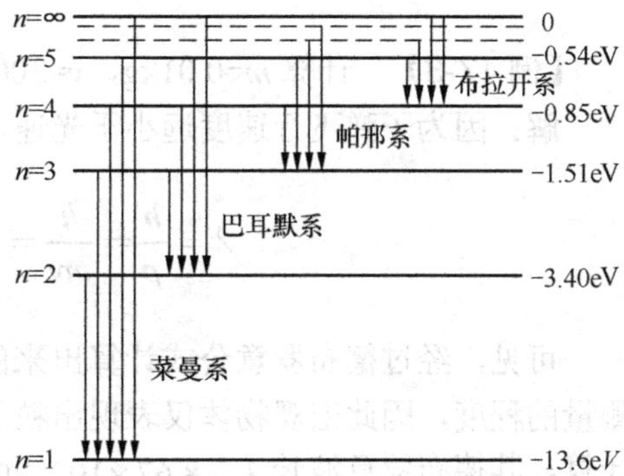

图 17-15 氢原子的能级图

人们早在了解原子内部结构之前就已经观察到了气体光谱，不过那时候无法解释为什么气体光谱只有几条互不相连的特定谱线，玻尔的氢原子理论正确地指出原子能级的存在，提出了定态和角动量量子化的概念，并正确地解释了氢原子及类氢离子光谱规律。但是玻尔理论基础还是建立在经典物理的基础上的，是半经典半量子理论，既把微观粒子看成是遵守经典力学的质点，保留了经典的确定性轨道，同时，又赋予它们量子化的特征。布拉格曾经评价道：玻尔理论“好像在星期一、三、五引用经典理论，而在星期二、四、六应用量子理论”，理论的结构缺乏逻辑的统一性，这是玻尔理论局限性的根源。另外，玻尔理论无法解释比氢原子更复杂的原子，对谱线的强度、宽度、偏振等一系列问题无法处理。要圆满地解释原子光谱的全部规律，必须完全摒弃经典理论，代之以一种新的理论，即量子力学。

17.5 德布罗意波 实物粒子的波-粒二象性

17.5.1 德布罗意波

我们知道，光具有“波-粒二象性”，光的波动性包括光的干涉、衍射等，而光的粒子性由爱因斯坦提出后由光电效应、康普顿散射等所证实。1924 年，正在攻读博士学位的路易斯·德布罗意提出了自己的设想：和光一样，实物粒子也具有波-粒二象性。按照德布罗意的构思，一个质量为m，速度为v的匀速运动的粒子，具有能量E和动量$\overline{p}$（粒子性），同时也具有波长λ和频率ν（波动性），与光子性质一样，它们之间也靠普朗克常数连接起来

$$E=h\nu,\ p=mv=\frac{h}{\lambda} \tag{17-22}$$

于是，对粒子来说，若其静止质量为m_0、速度为v，则与该粒子相联系的单色波的波长和频率为

$$\lambda=\frac{h}{p}=\frac{h}{mv}=\frac{h}{m_0 v}\sqrt{1-(\frac{v}{c})^2},\quad \nu=\frac{E}{h}=\frac{mc^2}{h}=\frac{m_0 c^2}{h\sqrt{1-(\frac{v}{c})^2}} \tag{17-23}$$

式（17-23）称为**德布罗意公式**，德布罗意把实物粒子具有的波称为“相波”。后人为了纪念他，也称其为“德布罗意波”；薛定谔则称之为“物质波”。若$v<<c$，则$m=m_0$，德布罗意波的波长可以直接写作

$$\lambda=\frac{h}{p}=\frac{h}{m_0 v} \tag{17-24}$$

【例 17-3】 计算 m=0.01kg，v=300m/s 的子弹的德布罗意波长。

解：因为子弹飞行速度远小于光速，故有

$$\lambda=\frac{h}{p}=\frac{h}{mv}=\frac{6.63\times10^{-34}}{0.01\times300}=2.21\times10^{-34}\,\text{m}$$

可见，经过德布罗意公式计算出来的宏观物体的德布罗意波长很小，甚至小到实验难以测量的程度，因此宏观物体仅表现出粒子性。而微观物质，例如动能为200eV 的电子，经过计算，其德布罗意波长$\lambda=8.67\times10^{-2}\,\text{nm}$，可以看出，此波长很短，数量级与 X 射线波长的数量级相当。由于电子的线度本身也很小，因此其德布罗意波就不能忽略了。

17.5.2 德布罗意波的实验证明

德布罗意的理论一经提出，立刻引起了轩然大波。“假如说当时全世界只有一个人支持德布罗意的话，他就是爱因斯坦。德布罗意的导师朗之万对自己弟子的大胆见解无可奈何，出于‘挽救失足青年’的良好愿望，他把论文交给爱因斯坦点评。但是爱因斯坦马上予以了高度评价，称德布罗意‘揭开了大幕的一角’。整个物理学界在听到爱因斯坦的评论后大吃一惊，这才开始全面关注德布罗意的工作。”事实才是检验真理的唯一标准，没有让大家等待多久，实验很快证实了德布罗意理论的正确性。

1927 年，美国纽约的贝尔电话实验室，戴维逊（C.J.Davisson）和革末（L.H.Germer）做了一个有关电子的实验—用一束电子流轰击一块金属镍。实验要求金属的表面绝对纯净，但是不幸的是，实验由于某种原因发生了爆炸，致使镍的表面被空气迅速氧化。戴维逊和革末只能决定，重新净化金属表面，将实验从头来过。当时，去除氧化层最好的办法就是对金属进行高热加温，但是在加热之后，原本由许多块小晶体组成的镍融合成了一块大晶体。当实验重新进行，电子通过镍块后，戴维逊和革末却看到了 X 射线衍射图案的景像！然而现场只有电子，并没有 X 射线。人们终于发现，在某种情况下，电子可以表现出如 X 射线般的纯粹波动性质来。即电子具有波动性，从而也证实了德布罗意公式的正确性。

下面介绍戴维逊－革末实验的内容。实验装置如图 17-16 所示，电子枪发射的一束电子经过加速电压的加速后，垂直达到镍晶体的光滑表面上，电子束在晶面上被散射，之后进入电子探测器，电流可由电流计测得，实验中加速电压为$U=54\text{V}$。当散射角$\theta=50^\circ$时，电子束电流的强度出现了一个极大值，如图 17-17 所示。显然其具有衍射特征，属于波动的范畴，而不能用粒子学说来加以解释。

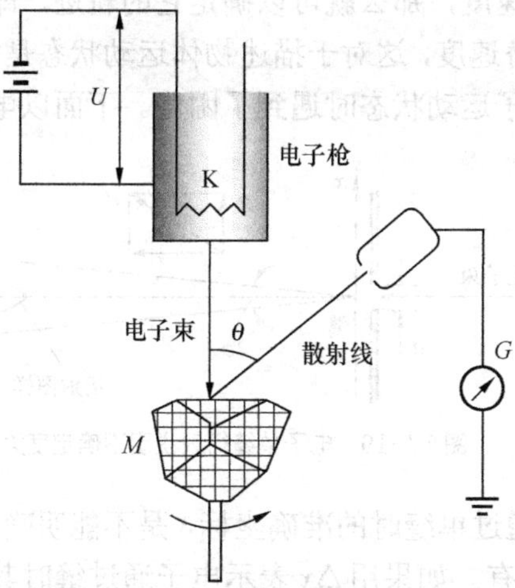

图 17-16 戴维逊-革末实验装置图

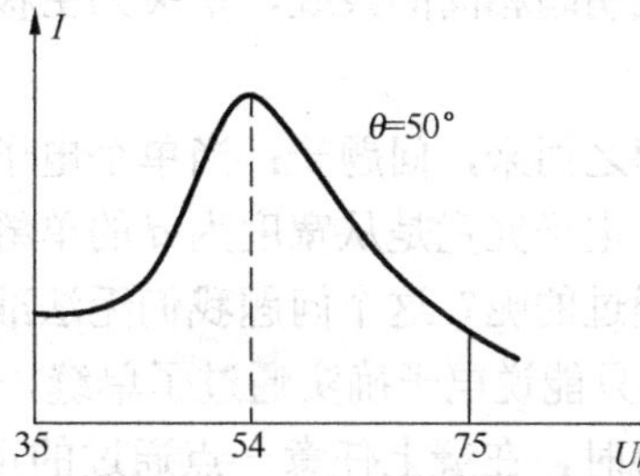

图 17-17 当散射角 $\theta=50^\circ$ 时的电流与加速电压曲线

下面用衍射的观点来解释一下。

如图 17-18 所示，设晶体中原子排列规则，晶格常数为 d，λ 为电子的德布罗意波波长，则相邻晶面间散射线的波程差满足干涉加强的条件为 $2d\sin\frac{\theta}{2}\cos\frac{\theta}{2}=k\lambda$，即 $d\sin\theta=k\lambda$。

在速度不太大时，按照德布罗意公式 $\lambda=\frac{h}{mv}$，以及电子加速公式可得

$$d\sin\theta=kh\sqrt{\frac{1}{2emU}}$$

因为镍晶体的晶格常数为 $d=2.15\times10^{-10}\,\text{m}$，现将其以及 e、$m$、$h$、$U$ 的数值代入上式，可得

$$\sin\theta=0.777k$$

因为 k 只能取整数，所以 k 只能取 1，此时出现极大，$\theta\approx51^\circ$，与实验中 $\theta\approx50^\circ$ 出入很小。

戴维逊－革末实验第一次证实了德布罗意公式的正确性。更多的证据也接踵而来。同年，G.P.汤姆逊也通过实验进一步证明了电子的波动性。他利用实验数据算出的电子行为，和德布罗意所预言吻合得天衣无缝。

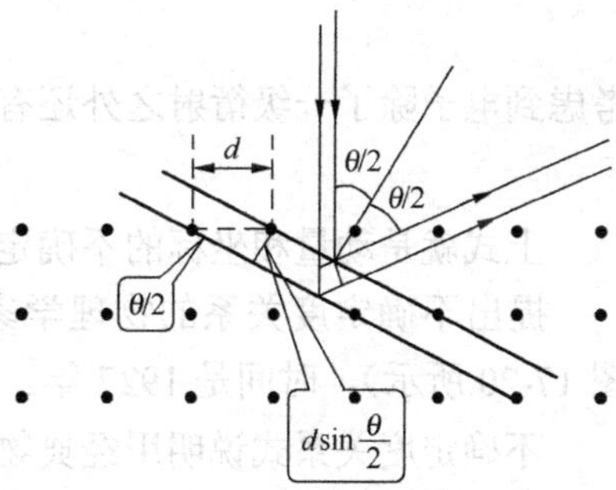

图 17-18 电子束干涉加强示意图

戴维逊和 G.P.汤姆逊也因此分享了 1937 年诺贝尔物理学奖，而“物质波”概念的创始人德布罗意也因为其贡献而获得诺贝尔物理学奖，时间是早于他们的 1929 年，值得一提的是，G.P.汤姆逊是 J.J.汤姆逊的儿子，J.J.汤姆逊由于发现了电子而获得 1906 年的诺贝尔物理学奖。

17.6 不确定度（测不准）关系

众所周知，对于一个宏观物体来说，可以用其坐标和速度来描述其运动状态，例如，一

个被抛起的篮球，若知道了它某时刻的坐标以及速度，那么就可以确定它的轨迹，即任何时刻它的运动状态都是确定的。也可以用动量来代替速度，这对于描述物体运动状态是等价的。但是，这些描述宏观物体的物理量在描述微观粒子运动状态时遇到了困难。下面以电子的单缝衍射为例说明。

如图 17-19 所示，电子通过单缝衍射后在屏上形成明暗相间的条纹，中央为主极大明纹。

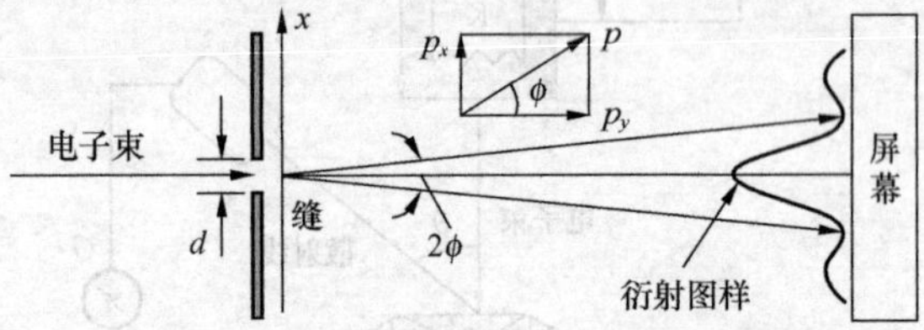

图 17-19　电子单缝衍射说明不确定度关系

问题随之而来，问题一：当单个电子通过单缝时，电子究竟是从宽度为 d 的单缝上的哪一点通过的呢？这个问题我们无法准确回答，我们只能说电子确实通过了单缝，但电子通过单缝时的准确坐标 x 是不能明确知道的。电子通过缝时，在缝上任意一点通过的可能性都有。如果用 Δx 表示电子通过缝时其坐标可能出现的范围，则有 $\Delta x = b$，称其坐标的不确定度范围为 b。

问题二：电子通过单缝时，动量是确定的吗？如图 17-18 可以看出，从衍射角 $-\phi$ 到 $+\phi$ 范围内都可能有电子的分布，即电子速度的方向将发生改变。电子的动量大小虽然没发生变化，但是方向却发生了变化，不再是确定的，而是限制在某衍射角的范围内，若只考虑一级衍射图样，则有 $b\sin\phi = \lambda$，电子的动量沿 x 方向分量的不确定度范围为

$$\Delta p_x = p\sin\phi = p\frac{\lambda}{b}$$

将德布罗意公式 $\lambda = \dfrac{h}{p}$ 代入上式，可得

$$\Delta p_x = \frac{h}{b}$$

即 $b\Delta p_x = h$，考虑到坐标的不确定度关系 $\Delta x = b$，则有

$$\Delta x \Delta p_x = h$$

考虑到电子除了一级衍射之外还有其他衍射级次，所以上式应该改写为

$$\Delta x \Delta p_x \geqslant h \tag{17-25}$$

上式就是动量和坐标的不确定度关系式（或测不准关系）。

提出不确定度关系的物理学家是德国人海森堡（W.Heisenberg）（如图 17-20 所示），时间是 1927 年。

图 17-20　海森堡

不确定度关系式说明用经典物理学量—动量、坐标来描写微观粒子行为时将会受到一定的限制，因为**微观粒子不可能同时具有确定的动量及位置坐标**；不确定的根源是“波-粒二象性”，这是微观粒子的根本属性。对宏观粒子，因 h 很小，$\Delta x \Delta p_x$ 乘积趋近于零，可视为位置和动量能同时准确测量。而对于微观粒子，h 不能忽略，Δx、Δp_x 不能同时具有确定值，此时，只有从概率统计角度去认识其运动规律，所以在量子力学中，将用波函数来描述微观粒子，不确定关系是量子力学的基础。

对于微观粒子，其能量及时间之间也有下面的不确定度关系

$$\Delta E \Delta t \geqslant h$$

ΔE 表示粒子能量的不确定量，而 Δt 可表示粒子处于该能态的平均时间。

引申出去，若定义两个量的相乘积与 h 有相同量纲的物理量称为共轭量，则可以证明：凡是共轭的量都是满足不确定度关系的。

【例 17-4】 波长为 400nm 的平面光波朝 x 轴的正方向传播，若波长的相对不确定量为 $\Delta\lambda/\lambda=10^{-6}$，求动量的不确定量和光子坐标的最小不确定量。

解：由 $p=\dfrac{h}{\lambda}$，可得 $\Delta p=-\dfrac{h}{\lambda^2}\Delta\lambda$，根据题意，动量的不确定量为

$$|\Delta p|=\frac{h}{\lambda^2}\Delta\lambda=\frac{h}{\lambda}\frac{\Delta\lambda}{\lambda}=1.66\times10^{-23}\text{kg}\cdot\text{m}\cdot\text{s}^{-1}$$

由不确定度关系 $\Delta x\Delta p\geqslant h$，得光子坐标的最小不确定量 $\Delta x\geqslant h/\Delta p=0.4\text{m}$。

【例 17-5】 设原子的线度约为 10^{-10} m，试求原子中电子速度的不确定量。

解：由题意知，原子的动量 $\Delta p_x=m\Delta v_x$，

原子中电子位置的不确定量范围为 $\Delta r\approx10^{-10}$ m，由不确定度关系式得

$$\Delta v_x\geqslant\frac{h}{m\Delta r}=\frac{6.63\times10^{-34}}{9.11\times10^{-31}\times10^{-10}}=7.2\times10^6\text{m/s}。$$

根据玻尔理论，可估算出氢原子中电子的轨道运动速度约为 10^6m/s，可见速度的不确定量与速度大小的数量级基本相同。因此，原子中电子在任一时刻没有完全确定的位置和速度，也没有确定的轨道，不能看成经典粒子，波动性十分显著，必须考虑不确定度关系。

17.7 波函数 薛定谔方程

对于宏观物体来说，描述其运动状态只考虑其粒子性就足够了，但是对于微观粒子来说，由于具有波-粒二象性，所以仅仅考虑其粒子性是远远不够的，而必须考虑其波动性。本节将从描述其运动状态的波函数入手，介绍量子力学中的基本方程——**薛定谔方程**。

17.7.1 波函数

对于微观粒子，在表现粒子性的同时，也表现出波动性。在描述微观粒子的运动状态方面，牛顿方程已不再适用，因此必须研究微观粒子的波动性。下面从一维自由粒子的波函数入手来探讨一下。

设一列沿 x 轴正向传播的频率为 ν 的平面简谐波，由前面的知识可知，其波函数为

$$y=A\cos2\pi(\nu t-\frac{x}{\lambda})$$

现将上式写成复数形式

$$y=A\text{e}^{-\text{i}2\pi(\nu t-\frac{x}{\lambda})}$$

把德布罗意公式 $\nu=E/h$，$\lambda=h/p$ 代入上式中，可得

$$y=A\text{e}^{-\text{i}\frac{2\pi}{h}(Et-px)}$$

对于动量为 $\bar{p}$、能量为 E 的一维自由微观粒子，根据德布罗意假设，其物质波的波函数

相当于单色平面波，在这里，我们为了把描述自由粒子的平面物质波和一般的波动区别开，一般用Ψ来代替y，这样，上式便可写成

$$\psi(x,t)=\psi_0 e^{-i\frac{2\pi}{h}(Et-px)} \tag{17-26a}$$

或者

$$\psi(x,t)=\psi_0 e^{-i2\pi(\nu t-\frac{x}{\lambda})} \tag{17-26b}$$

式(17-26)用来表述与微观粒子相联系的物质波，该函数表达式Ψ称为物质波的**波函数**。物质波的物理意义可以通过与光波的对比来阐明。

我们知道，光强正比于振幅的平方，所以光发生衍射时，光的强度大，则代表光波振幅平方大，但是从粒子性的观点来看，光强大代表光子在该处出现的概率大；而对于物质波，以电子衍射为例，某时刻某处强度大，代表波函数振幅的平方大，也代表单个粒子在该处出现的概率大。在某一时刻，在空间某处，微观粒子出现的概率正比于该时刻、该地点波函数的平方。即：t时刻粒子出现在空间某点r附近体积元$\mathrm{d}V$中的概率，与波函数平方及$\mathrm{d}V$成正比。由于波函数Ψ为复数，而概率为正实数，所以，波函数的平方ψ^2和$\mathrm{d}V$的乘积应该写作

$$|\psi|^2\,\mathrm{d}V=\psi\psi^*\mathrm{d}V$$

这里ψ^*为Ψ的共轭复数。$|\psi|^2$称为**概率密度**，表示在某一时刻在某点处单位体积内粒子出现的概率。与机械波、电磁波等不同，德布罗意波是一种概率波。讨论单个微观粒子的德布罗意波是没有意义的，德布罗意波反映出来的是一种统计意义。由于粒子要么出现在空间某个区域，要么出现在空间其他区域，所以某时刻粒子在整个空间中存在的几率为 1，即**满足归一化条件**

$$\iiint|\psi|^2\,\mathrm{d}V=1 \tag{17-27}$$

满足上式的波函数叫做归一化波函数。

【例 17-6】 做一维运动的粒子被束缚在$0<x<a$的范围内，已知其波函数为$\psi(x)=A\sin(\pi x/a)$。试求：

（1）常数A；

（2）粒子在 0～$a/2$区域出现的概率；

（3）粒子在何处出现的概率最大？

解：（1）由归一化条件得$\int_0^a A^2\sin^2(\pi x/a)\mathrm{d}x=1$，所以有$A=\sqrt{\frac{a}{2}}$。

（2）粒子的概率密度为

$$|\psi|^2=\frac{2}{a}\sin^2\frac{\pi x}{a}$$

则在$0<x<a/2$区域内，粒子出现的概率为

$$\int_0^{a/2}|\psi|^2\,\mathrm{d}V=\frac{2}{a}\int_0^{a/2}\sin^2\frac{\pi x}{a}\mathrm{d}x=\frac{1}{2}$$

（3）概率最大的位置应满足

$$\frac{\mathrm{d}|\psi(x)|^2}{\mathrm{d}x}=0$$

解之，得

$$\frac{2\pi x}{a}=k\pi \qquad (k=0,\pm 1,\pm 2,\pm 3,\cdots)$$

因$0<x<a$，故得$x=\frac{a}{2}$，即$x=\frac{a}{2}$处粒子出现的概率最大。

17.7.2 薛定谔方程

下面介绍量子力学的基本方程——薛定谔方程。由奥地利物理学家薛定谔（Erwin Schrodinger）（如图 17-21 所示）建立的适用于低速情况的、描述微观粒子在外力场中运动的微分方程，称为薛定谔方程。如同牛顿方程在经典力学中一样，薛定谔方程也不能由其他原理公式推导，只能依靠实践来证明。因此，在这里介绍的是建立薛定谔方程的思路。

图 17-21 薛定谔

在吸收了德布罗意的思想后，薛定谔决定把物质波的概念应用到原子体系的描述中去，最后，薛定谔从经典力学的哈密顿－雅可比方程出发，利用变分法和德布罗意公式，求出了一个非相对论的波动方程，这个方程就是薛定谔方程。

下面，我们沿着伟人的足迹，看一下薛定谔方程的产生。

设有一自由粒子，其质量为m，动量为p，能量为$E=E_\mathrm{k}=\frac{1}{2}mv_x^2=\frac{1}{2m}p^2$，沿着$x$轴运动。则其波函数为

$$\psi(x,t)=\psi_0 \mathrm{e}^{-\mathrm{i}\frac{2\pi}{h}(Et-px)}$$

将上式对x取二阶偏导，对t取一阶偏导后，得到

$$\frac{\partial^2\psi}{\partial x^2}=-\frac{4\pi^2 p^2}{h^2}\psi$$

和

$$\frac{\partial\psi}{\partial t}=-\frac{\mathrm{i}2\pi}{h}E\psi$$

整合上两式可得

$$-\frac{h^2}{8\pi^2 m}\frac{\partial^2\psi}{\partial x^2}=\mathrm{i}\frac{h}{2\pi}\frac{\partial\psi}{\partial t} \qquad (17\text{-}28)$$

式（17-28）叫做一维运动自由粒子含时的薛定谔方程。

若粒子不是自由的，而是限制在势场中，则粒子除了上面具有的动能外还具有势能E_P（$E_\mathrm{P}=E_\mathrm{P}(x,t)$），即

$$E=\frac{1}{2m}p^2+E_\mathrm{P}$$

将上式代入到 $\frac{\partial^2\psi}{\partial x^2}=-\frac{4\pi^2 p^2}{h^2}\psi$ 及 $\frac{\partial\psi}{\partial t}=-\frac{\mathrm{i}2\pi}{h}E\psi$ 中，则可得

$$-\frac{h^2}{8\pi^2 m}\frac{\partial^2\psi}{\partial x^2}+E_{\mathrm{P}}\psi=\mathrm{i}\frac{h}{2\pi}\frac{\partial\psi}{\partial t} \tag{17-29}$$

式（17-29）叫做**一维运动粒子含时的薛定谔方程**。若 $E_{\mathrm{P}}=0$，则上式可转化为式（17-28），因此，式（17-28）只是式（17-29）表述的一种特殊情况。

还有一种情况存在：若势能只是坐标的函数，而与时间无关，即 $E_{\mathrm{P}}=E_{\mathrm{P}}(x)$，则可将 $\psi(x,t)=\psi_0\mathrm{e}^{-\mathrm{i}\frac{2\pi}{h}(Et-px)}$ 分解为坐标函数和时间函数的乘积

$$\psi(x,t)=\psi_0\mathrm{e}^{-\mathrm{i}\frac{2\pi}{h}(Et-px)}==\psi_0\mathrm{e}^{\mathrm{i}2\pi px/h}\mathrm{e}^{-\mathrm{i}2\pi Et/h}==\psi(x)\phi(t) \tag{17-30}$$

其中

$$\psi(x)=\psi_0\mathrm{e}^{\mathrm{i}2\pi px/h}$$

将式（17-30）代入到式（17-29）中，可得**在势场中一维运动粒子定态的薛定谔方程**

$$\frac{\mathrm{d}^2\psi}{\mathrm{d}x^2}+\frac{8\pi^2 m}{h^2}(E-E_{\mathrm{P}})\psi(x)=0 \tag{17-31}$$

之所以称为定态，是因为函数 ψ 只是坐标的函数，而与时间无关，另外粒子在势场中的势能和总的能量也只是坐标的函数，不随时间的变化而变化。

上面所述的是一维的情况，若粒子是在三维空间中运动，此时 $\psi=\psi(x,y,z)$，势能为 $E_{\mathrm{P}}=E_{\mathrm{P}}(x,y,z)$，则可将式（17-31）推广，得

$$\frac{\partial^2\psi}{\partial x^2}+\frac{\partial^2\psi}{\partial y^2}+\frac{\partial^2\psi}{\partial z^2}+\frac{8\pi^2 m}{h^2}(E-E_{\mathrm{P}})\psi=0$$

这里，我们引进拉普拉斯算子 $\nabla^2=\frac{\partial^2}{\partial x^2}+\frac{\partial^2}{\partial y^2}+\frac{\partial^2}{\partial z^2}$，则上式可以写为

$$\nabla^2\psi+\frac{8\pi^2 m}{h^2}(E-E_{\mathrm{P}})\psi=0 \tag{17-32}$$

式（17-32）为一般形式的**薛定谔方程**。

薛定谔的方程一经得出，便得到了全世界物理学家的好评。普朗克称之为“划时代的工作”，爱因斯坦评价道：“……您的想法源自于真正的天才。”“您的量子方程已经迈出了决定性的一步。”……薛定谔从德布罗意那里得到灵感而建立的方程通俗形象，简明易懂，也标志着量子力学的诞生。

17.8 一维无限深势阱问题

前面我们学习了薛定谔方程的内容，本节介绍薛定谔方程在具体情况下的应用。

17.8.1 一维无限深势阱

首先，了解一下无限深势阱的概念：若质量为 m 的粒子不是自由的，而是被保守力场限

制在某个范围内，势能十分稳定，粒子就像处于一口井里，从中出来非常困难，为了计算简单，就称这种情况下粒子处于势阱中，若势阱为无限深，则称之为无限深势阱。下面要讨论的是一维无限深势阱。

一维无限深势阱的势能满足下式描述的边界条件

$$E_P=\begin{cases}0 & (0<x<a)\\ \infty & (x\leqslant 0, x\geqslant a)\end{cases}$$

其势能曲线如图 17-22 所示。

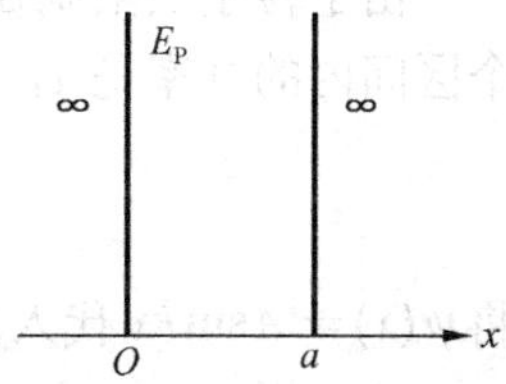

图 17-22　一维无限深势阱

从上式可以看出，粒子只能在 $0<x<a$ 的范围内活动，其边界为无限高的势阱壁。按照经典理论，处于无限深势阱中的粒子，其能量可以取任意的有限值，另外粒子处于此宽度为 a 的势阱中各处的概率是相等的。但是，由前面所知，量子力学显著区别于经典理论，则在量子力学看来，上述问题的结论是否与经典理论的一致呢？下面应用薛定谔方程来求解这些问题。

在势阱边界处，粒子要受到无限大指向阱内的力，表明粒子不能越出势阱，即粒子在势阱外的概率为 0。我们只研究势阱内的粒子。

已知粒子在势阱内的势能与时间无关，因此可利用一维定态薛定谔方程，粒子在一维无限深势阱中的薛定谔方程为

$$\frac{d^2\psi}{dx^2}+\frac{8\pi^2 m}{h^2}E\psi=0$$

若令

$$k^2=\frac{8\pi^2 m}{h^2}E \tag{17-33}$$

则上式可化为

$$\frac{d^2\psi}{dx^2}+k^2\psi=0$$

可以看出，上式的形式类似简谐振动方程，因此可写出其通解

$$\psi(x)=A\sin(kx+B)$$

代入一维势阱的边界条件，得

$$\psi(0)=A\sin B=0$$
$$\psi(a)=A\sin ka=0$$

所以

$$\psi(x)=A\sin kx$$

考虑到势阱壁上的波函数满足单值且连续，因此，解上式得

$$B=0$$
$$ka=n\pi \qquad (n=1,2,3,\cdots)$$

即

$$k=\frac{n\pi}{a} \qquad (n=1,2,3,\cdots)$$

将其代入式（17-33）中，可求得势阱中粒子的能量

$$E_n = \frac{n^2 h^2}{8ma^2} \qquad (n=1,2,3,\cdots) \tag{17-34}$$

可以看出，粒子在势阱中的能量不是连续的，而是取与量子数n有关的分立值，即一维无限深势阱中粒子的能量是量子化的。粒子的最小能量不等于零，其值为$E_1 = \frac{h^2}{8ma^2}$，也称为**基态能**或**零点能**。

由于粒子被限制在一维无限深势阱中，因此，按照归一化条件，粒子出现在$0 \leqslant x \leqslant a$这个区间内的几率是1，即

$$\int_0^a |\psi(x)|^2 \, \mathrm{d}x = 1$$

将$\psi(x) = A\sin kx$代入，得

$$\int_0^a A^2 \sin^2 kx \, \mathrm{d}x = \int_0^a A^2 \sin^2 \frac{n\pi}{a} x \, \mathrm{d}x = 1$$

可解得

$$A = \sqrt{\frac{2}{a}}$$

即可得到波函数的表达式

$$\psi(x) = \sqrt{\frac{2}{a}} \sin \frac{n\pi}{a} x \tag{17-35}$$

这样，粒子在势阱中的概率密度为

$$|\psi(x)|^2 = \frac{2}{a} \sin^2 \frac{n\pi}{a} x \tag{17-36}$$

可以看出，对于粒子在势阱中出现的概率问题，量子力学也得出了与经典理论迥然不同的结果。

图17-23所示描述的是一维无限深势阱中粒子的波函数和概率密度。可以看出，对于粒子，出现在各处的几率与量子数n有关，$n=1$时，粒子出现的概率主要集中在势阱的中部。随着n的增大，粒子出现在其他各处的几率开始大起来。并且随着n的增大，概率密度分布曲线的峰值个数开始增多，随着n的继续增大，峰值之间的距离也随之减小，当n很大时，其距离就缩得很小，彼此非常靠近，量子概率分布就可认为接近经典分布。

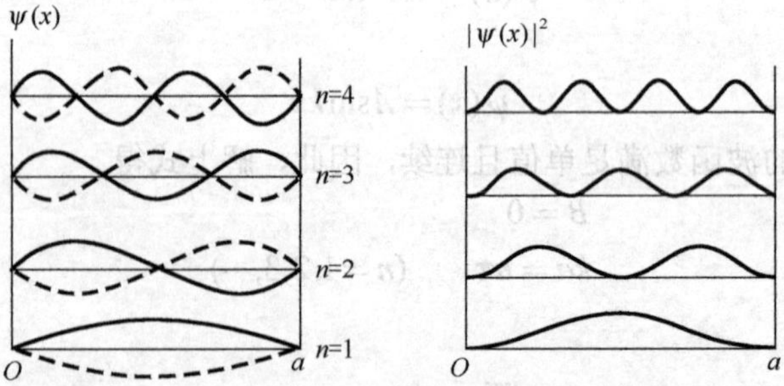

图17-23 一维无限深势阱中的波函数和概率密度

17.8.2　一维势垒 隧道效应

下面了解与势阱相对的概念——势垒若粒子处于某空间中，满足

$$E_P(x)=\begin{cases}0 & (x<0,x>a)\\ E_{P0} & (0\leqslant x\leqslant a)\end{cases}$$

我们称粒子处于一维势垒中。势垒一般是方形的，如图 17-24 所示。

当粒子处于 $x<0$ 的区域内，能量 $E<E_{P0}$ 时，从经典理论来看，粒子不可能跨过势垒进入 $x>a$ 的区域。但用量子力学分析，粒子可能进入上述区域，不是跨越，而是有一定概率穿透势垒。即粒子的能量虽不足以超越势垒，但在势垒中似乎有一个隧道，能使少量粒子穿过而进入 $x>a$ 的区域，此现象人们形象地称为**隧道效应**。

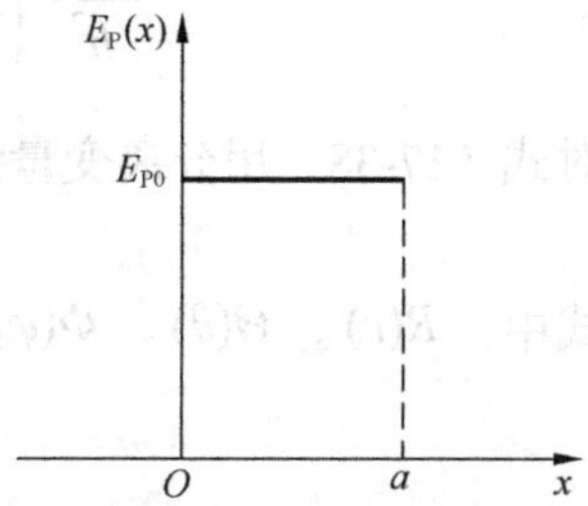

图 17-24　一维方势垒

事实表明，量子力学是正确的。

隧道效应的本质来源于微观粒子的波-粒二象性，这已为许多实验所证实。1981 年宾尼希和罗雷尔利用电子的隧道效应制成了扫描遂道显微镜（STM），可观测固体表面原子排列的状况。1986 年宾尼希又研制了原子力显微镜。这些都是量子力学知识的产物。正如一位伟人所说：科学技术是第一生产力。

17.9　量子力学中的氢原子问题

前面介绍了玻尔的氢原子理论是有局限性的，一方面它使用了量子化的标准，另一方面它和经典理论有着千丝万缕的联系。下面将介绍量子力学是如何处理玻尔理论曾经处理过的氢原子问题的。

17.9.1　氢原子的薛定谔方程

氢原子中，电子的势能函数为

$$E_P=-\frac{e^2}{4\pi\varepsilon_0 r}$$

式中，r 为电子离原子核的距离。由于电子与原子核相比要小很多，因此可以假设原子核是静止的（类似太阳和地球的关系）。

代入定态薛定谔方程式（17-32）中，得

$$\nabla^2\psi+\frac{8\pi^2 m}{h^2}(E+\frac{e^2}{4\pi\varepsilon_0 r})\psi=0 \qquad (17\text{-}37)$$

考虑到势能是 r 的函数，方便起见，可利用球坐标求解，即用球坐标 (r,θ,φ) 代替直角坐标 (x,y,z)，如图 17-25 所示，因为

$$x = r\sin\theta\cos\varphi$$
$$y = r\sin\theta\sin\varphi$$
$$z = r\cos\theta$$

将之代入到式（17-37）中，可得

$$\frac{1}{r}\frac{\partial}{\partial r}\left(r^2\frac{\partial\psi}{\partial r}\right)+\frac{1}{r^2\sin\theta}\frac{\partial}{\partial\theta}\left(\sin\theta\frac{\partial\psi}{\partial\theta}\right)+\frac{1}{r^2\sin^2\theta}\frac{\partial^2\psi}{\partial\psi^2}+ \frac{8\pi^2 m}{h^2}\left(E+\frac{e^2}{4\pi\varepsilon_0 r}\right)\psi=0 \tag{17-38}$$

对式（17-38）用分离变量法求解，设

$$\psi(r,\theta,\varphi)=R(r)\Theta(\theta)\Phi(\varphi)$$

式中，$R(r)$、$\Theta(\theta)$、$\Phi(\varphi)$ 分别只是 r、θ、φ 的单值函数。

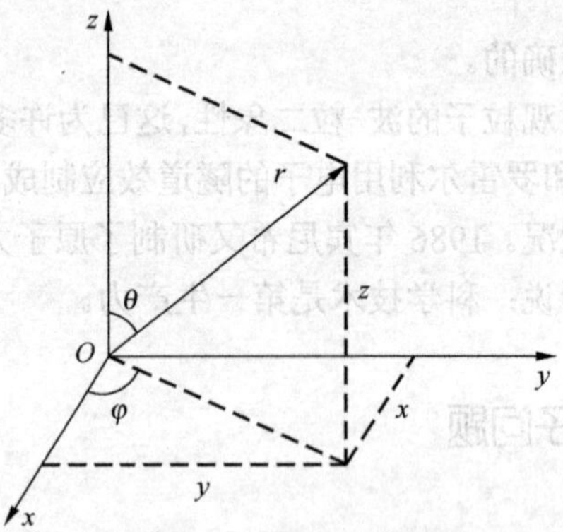

图 17-25　直角坐标和球坐标

经过一系列数学运算后，可得

$$\frac{\mathrm{d}^2\Phi}{\mathrm{d}\varphi^2}+m_l{}^2\Phi=0 \tag{17-39}$$

$$\frac{m_l^2}{\sin^2\theta}-\frac{1}{\Theta\sin\theta}\frac{\mathrm{d}}{\mathrm{d}\theta}(\sin\theta\frac{\mathrm{d}\Theta}{\mathrm{d}\theta})=l(l+1) \tag{17-40}$$

$$\frac{1}{R}\frac{\mathrm{d}}{\mathrm{d}r}(r^2\frac{\mathrm{d}R}{\mathrm{d}r})+\frac{8\pi^2 mr^2}{h^2}(E+\frac{e^2}{4\pi\varepsilon_0 r})=l(l+1) \tag{17-41}$$

上面 3 个式子中出现的 m_l 和 l 为新引进的常数。接下来将对上述 3 个方程的解进行分析（因为求解过程十分复杂，所以将其省略，只看与其解有关的一些结果）。

17.9.2　量子化和量子数

求解式（17-39）、式（17-40）和式（17-41），就能得到一些量子化的特性。

在求解式（17-41）时，可求得

$$E=-\frac{1}{n^2}\left(\frac{me^4}{8\varepsilon_0^2h^2}\right)$$

可以看出，能量也是量子化的，因此上式可写作

$$E_n=-\frac{1}{n^2}\left(\frac{me^4}{8\varepsilon_0^2h^2}\right)\qquad(n=1,2,3,\cdots)\tag{17-42}$$

式中，n 称为**主量子数**。按照此方法得出的氢原子的能量与玻尔理论得到的结果是一致的。

在解方程式（17-40）和式（17-41）时，可得氢原子中电子的角动量

$$L=\sqrt{l(l+1)}\frac{h}{2\pi}\tag{17-43}$$

式中，$l=0,1,2,3,\cdots,(n-1)$，l 叫做**角量子数**。可见，氢原子中电子的角动量也是量子化的。

此外，当氢原子置于外磁场中，角动量 L 在空间取向只能取一些特定的方向，L 在外磁场方向的投影必须满足量子化条件

$$L_z=m_l\frac{h}{2\pi}\tag{17-44}$$

式中，$m_l=0,\pm1,\pm2,\cdots,\pm l$，称为**磁量子数。对于一定的角量子数 l，磁量子数 m_l 可取 $(2l+1)$ 个值。即电子的角动量在空间的取向只有 $(2l+1)$ 个可能性。**

17.9.3 基态氢原子的电子分布概率

在量子力学中，没有经典物理中"轨道"的概念，而代之以"空间分布概率"。因此要知道电子在氢原子中的分布，必须要知道定态波函数，其对应着一组量子数

$$\psi_{n,l,m}=R_{n,l}(r)\Theta_{lm_l}(\theta)\Phi_{m_l}(\varphi)\tag{17-45}$$

式中，$R_{n,l}(r)$ 称为径向函数。

而电子出现在原子核周围的概率密度为

$$\left|\psi_{n,l,m}\right|^2=\left|R_{n,l}(r)\Theta_{lm_l}(\theta)\Phi_{m_l}(\varphi)\right|^2$$

可得对于任意给定的体积元 $\mathrm{d}V=r^2\sin\theta\mathrm{d}r\mathrm{d}\theta\mathrm{d}\varphi$，电子出现的概率为

$$|\psi|^2\,\mathrm{d}V=|R|^2|\Theta|^2|\Phi|^2r^2\sin\theta\mathrm{d}r\mathrm{d}\theta\mathrm{d}\varphi\tag{17-46}$$

若令沿径矢的概率密度为ρ，则电子出现在距核 $r\sim r+\mathrm{d}r$ 范围内的概率为

$$\rho\mathrm{d}r=|R|^2r^2\mathrm{d}r\int_0^\pi|\Theta|^2\sin\theta\mathrm{d}\theta\int_0^{2\pi}|\Phi|^2\mathrm{d}\varphi$$

出归一化条件可知，$\rho\mathrm{d}r=|R|^2r^2\mathrm{d}r$ 和 $\int_0^\infty\rho\mathrm{d}r=\int_0^\infty|R|^2r^2\mathrm{d}r=1$，

结合前式，可得基态径向波函数为 $R(r)=\left(\frac{4}{r_1^3}\right)^{1/2}\mathrm{e}^{-r/r_1}$。

17.10 *电子的自旋 多电子原子中的电子分布

类似于行星除了围绕恒星公转外，行星自身还存在自转现象一样，电子除了在轨道上围绕原子核做转动外，其本身还存在一种自旋运动，如图 17-26 所示。

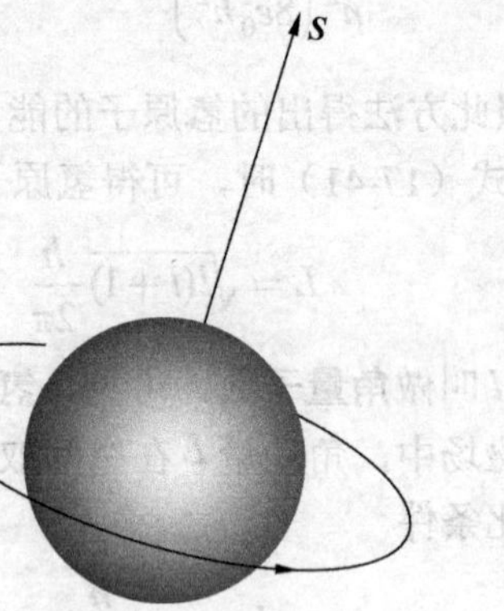

图 17-26 电子的自旋

17.10.1 电子的自旋

电子的自旋假说是荷兰科学家乌仑贝克（G.E.Uhlenbeck）和古兹密特（S.A.Goudsmit）在 1925 年提出来的。他们把电子绕自身轴线的转动称为**自旋**。由自旋产生的磁矩 μ_s 称为自旋磁矩，由自旋产生的角动量 $\vec{S}$，为其方向与磁矩方向相反。自旋磁矩的大小与自旋角动量的大小成正比。

实验表明，电子的自旋也是量子化的：自旋磁矩处在外磁场时，沿磁场方向的分量 μ_{sz} 只有两个值存在；而自旋角动量 $\vec{S}_z$ 在沿着磁场方向也只有两个值存在。

设电子的自旋角动量大小为

$$S=\frac{h}{2\pi}\sqrt{s(s+1)} \tag{17-47}$$

其在外磁场方向的分量为

$$S_z=\frac{h}{2\pi}m_s \tag{17-48}$$

式中，s 为自旋量子数，m_s 为自旋磁量子数，且 m_s 的取值与 m_l 一样，也只能取 $2s+1$ 个值。但是实验表明，自旋角动量在外磁场方向的投影 S_z 只能有两种取值。于是有 $2s+1=2$。可得 $s=\frac{1}{2}$，$m_s=\pm\frac{1}{2}$，也可得出自旋角动量以及其沿外磁场投影方向的值

$$S=\sqrt{\frac{3}{4}}\frac{h}{2\pi} \tag{17-49}$$

$$S_z=\pm\frac{1}{2}\cdot\frac{h}{2\pi} \tag{17-50}$$

17.10.2 多电子原子中的电子分布

在量子力学范围内研究原子，总结前面知识可知，原子中电子的状态是由 4 个量子数n、l、m_l和m_s决定的。下面稍微总结一下：

（1）主量子数n：$n=1,2,3,\cdots$。n大体上决定电子在原子中的能量。

（2）角量子数l：$l=0,1,2,\cdots(n-1)$。l决定电子绕核运动的角动量$L=\frac{h}{2\pi}\sqrt{l(l+1)}$。

（3）磁量子数m_l：$m_l=0,\pm1,\pm2,\cdots,\pm l$。$m_l$决定电子绕核运动角动量的空间取向。

（4）自旋磁量子数m_s：$m_s=\pm\frac{1}{2}$。决定电子自旋角动量的空间取向。

研究多电子原子中电子的分布应该以上述 4 个量子数为参考，另外还需遵循以下两个原理。

1．泡利不相容原理

泡利指出：**在一个原子系统内，不可能有两个或者两个以上的电子具有相同的状态，也就是说，不可能具有相同的四个量子数**。这就是泡利不相容原理。根据此原理，原子中具有相同主量子数n的电子数目为

$$N_n=\sum_{n=0}^{n-1}2(2l+1)=2n^2 \tag{17-51}$$

1916 年，柯塞耳提出一个观点，他认为做围绕原子核运动的电子组成了许多壳层。n相同的电子属于同一壳层，n相同而l不同的组成了分壳层。对应的$n=1,2,3,\cdots$的壳层即是我们中学化学上所讲的K，L，M，N，O，$P\cdots$

据泡利不相容原理，对于某一支壳层，对应的量子数为n和l，即处于该支壳层的电子具有相同的能量和角动量数值，但其磁量子数可取共$2l+1$种可能值，对每一个m_l值又有两种m_s值。因此，在同一支壳层上可容纳的电子数为$N_l=2(2l+1)$。

2．能量最小原理

当原子处于正常状态时，每个电子趋向占有能级最低的空间，即原子中的电子尽可能地占据未被填充的最低能级，这一结论叫做能量最小原理。

【例 17-7】 分别计算量子数$n=2$、$l=1$和$n=2$的电子的能状态数。

解：对$n=2$、$l=1$的电子，可取$m_l=-1,\ 0,\ +1$种状态，对每一种m_l，又可取$m_s=\frac{1}{2},-\frac{1}{2}$。故总的状态数为$3\times2=6$。

对于$n=2$的电子，l可取 0 和 1。

当$l=0$时，$m_l=0$，$m_s=\frac{1}{2},-\frac{1}{2}$，所以$l=0$时有两种状态。因此，共有状态数 2+6=8 个。

复 习 题

一、思考题

1．为什么夏天的时候人们喜欢穿浅颜色的衣服，而冬天则喜欢穿深颜色的衣服？

2．为什么从远处看建筑物的窗户总是黑色的？

3．若一物体的绝对温度减为原来的一半，它的总辐射能减少多少倍？

4．用可见光能观测到康普顿效应吗？为什么？

5．什么是光的波-粒二象性？

6．玻尔的氢原子理论中，势能为负值，但是其绝对值比动能大？其意义是什么？

7．若玻尔的氢原子理论中，原子内部粒子间的万有引力不能忽略则会出现什么情况？

8．为什么说不确定度关系与实验技术的改进无关？从不确定度关系推出“微观粒子的运动状态是无法确定的”这一说法是否正确？

9．玻尔的氢原子基态图像与薛定谔的氢原子基态图像之间有什么异同？

10．查阅有关“薛定谔的猫”问题并谈谈自己的感受。

二、习题

1．所谓“黑体”指的是这样的一种物体，即（　　）。

（A）不能反射任何可见光的物体

（B）不能发射任何电磁辐射的物体

（C）能够全部吸收外来的任何电磁辐射的物体

（D）完全不透明的物体

2．下面 4 个图中（见图 17-27），哪一个正确反映黑体单色辐出度 $M_{B\lambda}(T)$ 随 λ 和 T 的变化关系，已知 $T_1 < T_2$。（　　）

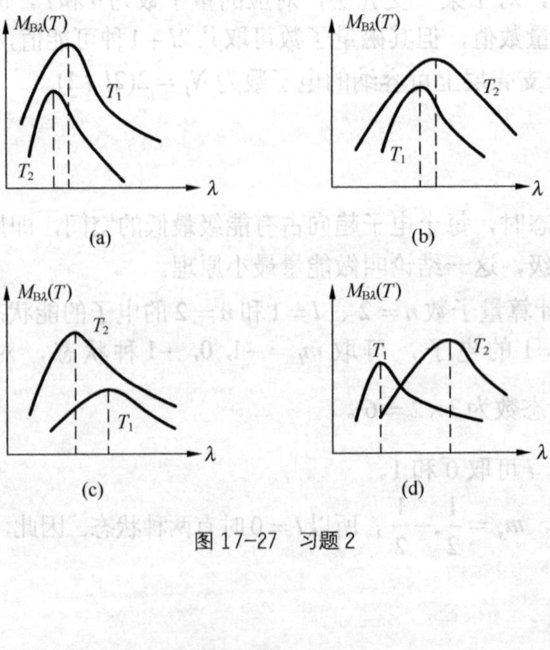

图 17-27　习题 2

3．光电效应和康普顿效应都包含有电子与光子的相互作用过程。对此，在以下几种理解中，正确的是（　　）。

（A）两种效应中电子与光子两者组成的系统都服从动量守恒定律和能量守恒定律

（B）两种效应都相当于电子与光子的弹性碰撞过程

（C）两种效应都属于电子吸收光子的过程

（D）光电效应是吸收光子的过程，而康普顿效应则相当于光子和电子的弹性碰撞过程

（E）康普顿效应是吸收光子的过程，而光电效应则相当于光子和电子的弹性碰撞过程

4．已知氢原子从基态激发到某一定态所需能量为10.19eV，当氢原子从能量为-0.85eV的状态跃迁到上述定态时，所发射的光子的能量为（　　）。

（A）2.56eV　　（B）3.41eV　　（C）4.25eV　　（D）9.95eV

5．若α粒子（电荷为$2e$）在磁感应强度为B均匀磁场中沿半径为R的圆形轨道运动，则α粒子的德布罗意波长是（　　）。

（A）$h/(2eRB)$　　（B）$h/(eRB)$　　（C）$1/(2eRBh)$　　（D）$1/(eRBh)$

6．将星球看成黑体，测量它的辐射峰值波长λ_m，利用维恩位移定律便可估计其表面温度是估测星球表面温度的方法之一，如果测得某两星的λ_m分别为0.35μm和0.29μm，试计算它们的表面温度。

7．在黑体加热过程中，其单色辐出度的峰值波长是由0.75μm变化到0.40μm，求总辐出度改变为原来的多少倍?

8．黑体的温度$T_1=6\,000$K，问$\lambda_1=0.35$μm和$\lambda_2=0.70$μm的单色辐出度之比等于多少?当温度上升到$T_2=7\,000$K时，λ_1的单色辐出度增加到原来的多少倍?

9．设用频率为ν_1和ν_2的两种单色光，先后照射同一种金属均能产生光电效应。已知金属的红限频率为ν_0，测得两次照射时的遏止电压$|U_{a2}|=2|U_{a1}|$，求这两种单色光的频率之间的关系。

10．钾的光电效应红限波长为$\lambda_0=0.62$μm，求：

（1）钾的逸出功；

（2）在波长$\lambda=330$nm的紫外光照射下，钾的遏止电势差。

11．铝的逸出功为4.2eV，今用波长为200nm的紫外光照射到铝表面上，发射的光电子的最大初动能为多少?遏止电势差为多大?铝的红限波长是多大?

12．光子能量为0.5MeV的X射线，入射到某种物质上而发生康普顿散射，若反冲电子的能量为0.1MeV，则散射光波长的改变量$\Delta\lambda$与入射光波长λ_0之比值为多少？

13．波长λ_0=0.070 8nm的X射线在某种物质上受到康普顿散射，在$\frac{\pi}{2}$和π方向上所散射的X射线的波长以及反冲电子所获得的能量各是多少？

14．已知X光的光子能量为0.60MeV，在康普顿散射后波长改变了20%，求反冲电子获得的能量。

15．要使处于基态的氢原子受激发后能发射赖曼系（由激发态跃迁到基态发射的各谱线组成的谱线系）的最长波长的谱线，求至少应向基态氢原子提供的能量为多大?

16．如图17-28所示，一束动量为p的电子，通过缝宽为a的狭缝．在距离狭缝为R处放置一荧光屏，屏上衍射图样中央最大的宽度d等于多少?

17. 已知氢光谱的某一线系的极限波长为 3 647Å，其中有一谱线波长为 6 565Å。试由玻尔氢原子理论，求与该波长相应的始态与终态能级的能量（$R = 1.097 \times 10^{7}/\text{m}$）。

18. 一束带电粒子经 206V 电压加速后，测得其德布罗意波长为 2.0×10^{-3}nm，若该粒子所带的电荷量与电子电荷量相等，求这粒子的质量。

19. 设电子与光子的波长均为 0.50nm，试求两者的动能之比。

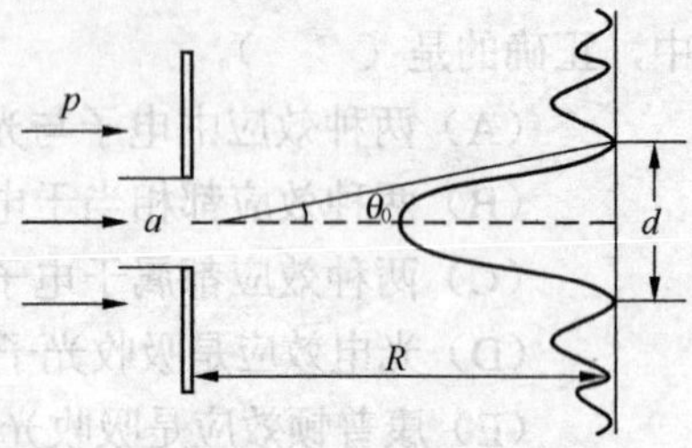

图 17-28　习题 16

20. 若一个粒子的动能等于它的静能，试求该电子的速率和德布罗意波长。

21. 设粒子在沿 x 轴运动时，速率的不确定量为 $\Delta v = 0.01\text{m/s}$，试估算下列情况下坐标的不确定量 Δx：

（1）电子；

（2）质量为10^{-13}kg 的微小粒子；

（3）质量为10^{-4}kg 的子弹。

22. 用电子显微镜来分辨线度为10^{-9} m 的物体，试估算所需要最小的电子动能值（以 eV 为单位）。

23. 已知一维无限深势阱中粒子的定态波函数为$\varPsi_n = \sqrt{\dfrac{a}{2}} \cdot a\sin\dfrac{n\pi x}{a}$，求：

（1）粒子处于基态时；

（2）粒子处于 $n = 2$ 的状态时；

在 $x = 0$ 到 $x = a/3$ 之间找到粒子的概率。

24. 处于一维无限深势阱中的粒子的波函数，在边界处为零，这种定态物质波相当于两端固定的弦中的驻波，因而势阱宽度 a 必须等于德布罗意波长的整数倍。试利用这一条件导出能量量子化公式 $E_n = \dfrac{h^2}{8ma^2}n^2$ 。

附录

附表 1　　基本物理常数及单位

名　称	符　号	数　值	单　位	
			SI	(厘米克秒)单位系
万有引力常数	G	6.672 0	$\times10^{-11}Nm^2\cdot kg^{-2}$	$\times10^{-8}dyn\cdot cm^2\cdot g^{-2}$
真空中光速	c	2.997 924 58	$10^8 m\cdot s^{-1}$	$10^{10}cm\cdot s^{-1}$
统一原子质量单位	U	1.660 565 5	$10^{-27}kg$	$10^{-24}g$
电子的质量	m_e	9.109 534	$10^{-31}kg$	$10^{-28}g$
质子的质量	m_p	1.672 648 5	10^7kg	$10^{-24}g$
中子的质量	m_n	1.674 954 3	$10^{-27}kg$	$10^{-24}g$
基本电荷	e e^*	1.602 189 2 4.803 242	$10^{-19}C$	$(10^{-20}emu)$ $10^{-10}esu$
电子的比电荷	e/m_e e^*/m_e	1.758 804 7 5.272 764	$10^{11}C\cdot kg^{-1}$	$(10^7 emu\cdot g^{-1})$ $10^{-17}esu\cdot g^{-1}$
电子半径	$r_e=e^2/4\pi\varepsilon_0 m_e c^2=e^{*2}/m_e c^2$	2.817 938 0	$10^{-15}m$	10^{-13}
普朗克常数	h $h/2\pi$	6.626 176 1.054 588 7	$10^{-34}J\cdot s$ $10^{-34}J\cdot s$	$10^{-27}erg\cdot s10^{-27}erg\cdot s$
斯蒂芬—波尔兹曼常数精细结构常数	$\sigma=\pi^2k^4/60h^3c^2$ $a=e^2/4\pi\varepsilon_0 hc=e^{*2}/hc$	5.670 32 7.297 350 6	$10^{-8}W\cdot m^{-2}\cdot k^{-4}$	$10^{-5}erg\cdot cm^{-2}\cdot s^{-1}\cdot k^{-4}$
李德伯格常数	$R_\infty=e^2/16\pi^2\varepsilon_0 a_0 hc=e^{*2}/4\pi\varepsilon_0 a_0 hc$	1.097 373 177	10^7m^{-1}	10^5cm^{-1}
磁通量子	$h/e=hc/e^*$	4.135 701	$10^{-15}J\cdot S\cdot C^{-1}$	$10^{-7}erg\cdot s\cdot emu^{-1}$
波尔磁子	$\mu_B=eh/2m_e=e^*h/2m_e c$	9.274 078	$10^{-24}J\cdot T^{-1}$	$10^{-21}erg\cdot G^{-1}$
电子磁	μ_e	9.284 832	$10^{-24}J\cdot T^{-1}$	$10^{-21}erg\cdot G^{-1}$
自由电子的g—因子	$2\mu_e/\mu_B$	2.002 319 31	—	—
核磁子	$\mu_N=eh/2m_p=e^*h/2m_p c$	5.050 824	$10^{-27}J\cdot T^{-1}$	$10^{-24}\cdot erg\cdot G^{-1}$
质子的磁惯量	μ_p	1.410 617 1	$10^{-26}J\cdot T^{-1}$	$10^{-23}erg$
质子的磁角动量比	γ_p	2.675 198 7	$10^8S^{-1}\cdot T^{-1}$	$10^4S^{-1}\cdot G^{-1}$
电子的康普顿波长	$\lambda_C=h/m_e c$	2.426 308 9	$10^{-12}m$	$10^{-10}cm$
质子的康普顿波长	$\lambda_{CP}=h/m_P c$	1.321 409 9	$10^{-15}m$	$10^{-13}cm$

续表

名称	符号	数值	单位	
			SI	（厘米克秒）单位系
中子的康普顿波长	$\lambda ca=h/m_n c$	1.319 590 9	10^{-15}	10^{-13}cm
波尔兹曼常数	k	1.380 662	$10^{-23}\cdot K^{-1}$	$10^{-16}erg\cdot K^{-1}$
阿伏伽德罗常数	N_A	6.022 045	$10^{23}mol^{-1}$	$10^{23}mol^{-1}$
完全气体的体积（0℃，1个气压）	V_0	2.241 383	$10^{-2}m^3\cdot mol^{-1}$	10^4cm^3
1摩尔的气体常数	$R=N_A k$	8.314 41	$J\cdot mol^{-1}\cdot K^{-1}$	$10^7erg\cdot mol^{-1}\cdot K^{-1}$
法拉第常数	$F=N_A\cdot e$	9.648 456 2.892 534 2	$10^4C\cdot mol^{-1}$	$[10^3emu\cdot mol^{-1}]$ $^{14}esu\cdot mol^{-1}$

附表 2　　一些物质的熔点和沸点

在 101kPa 下，一些物质的熔点和沸点

物质	熔点 T/℃	沸点 T/℃	物质	熔点 T/℃	沸点 T/℃
铝	660.37	2 467	镍	1 453	2 732
钡	725	1 640	铌	2 468±10	4 742
铍	1 278±5	2 970	锇	3 045±30	5 027±100
铋	271.3	1 560±5	铂	1 772	3 827±100
硼	2 079	2 550	钾	63.25	760
镉	320.9	765	硒	217	684.9
钙	839±2	1 484	硅	1 410	2 355
铯	28.4	669.3	钪	1 541	2 836
铬	1 857±20	2 672	钠	97.81	882.9
钴	1 495	2 870	硫	112.8	444.674
铜	1 083.4	2 567	钽	2 996	5 425±100
镓	29.78	2 403	锡	231.968 1	2 270
锗	937.4	2 830	钛	1 660±10	3 287
银	961.93	2 212	钨	4 310±20	5 660
金	1 064.43	2 808	铀	1 132.3	3 818
铁	1 535	2 750	锌	419.58	907
铅	327.502	1 740	锑	630.74	1 950
锂	180.54	1 342	汞	−38.842	356.68
镁	648.8	1 090	溴	−7.2	58.78
锰	1 244±3	1 962	氧	−218.4	−182.96
钕	1 021	3 074	氮	−209.86	−195.8

附表 3　　一些液体的比热容

液体的比热容（300K）			
物　质	比 热 容 c/KJ.kg^{-1}k^{-1}	物　质	比 热 容 c/KJ.kg^{-1}k^{-1}
丙酮	2.2	甲醇	2.5
苯	2.05	橄榄油	1.65
二硫化碳	1	硫酸	1.38
四氯化碳	0.85	甲苯	1.7
蓖麻油	1.8	变压器油	1.92
乙醇	2.43	水	4.19
甘油	2.4	乙醚	2.35
润滑油	1.87	溴	0.53
汞	0.14		

附表 4　　常用物体折射率表

材　质	材质物理折射率值	材　质	材质物理折射率值
空气	1.000 3	轻火石玻璃	1.575
液体二氧化碳	1.200	天青石	1.610
冰	1.309	黄晶	1.610
水（20℃）	1.333	二硫化碳	1.630
丙酮	1.360	石英 1	1.644
普通酒精	1.360	重火石玻璃	1.650
30%的糖溶液	1.380	二碘甲烷	1.740
酒精	1.329	红宝石	1.770
面粉	1.434	蓝宝石	1.770
熔化的石英	1.460	特重火石玻璃	1.890
Calspar2	1.486	水晶	2.000
80%的糖溶液	1.490	钻石	2.417
玻璃	1.500	氧化铬	2.705
氯化钠	1.530	氧化铜	2.705
聚苯乙烯	1.550	非晶硒	2.920
石英 2	1.553	碘晶体	3.340
翡翠	1.570		

复习题答案

模块 4　机械振动和机械波

第 11 章

1. A　　2. A　　3. B　　4. A　　5. C

6.（1）25.12s^{-1}; 0.25s; 0.5m, $\frac{\pi}{3}$, $0.126\text{m}\cdot\text{s}^{-1}$, $3.16\text{m}\cdot\text{s}^{-2}$；

（2）$\frac{25}{3}\pi$; $\frac{49}{3}\pi$; $\frac{241}{3}\pi$。

7. $T=2\pi\sqrt{\frac{h}{g}}$。

8. $T=\frac{4}{D}\sqrt{\frac{\pi m}{\rho g}}$。

9. $\frac{1}{2\pi}\sqrt{\frac{2\rho s g}{m}}$。

10. 0.90s。

11. $T=2\pi\sqrt{\frac{m}{k_1+k_2}}$。

12. $\omega=\sqrt{\frac{2k}{M+2m}}$。

13.（1）$\theta=3.19\times10^{-3}\cos(3.13t+\frac{3}{2}\pi)(\text{rad})$；

（2）$\theta=3.19\times10^{-3}\cos(3.13t+\frac{1}{2}\pi)(\text{rad})$。

14. $x=10\cos(8t'-4+\frac{\pi}{4})$ (SI)；计时起点提前 $\frac{\pi}{32}$(s)。

15.（1）-17.32cm；（2）2s；（3）$\frac{4}{3}$s；（4）27.21cm/s; 24.67cm/s^2。

16.（1）$x=5\sqrt{2}\times10^{-2}\cos(\frac{\pi t}{4}-\frac{3\pi}{4})$（SI)；（2）$v_A=3.93\times10^{-2}\text{m}\cdot\text{s}^{-1}$。

17.（1）$x_2=0.1\cos\sqrt{50}t(\text{m})$；（2）$F=29.2\text{N}$；（3）$\pi/6\sqrt{50}(\text{s})$。

18. $\frac{2\pi}{3}$。

19. 9.62×10^{-3} J。

20.（1）$x=0.17$m，且沿负向运动；（2）4.2×10^{-3}N，方向沿负向；（3）$\frac{2}{3}$s；

（4）$v=-0.33\text{m}\cdot\text{s}^{-1}$；$E_k=5.45\times10^{-4}$ J；$E_P=1.77\times10^{-4}$ J；$E=7.22\times10^{-4}$ J。

21.（1）最高位置：1.74N，最低位置：8.06N；（2）$A\geqslant6.21\times10^{-2}$ m；

（3）$A\geqslant1.55\times10^{-2}$ m。

22. $x_a=0.1\cos(\pi t+\frac{3}{2}\pi)$m，$x_b=0.1\cos(\frac{5}{6}\pi t+\frac{5\pi}{3})$m。

23.（1）$\frac{mg}{k}\sqrt{1+\frac{kv_0^2}{(M+m)g^2}}$，$2\pi\sqrt{\frac{M+m}{k}}$；

（2）$\sqrt{\frac{M+m}{k}}\arctan(\frac{v_0}{g}\sqrt{\frac{k}{M+m}})$。

24. $A_2=0.1$m；$\frac{\pi}{2}$。

25.（1）314s^{-1}，0.16m，$\frac{\pi}{2}$，$x=0.08\cos(314t+\frac{\pi}{2})$；（2）12.5ms。

26.（1）0.078m，84°48'；（2）135°，225°。

27.（1）轨道方程：$x^2+4y^2+2xy-27=0$，该图形式左旋；

（2）$F=\frac{\pi^2}{90}\sqrt{x^2+y^2}$(N)。

28. 20.96s。

29.（1）$\frac{d^2\theta}{dt^2}+\frac{9\eta}{2r^2\rho}\frac{d\theta}{dt}+\frac{g}{l}\theta=0$；

（2）$3.13(\text{s}^{-1})$，$6.04\times10^{-4}(\text{s}^{-1})$，2(s)；

（3）87(s)。

30.（1）30s^{-1}；（2）26.5s^{-1}，0.177m。

31.（1）4.5×10^{-4} J；（2）$\pm4.3\times10^{-5}$ J。

第12章

1. A　2. D　3. D　4. B　5. D

6.（1）$A=0.05$m，$u=2.5\text{m}\cdot\text{s}^{-1}$，$\nu=5$Hz，$\lambda=0.5$m；

（2）$v_{max}=0.5\pi(\text{m}\cdot\text{s}^{-1})$，$a_{max}=5\pi^2(\text{m}\cdot\text{s}^{-2})$；

（3）9.2π，0.92π，0.825m。

7.（1）（略）（2）（略）（3）（略）（4）$y=A\cos(\omega t+\frac{2\pi x}{\lambda}-\frac{\pi}{2})$。

8. $y=0.1\cos[\pi(t-\frac{x}{2})+\frac{\pi}{2}]$(m)，$y_P=0.1\cos[(\pi t-\frac{\pi}{2}+\frac{\pi}{2})]=0.1\cos\pi t$(m)。

9. $6.4\times10^{-6}(\mathrm{J\cdot m^{-2}})$，$2.18\times10^{-3}(\mathrm{J\cdot m^{-2}})$。

10. $0.08\mathrm{W\cdot m^{-2}}$。

11. 0.565m。

12. $\overline{AC}=0.78\mathrm{m}$。

13. 距 A　1m、5、9、13、17m。

14.（1）$A=1.50\times10^{-2}\mathrm{m}$，$u=343.8\mathrm{m/s}$；（2）0.625m；（3）$-46.2\mathrm{m/s}$。

15. $y=2A\cos(2\pi\dfrac{x}{\lambda})\cos\omega t$。

16.（1）入射波 $y=A\cos(\omega t+\dfrac{\pi}{2}-\dfrac{2\pi}{\lambda}x)$，反射波 $y=A\cos(\omega t+\dfrac{2\pi}{\lambda}x+\dfrac{\pi}{2})$；

（2）$y_P=-2A\cos(\omega t+\dfrac{\pi}{2})$。

17.（1）$y_1=A\cos(\omega t+\dfrac{2\pi}{\lambda}x)$，$y_2=A\cos(\omega t-\dfrac{2\pi}{\lambda}x)$；

（2）$y_3=A\cos(\omega t-\dfrac{2\pi}{\lambda}x)$；

（3）$y_4=2A\cos(\omega t)\cos(\dfrac{2\pi}{\lambda}x)$ 波节：$x=-\dfrac{\lambda}{4},-\dfrac{3}{4}\lambda$，波腹：$x=0,-\dfrac{\lambda}{2}$；

（4）$y_5=2A\cos(\omega t-\dfrac{2\pi}{\lambda}x)$。

18.（提示：根据驻波的定义，求出相邻波节（波腹）间的距离 $\Delta x=\dfrac{\lambda}{2}$，根据已知条件得 $d=\dfrac{\lambda}{2}$，则 $\lambda=2d$，因此 $u=\lambda v=2vd$。）

19.（1）$y_1=0.04\cos[100\pi(t-\dfrac{x}{100})+\dfrac{5}{6}\pi]$，

$y_2=0.04\cos[100\pi(t+\dfrac{x}{100})+\dfrac{11}{6}\pi]$；

（2）波节：$x=0,1,2,\cdots,10\mathrm{m}$，波腹：$x=0.5,1.5,2.5,\cdots,9.5\mathrm{m}$；

（3）0。

20. 70dB。

21. $6\mathrm{m\cdot s^{-1}}$。

22. 125。

23. 660Hz, 550Hz；680Hz, 533Hz。

24.（1）$1.59\times10^{-5}\mathrm{W\cdot m^{-2}}$；（2）$0.109\mathrm{V\cdot m^{-1}}$，$2.91\times10^{-4}\mathrm{A\cdot m^{-1}}$。

25. 9%。

26.（1）3m, 10^8Hz；（2）x 轴正方向传播；

（3）$H_x=0,\ H_y=0,\ H_z=1.6\times10^{-3}\cos[2\pi\times10^8(t-\dfrac{x}{c})]$，在 Oxz 平面内偏振；

（4）$\vec{S}=96\times10^{-5}\cos^2[2\pi\times10^8(t-\dfrac{x}{c})]\vec{i}$。

模块5 波动光学

第13章

1. C　2. A　3. B　4. B　5. B

6.（1）0.47 mm；（2）0.047 mm。

7. 648.2nm。

8. 6.6×10^{-3}mm。

9. 紫红色。

10. 99.6 nm。

11. 590nm。

12. 1.72μm。

13. $n=\dfrac{r_1^2}{r_2^2}$。

14. $\sqrt{2Rd_0-(k-1/2)R\lambda}$，8 条，9 条。

15. 532nm。

第14章

1. D　2. C　3. B　4. B　5. B

6.（1）3级；（2）7条。

7.（1）0.00603rad；（2）0.0164rad。

8. 380nm。

9.（提示：$\pm k$ 暗纹的间距为 $\Delta x=\dfrac{2kf\lambda}{a}$，缝宽改变 d$a$ 时，Δx 的该变量 $\mathrm{d}x_k=-\dfrac{2kf\lambda}{a^2}\mathrm{d}a$。）

10.（1）2.96×10^5m；（2）296m。

11.（1）2.2×10^{-4}rad；（2）0.055mm。

12. $d=3.05\times10^{-3}$mm。

13. 570nm，$43°9'$。

14. 1。

15. 51.26°。

16 每毫米约有 10^3 条刻痕。

17 （1）N=491；（2）$a+b\geqslant2.36\times10^{-3}$mm；（3）$b=1.57\times10^{-3}$mm。

第15章

1. B　2. A　3. B　4. B　5. D

6. $2.25I_2$。

7. 1/2 倍。

8. 1.6。

9．11.5°。

10．857nm，794nm。

11．4.15mm。

12．48°10′。

13．19.75°。

模块6 近代物理

第16章

1．A　　2．A　　3．A　　4．B　　5．B

6．4×10^{6}m。

7．（1）$\Delta t'=4.3\times10^{-8}$(s)；（2）$\Delta x'=10.4$(m)。

8．（1）$v_x=0.93c$；（2）$v_x=-c$。

9．6.71×10^{8}m。

10．$\rho'=\dfrac{\rho}{\left(1-\beta^2\right)}$。

11．（1）-1.13×10^{8}m/s；（2）1.13×10^{8}m/s。

12．$\dfrac{\sqrt{3}}{2}c$。

13．（1）$v=\dfrac{Eqtc}{\sqrt{m_0^2c^2+E^2q^2t^2}}$；（2）$v=at=\dfrac{qEt}{m_0}$；

（3）当$v<<c$时，则满足$p=mv<<m_0c$，（1）的近似值与（2）相同。

14．$0.08c$；$0.866c$。

第17章

1．C　　2．C　　3．D　　4．A　　5．A

6．8.28×10^{3}K，9.99×10^{3}K。

7．1.88，12.50。

8．1.004，2.67。

9．$v_2=2v_1-v_0$。

10．（1）3.2×10^{-19}J；（2）1.77V。

11．2.0eV；2V；296nm。

12．1∶4。

13．$\dfrac{\pi}{2}$方向：0.0732nm，9.2×10^{-17}J；π方向：0.0756nm，1.78×10^{-16}J。

14．0.10MeV。

15．10.2eV。

16. $2Rh/(ap)$。

17. 始态 $n=3$，$E_3=-1.51\text{eV}$；终态 $n=2$，$E_2=-3.4\text{eV}$。

18. $1.67\times10^{-27}\text{kg}$。

19. 2.4×10^{-3}。

20. 0.001 4 nm。

21.（1）$5.8\times10^{-3}\text{m}$，（2）$5.3\times10^{-20}\text{m}$，（3）$5.3\times10^{-29}\text{m}$。

22. $9.6\times10^{-3}\text{eV}$。

23.（1）19%，（2）26.4%。

24.（提示：由驻波条件 $n\dfrac{\lambda}{2}=a$ 可得：$\lambda=\dfrac{2a}{n}$，$p=\dfrac{h}{\lambda}=\dfrac{nh}{2a}$，则 $E=\dfrac{p^2}{2m}$。）

参 考 文 献

[1] 马文蔚. 物理学（第五版）. 北京：高等教育出版社，2006

[2] 张三慧. 大学物理（第二版）. 北京：清华大学出版社，2001

[3] 程守洙，江之永. 普通物理学（第五版）. 北京：高等教育出版社，1998

[4] 陈治，陈祖刚，刘志刚. 大学物理（上、下）. 北京：清华大学出版社，2007

[5] 刘钟毅，宋志怀，倪忠强. 大学物理学活页作业. 北京：高等教育出版社，2007